U0690831

2018年河北省羊产业发展报告

2018 NIAN HEBEI SHENG YANG CHANYE
FAZHAN BAOGAO

赵慧峰 李 珍 董 谦 薛凤蕊 等 著

中国农业出版社
北 京

本书得到以下项目支持：

河北省现代农业产业技术体系羊产业创新团队

河北新型智库（河北省三农问题研究中心）

河北省软科学研究基地（河北省"三农"问题研究基地）

河北省人文社科基地（河北农业大学现代农业发展研究中心）

河北省农业经济发展战略研究基地

河北省农业农村经济协同创新中心

河北省社会科学发展课题（201804120301）、（2019031203007）、（201804120402）、（2019041203001）

河北省社科基金课题（HB19YJ019）、（HB19GL032）

河北省教育厅青年拔尖人才项目（BJ2019069）

河北省科技厅软科学项目（19457522D）

前　言

河北省是养羊大省，有着悠久的羊产业发展历史和丰富的养殖经验，目前存栏量和出栏量均居全国前列。近年来，羊肉市场持续回暖，随着居民生活水平的提高和膳食结构的改变，羊肉消费量也在逐年增加，京津冀地区有着庞大的消费市场，这些因素为河北省羊产业发展提供了良好的发展契机。

本书回顾梳理了河北省羊产业 70 年的发展历程，对近十年羊产业发展形势进行了全面描述。重点在对 2018 年河北省羊产业发展现状进行全面调研的基础上，分别就河北省肉羊养殖成本收益情况、河北省羊产业竞争力、羊肉价格走势、羊肉流通模式及羊肉消费市场等进行了分析；基于 2018 年羊产业热点问题、河北省各地区羊产业发展调研情况进行了专题研究。

本研究主要得出以下结论：

河北省羊产业发展模式主要有：基于产业组织主体的散户养殖模式、养殖专业合作社带动模式、龙头企业带动模式、农业产业化联合体模式、基于产业链延伸的产加销一体化模式。

通过对河北省散养肉羊成本收益分析得出以下结论：①在构成总成本项目中，人工成本占总成本比重为 42.76%，仔畜费占比 34.97%，饲料费占比 19.66%。河北省肉羊总产值 2017 年后有较大幅度的提高，其中主产品产值平均占比达到 98.32%，副产品产值 1.68%。②河北省肉羊养殖总成本十年稳定且处于全国总成本最低水平。通过总产值的比较分析发现，不论是主产品产量还是平均出售价格，河北省均低于全国平均水平。③通过收益影响因素分析发现，对净利润影响程度由大到小依次为：平均出售价格、人工成本、仔畜费、饲料费、主产品产量。

河北省羊产业竞争力方面，与全国八个肉羊主产省份相比，牧区存栏量最大的为内蒙古，其次为新疆、甘肃，河北省在农区省份中存栏量占第四位，数量上仅次于山东、河南和四川。河北省显示性比较优势指数为 1.386，比全国平均水平略高，但低于内蒙古、新疆、甘肃、宁夏（显示性比较优势指数均在 3.2 以上），说明河北省羊产业竞争力与以上四省份相比还存在较大差距。

关于河北省羊肉价格波动特征的研究，运用 Census X12 季节调整方法分析发现，河北省羊肉价格波动具有明显的季节性和不规则波动特征。在秋冬季节和节假日较多的月份，羊肉价格上涨；在春夏季节价格有所下降。外部随机成分对价格变动有影响，疫病疫情、自然灾害、政府政策等不确定因素的影响较为明显。运用 H－P 滤波方法分解价格波动的长期趋势与周期发现，河北省羊肉价格存在稳定增长的长期趋势和轻微上升态势，波动平缓，价格波动受季节因素、不规则因素的影响逐渐减小，羊肉市场趋于稳定。河北省羊肉价格波动存在周期性，经历了八个较为完整的波动周期，其中最长的周期达 39 个月，最短的周期有 15 个月，平均周期长度为 25.25 个月。

关于河北省羊肉流通模式效率研究，运用数据包络分析方法（DEA）对河北省羊肉流通模式效率进行评价，研究结果显示，河北省羊肉流通有四种模式，即养殖户自产自销模式、以"农贸市场"为核心、以"批发市场"为核心以及以"龙头企业"为核心的流通模式。除了以"批发市场"为核心的流通模式效率最优外，其他三种流通模式都有不同程度的效率低下问题。

对河北省羊肉消费市场进行调研后得出以下结论：①近五年，河北省人均消费量呈现先抑后扬增长态势；②城镇居民消费总量呈现阶梯式上涨，农村消费总量呈现增速放缓的趋势，城乡人均消费差距呈现逐步扩大的趋势；③羊肉在城镇肉类消费结构中占比呈现"U"形变化趋势，羊肉在农村肉类消费结构中占比呈现波浪式上升；④口味和营养是消费决策的首要影响因素；⑤北部、中部、南部地区在决策购买因素、购买产品频率及种类、地区户外消费季节等方面存在差异；⑥城乡消费在产品偏好、购买频率、品牌及质量安全认知等方面存在差异。根据结论提出普及烹饪方法、提高保鲜技术、加快市场优质优价体系、引进生产品种及转变饲喂结构等发展建议。

中美贸易摩擦对河北省羊产业发展产生了间接影响。机遇方面，主要是促进河北省羊产业结构性改革，促进产业转型升级；推动饲料饲草产业优化调整满足羊产业发展需求。挑战方面，饲料饲草价格上升增加了养殖成本；成本的不确定性增加了养殖风险；贸易战的持续复杂性带来了贸易的不确定性。因此，短期内，河北省应从养殖环节通过增加良种、大豆苜蓿等补贴来应对饲料饲草价格上涨风险和养殖风险；长期来看，应通过羊产业的供给侧结构性改革促进产业的转型升级，提高羊产业竞争力。

课题组对河北省羊种质资源进行了调研，结果显示，河北省地方品种主要有小尾寒羊、太行山羊、武安山羊、承德无角山羊、河北奶山羊、湖羊等；国外引入肉用品种主要有萨福克、杜泊、无角道赛特、夏洛莱、澳洲白、波尔山羊等；培育品种主要有燕山绒山羊、寒泊羊等。对于地方品种，应加强选育、提高种羊质量，实行精细化管理、供给精准合理的营养，开展经济杂交利用研究、确定适用不同地区的肉羊生产模式，完善产业链条、形成品牌特色。对于引入品种的利用，应将地方品种和引入品种的各自优势结合，加强品种选育，提升品种性能，提高河北省肉羊良种化程度。

课题组对河北省羊环境控制及装备进行了全面调查，从羊场平面规划、羊舍设计及设施、羊舍环境控制、粪污处理等四个方面分别提出了河北省羊环境控制发展思路及途径：减缓环境应激的技术研发；推进标准化、规模化羊舍的区域化设计及配套设施的研发；加强粪污的资源化利用。

2018年，河北省羊群疫病主要有布鲁氏菌病（简称"布病"）、羊口疮、羊传染性胸膜肺炎、伪狂犬病以及流产、母羊瘫痪、腹泻、尿结石等8种常见疫病。在羊群疫病防控对策上主要从加强生物安全防控、开展免疫防控、药物保健、加强疫病监测与防控技术研究等四方面着手。

河北省目前肉羊产业政策主要包括国家出台的肉羊良种补贴等"黄箱"政策和肉羊标准化规模养殖场支持资金、重大动物疫病强制免疫补助、质量安全及管理追溯系统开发、畜牧业技术培训与科技示范、农业保险保费补贴等"绿箱"政策。河北省也制定了相应的地方性政策，在部分扶贫政策中也涉及肉羊产业发展的内容。

本书由赵慧峰负责全书的内容设计和审定工作，李珍进行全书的统稿和审定，各章的具体分工如下：第一章：闫振富；第二章：薛凤蕊主笔、崔姹补充；第三章：董谦；第四章：刘建贝、李珍；第五章：李珍；第六章：董谦、李紫嫣；第七章：赵慧峰、穆迎春；第八章：崔姹；第九章：董谦；第十章：第一节刘洁、任二军、刘进军、李伟，第二节郭瑞芬，第三节赵慧峰、薛凤蕊；第十一章：敦伟涛、孙洪新主笔，刘月补充；第十二章：第一节张伟涛、郭伟婷，第二节袁万哲；第十三章：丛林、韩璐。

由于作者学术水平所限，很多地方的研究浅尝辄止，不足之处有待今后完善，欢迎同行专家学者不吝赐教。

著　者

2019 年夏于保定

目　　录

目　录

第一章 河北省羊产业 70 年发展历程回顾及发展形势分析

第一节 河北省羊产业 70 年发展历程回顾

新中国成立 70 年以来，河北省羊产业先后遭受到自然灾害的冲击和生态保护的影响，经历了艰苦的发展历程，才取得今天的成就。1949 年之后到公社化前，羊产业有了一定的发展。公社化后到改革开放前，羊产业的发展基本处于停滞状态。直到改革开放后，羊产业作为大农业中畜牧业的重要组成部分，在各级业务部门的指导下，经过广大科技工作者和从业人员的积极努力和辛勤工作，发生了根本性变化，实现了由量变向质变的飞跃，成为安排就业、繁荣经济、丰富市场、满足消费、增加收入、脱贫致富的主要产业之一。同时拉动了种植业、餐饮业、运输业及皮革、毛纺、饲料、兽药等产业的快速发展。

一、羊产业发展历程

（一）起步时期（1949—1957 年）

1949 年以前，河北省的养羊业遭受帝国主义、封建主义和官僚资本主义的摧残和战争的破坏，一直处于落后状态，只有少数富人养得起羊。1949 年全省羊存栏仅 170.33 万头。新中国成立后，农村实行了土地改革，各级人民政府建立了畜牧行政和事业机构，加强领导，制定了奖励、保护、支持政策和措施。1950 年，河北省成立农业厅下设畜牧兽医局，1952 年，省政府提出大量繁殖、增加数量、逐步提高质量的方针，开始建立种羊场，繁育推广优良品种，建立改良站，开展羊的改良工作。到 1956 年全省各地、市、县先后建立了畜牧兽医局（科）或畜牧兽医站，推动了养羊业的快速发展，1957 年全省羊存栏达到的 463.41 万头，是新中国成立初羊只数量的 2.72 倍。

（二）徘徊不前时期（1958—1978 年）

1958 年公社化后，从农户中收回的羊作价过低，且缺乏集体饲养经验，收益分配处置不当，农户养羊受到限制。同时，又刮起了浮夸风、共产风，出现瞎指挥、盲目追求高指标等错误，加上严重的自然灾害，养羊业受到一定的影响。后来国家在总结经验的基础上，对有关政策进行了调整，养羊生产得到了恢复和发展，羊的存栏量由 1958 年的 494.18 万头上升到 1962 年的 799.72 万头，四年内增长 61.79%。但在 1963 年各地因洪涝灾害的发生，开始封山育林、限制养羊，养羊业被认为是农林业的"克星"，再次受到影响，由 1963 年的 765.34 万头下降到 1964 年的 643.59 万头，直至 1966 年的 586 万头，分别下降 15.90% 和 23.43%。在"文化大革命""一大二公"的经济体制下，草场草坡被开荒种粮，草原面积减少，牧草植被遭到破坏，草地沙化、碱化现象严重；农民自养羊受到批判，户养畜禽种类和数量受到限制，执行"以粮为纲""以猪为首"的"左"的错误路线，"要上粮先砍羊"，"要种树先禁牧"；畜牧生产单一，畜产品实行统购统销制度；畜牧兽医研究机构遭到严重破坏，许多科研工作被迫停止。教学工作中断，品种改良工作基本处于放任自流状态。畜牧科技水平一直没有明显提升，养羊生产遭受到严重挫折。羊的存栏一直在 600 万头徘徊不前，直至 1978 年也只有 601.82 万头。

这个时期，羊的主要用途是生产羊毛，为纺织工业提供原料。因此，这一阶段主要生产方向是充分利用当地蒙古羊为母本，以引进的苏联美丽奴、高加索等为父本，杂交改良，提高羊毛的产量和质量。省政府也十分重视羊的改良工作，60 年代初在坝上出现细毛羊类群，并逐步扩大规模，提高了羊毛的产量和质量，为毛纺织业的发展做出了一定的贡献。

（三）缓慢发展时期（1979—1984 年）

1978 年中共十一届三中全会以后，农村进行了经济体制改革，实行土地联产承包、集体牲畜作价归户政策，推行了多种形式的畜牧生产责任制，羊同其他牲畜一样实行户有户养。同时，国家逐步取消对畜产品的统购统销制度，畜产品市场和价格部分放开，对畜牧业实行免税等政策。

从 1979 年开始，河北省开展了畜禽资源、草场资源、畜禽疫病等多项调查，为科学决策提供了大量而翔实的数据依据。这一时期养羊业的生产方式相对单一，主要以农户副业生产为主，相关科技处于研究开发阶段，推广应用的甚少，养羊业发展缓慢。1984 年全省羊存栏、出栏分别为 725.3 万头、357 万头，比 1978 年的 601.82 万头、346.12 万头增长 20.5% 和 3.1%。

（四）稳步发展时期（1985—1999 年）

这个时期主要体现四方面变化：一是 1985 年开放畜产品市场和价格，使羊产业由自给自足向商品化、传统向现代化、粗放向集约化转变。二是 20 世纪 90 年代前后，全省加快发展配合饲料生产，进行围栏禁牧，改良草场、实施人工草场建设，兴办了一批经济实体，推动畜产品销售。同时实施"菜篮子"工程、"科技兴牧、技术承包"、"建设畜牧业商品基地和专业户"等一系列措施，加速了羊产业由传统的封闭、自给型的小农经济向专业化、商品化、社会化大生产转变。三是 1993 年后，随着我国经济快速发展，巨大的市场需求拉动畜牧业进入新的发展阶段。河北省养羊业向产业化、集约化方向过渡，兴建了一批肉羊养殖基地，并加大科技推广和技术培训力度，羊产业进入了高速发展的快车道。四是 20 世纪末，随着改革开放进程的加快和市场经济体制的建立，引进了以波尔山羊等为主的进口肉羊品种，推动羊产业的稳步发展。1999 年全省羊存栏、出栏分别为 1 719.32 万头、1 493.24 万头，比 1978 年增长了 1.86 倍、3.31 倍。

（五）动荡变化时期（2000—2017 年）

进入 21 世纪后，随着市场经济体制的不断完善，从国外引进种羊、进口羊肉步伐的加快，我国禁牧舍饲、羊良种补贴项目、标准化舍饲、羊产业化、良种工程和扶贫项目的实施，羊产业技术的进步、推广和普及，人类消费习惯的变化，这一阶段羊产业发生了极不和谐的动荡变化，主要表现在两个阶段：

一是自 2000 年前后，从国外引进的波尔山羊陷入"炒种"的怪圈，价格层层加码，涨势迅猛。此时，羊场骤增，养殖规模扩大，以波尔山羊为代表的肉羊发展迅速，"养羊热"兴起。然而，由于"非典"突至，流通受阻，种羊价格一落千丈，从十几万元、数万元、万元降到数百元，且有价无市、无人问津。参与波尔山羊"炒种"的企业损失惨重，纷纷下马。肉羊产业一蹶不振，羊的存栏从 2000 年的 1 676.63 万头下降到 2003 年的 1 572.54 万头，降幅为 6.2%。

二是随着羊肉的保健功能和绿色特性被消费者认知，羊肉的消费量不断增加。而 2003 年后肉羊养殖由于比较效益低，产业发展速度缓慢，市场出现供给量不能满足消费需求现象，肉羊价格持续上涨。活羊、羊肉价格分别从 2006 年底的 8 元/千克、16 元/千克上升到 2013 年底的 24 元/千克、60 元/千克以上，最高达到历史值 2014 年 2 月的 67.43 元/千克，成为价格攀升与下滑的拐点。羊的饲养量从 2006 年底的 3 279 万头上升到 2014 年底的 3 715.7 万头，8 年间上升了 13.3%。羊价格的持续增长，吸引了众多外资投入养羊业，"养羊热"再度兴起。但是，由于 2013 年底小反刍兽疫在一些外省地区的发生，使得活羊流通受阻，价格持续下跌。2015 年底，活羊市场价格低至 13 元/千克，下降幅度为 46%。价格持续下滑，养羊者担心继续亏损，或转行，或压缩养殖规模，忍痛抛售，羊的出栏增加，而存栏减少。面对高成本、低售价的压力，肉羊养殖企业经营举步维艰，多数下马，损失惨重。特别是近年来上马的羊场，引种和养殖成本高，不堪重负，陷入困境，纷纷倒闭。养羊业再次受到重创，羊的饲养量由 2014 年底的 3 715.7 万头下降到 2017 年底的 3 496.2 万头，3 年间下降了近 6%。

（六）提质增效期（2017 年后）

羊产业以 2014 年初的羊价为上升与下滑拐点，经历了持续 3 年多的低迷，在 2016 年下半年羊价止跌，进入 2017 年羊价开始攀升，到 6 月底，基本达到了盈利线以上。养羊从业者凭借强烈的事业心、社会责任感和雄厚的经济实力，终于走出了持续亏损阴影，迎来了盈利的曙光。这个时期，一方面，羊产品价格持续下跌，养殖数量下降，养羊业受到了重创。另一方面，经过大浪淘沙，坚守的从业者理性认识到未来羊产业形势及发展趋势，不断增强科技意识、市场风险意识和疫病防范意识，抢抓机遇，采取措施，主动出击，积极推动养羊业供给侧结构性改革，提高羊业生产效率，增强羊产品的市场竞争力。即羊产业经过重新洗牌、结构调整、提档升级，迎来了提质增效期。2017 年羊的存栏、出栏分别为 1 261.5 万头、2 234.7 万头，比 2016 年分别下降 9%和 3%，但仍是 1978 年的 2.1 倍、6.46 倍。2017 年羊饲养量比 2016 年有所下降，但质量和效益明显提升，饲养 1 头可繁母羊可赢利 1 000 元左右，出栏 1 头肉羊可赢利 300 元左右。

二、羊产业发展历程中的变化

（一）羊产业在农业经济发展中的地位提升

从 1949 年到现在，羊产业经历了集体副业、家庭副业、多种经营、"菜篮子"等次要地位向主要地位提升的过程。目前，羊肉凭借其安全、绿色、保健等优势，逐渐成为日常生活必不可少的食品并成为消费时尚。其消费对象范围已由少数民族消费向全民消费普及；消费区域由北方地区消费向南方地区消费推进；消费时节由季节性消费向全年消费拓展。2016 年羊肉人均年消费量 3.44 千克，是 1978 年的 0.2 千克的 17.2 倍；2017 年底羊肉价格 59.73 元/千克，是 1978 年的 200 倍；羊肉在肉类中的比重由 2010 年的 5.0%增加到 2016 年的 5.4%；羊肉价格由 1978 年不足猪肉价格的 50%跃升到目前是猪肉价格的 2 倍以上。

（二）羊制品产量大幅增加

从 1949 到 2019 年，尽管受政治干扰、禁牧政策的影响，总体讲，羊产业得到了迅速发展，为保障市场有效供给、增加收入等方面发挥了应有的作用。一是数量增加。2017 年羊的存栏为 1 261.5 万头，比 1949 年的 170.33 万头增加了 7.21 倍。二是效率提高。2017 年羊出栏 2 168.91 万头是 1978 年的 346.12 万头的 6.27 倍。40 年间羊的出栏增加 6 倍多，充分说明养羊业的科技进步和市场经济意识的增强，羊的出栏时间缩短，周转速度加快，养羊效率大幅度提高。三是个体产出增加。2016 年羊的平均胴体重为 14.95 千克/头，比 1979 年的 7.5 千克/头翻了近一番，即现在每向市场提供 1 个胴体相当于 40 年前的近 2 个胴体。说明在科技进步的同时，育肥技术普及效率高，在提高个体效率方面发挥了重要作用。

（三）羊产业用途发生转移

新中国成立后，我国养羊的主要用途是生产羊毛（绒），为毛纺织工业提供原料，羊毛（绒）是养羊业的主要收入。其间，河北省根据羊毛（绒）消费市场的需要，加大羊的品种改良力度，羊毛（绒）生产数量向高产、质量向细长方向推进。到 1998 年全省羊毛、羊绒产量分别为 2.91 万吨、0.09 万吨，分别比 1978 年 0.41 万吨、0.03 万吨增长了 6.1 倍、2 倍，呈快速增长态势；之后到 2008 年羊毛、羊绒产量分别达到 3.5 万吨、0.07 万吨，达到了毛绒产量的峰值。随着纺织工业的发展，羊毛（绒）替代品的出现、气候变暖，羊毛（绒）的作用削弱，价格逐步下跌，羊毛（绒）发展成为养羊业的副产品，养羊业由毛（绒）用向肉用方向转移。2010 年后，衡量畜牧业发展的生产指标由肉、蛋、奶、毛减少成为肉、蛋、奶，且羊毛（绒）从畜牧业统计报表中退出。

（四）养羊区域持续扩大

河北省的养羊业重点区域是半农半牧区、山区和黑龙港地区，在这些地区养羊，以放牧为主，以群计数，而在农区只有零星舍饲饲养。经过改革开放 70 年的发展，在巩固原重点区域发展羊业的同时，羊产业向秸秆丰富的农区推进。其间国家支持建立了一大批秸秆养羊（牛）示范县，促进了秸秆过腹还田的发展，提高了农作物的利用率，推动了农区草食畜牧业的发展。如位于农区的石家庄市，1988 年羊存栏为 72.8 万头，而 2016 年 102.2 万头，28 年间增长 40.4%，显著高于全省平均水平。养羊区域的扩大，可充分利用当地的资源条件发挥羊产业，降低了养殖成本，促进了羊产业的发展。

（五）养殖模式不断创新

传统的养殖方式因地域不同分为自然放牧、放牧＋补饲或季节性放牧＋季节性舍饲的方式，其显著的优点是养殖成本低，但对自然植被破坏严重，对生态环境影响大。针对这种现状，从 21 世纪初开始，国家积极倡导舍饲养羊，全省广大养羊户讲政治，顾大局，从建设生态文明出发，抛弃传统的低成本放牧习惯，逐步开展舍饲养羊，并基本形成了成熟的舍饲养羊方式，为保护生态环境开辟了一条新路。但禁牧后，草地不能充分利用，造成饲草资源的浪费和草质下降，还增加了地方政府草地防火的压力。同时，舍饲后羊的养殖成本增加，效益降低，导致养羊业的发展受到影响。

（六）养殖规模逐渐扩大

新中国成立后养羊业传统的做法，一直是以放牧为主，以群为养殖单位。改革开放后，在河北省的重点养殖区，将作价到户的羊自行组建羊群，雇佣牧工放牧或畜主轮流放牧。之后，随着商品经济向市场经济的过渡，养羊业向专业化、集约化方向发展，养殖户数量在减少，养殖规模在扩大。到 2016 年底，

30 头以上年出栏数占全省总出栏比重达到了 65.87%，且逐年在提升，并且向生产高效、环境友好、产品安全、管理先进推进。近年来，先后涌现出河北连生农业有限公司、衡水志豪畜牧科技有限公司等标准化示范企业，在自身发展壮大的同时，为全省树立了榜样标杆，起到了示范带动作用。此外，经过市场调节和政府引导，河北省形成了肉羊育肥和屠宰基地，每年从省内外购入架子羊育肥出栏 800 万头以上，达到全省年总出栏量的近 1/3，形成了唐县、卢龙、昌黎等肉羊育肥重点县和部分育肥重点村、场（户）。以唐县为例，常年饲养育肥羊在 300 万头、年出栏肉羊 200 万头以上，带动了饲料加工业、运输业、屠宰加工业和餐饮业等相关产业的发展。

（七）科技支撑力度增强

过去普遍认为，养羊简单，没能力从事其他行业的人才养羊。但通过实践及调查发现这一观点较片面。近年来，羊产业的科技含量逐年在提升。主要表现在：一是养殖场（户）制定了科学的免疫程序，并定期加强消毒灭源工作，保证了羊只少发生或不发生疫病。二是大力开发饲料资源，保证各阶段羊只的营养需要，提高了生产效率，降低养殖成本。三是合理选择品种杂交组合，并利用人工授精技术，提高优秀种羊的利用率，保证杂交改良效果。四是实行分阶段饲养，有利于为羊只提供不同营养配方的饲料及生长环境、切断各种传染病的传播途径，同时依据不同的市场需求采用不同的饲养方式，能大大提高养羊的综合效益，保证采食均匀，减少饲料浪费。五是屠宰加工上，向精深加工推进，并结合开发羊产品的附产品提升羊产业的附加值。

（八）养殖设施呈现智能化发展趋势

过去传统的养羊做法简单粗放，主要以放牧为主，养羊设备、设施简陋。随着社会发展，科技进步，养羊业的设施、设备发展迅速，精细化饲养程度不断提高。特别是近年来，人口老龄化社会问题促使劳动力市场发生了很大变化，从事一线生产的劳动者越来越少，且工资飞速上涨，给羊产业成本造成巨大压力。随着现代化、机械化、智能化、信息化走进现代化养羊业，自动上水、机械上料、自动清粪、自动消毒等设备取代人工，降低了劳动强度和成本，可准确完成羊生产过程中的自动清粪、消毒、分群、上料、饮水、发情鉴定及羔羊哺乳等程序。

（九）营销方式多样化发展

进入 21 世纪前，养羊户与屠宰加工企业都是被动等人上门购买活羊和羊肉产品。之后，这些经营主体的营销方式随着社会的发展也发生了巨大变化。一是养羊企业（户）联营（合）或上马屠宰加工企业或与这些企业合作；加工企业建立原料基地。二是屠宰加工企业建立品牌，细化包装，利用互联网、电商等现代化营销模式，增加知名度，推动产品远销外省（区），提升产业效益。

三是部分羊肉食品加工企业,上马中央厨房,满足现代社会快节奏生活的需求。

(十) 人员向科技化、专业化发展

过去羊业发展中,屠宰、加工等工业生产分工较养殖环节更明确。近年来,随着工厂化养羊业的开展和部分地区羊育肥产业的专业化发展,催生了一大批新兴的专项职业,如专业剪毛、免疫、饲料及运输等等,节约了行业发展中人力的投入,降低了养殖企业生产成本,提高了企业的生产效率。未来,随着规模化管理水平的提高及舍饲养殖技术的普及,信息化技术的广泛应用,专业分工将会更加明确,类似的新兴职业将会普遍出现,覆盖面更广,更有利于养殖企业规模扩大、技术提升和效益增加。

第二节　近十年河北省羊产业发展形势分析

一、河北省 2007 年羊产业发展回顾及 2008 年展望

世纪之交,我国养羊业发展迅速,受炒种的影响,种羊行情十分被看好,大量胚胎移植工作的开展,受体羊的需求增加,所以整个养羊业价格突升,随着大量种羊充斥市场,出现供过于求的现象。但"非典"的出现使得炒种停止,种羊价格大滑,有价无市,整个养羊业受到了致命打击,一蹶不振。因此 2007 年是河北省羊业继 2003 年高峰之后跌入低谷的第一个复苏年。

(一) 2007 年河北省羊产业发展形势分析

1. 羊主产品价格持续上涨

商品活羊从年初的 6～7 元/千克一路飚升到年底的 13～14 元/千克,翻了一番;羊肉价格从 2004 年开始一直维持在 16～18 元/千克,稳中有升,幅度较小,直到 2006 年底首次突破 18 元/千克,而 2007 年底涨到 30～32 元/千克,也翻了近一番;半细羊毛从 2004 年起三年内无人问津,产下的羊毛廉价出售后抵消不了剪毛工资,今年未到产毛季节羊毛商贩即来收购羊毛,半细毛羊毛达到了 13 元/千克,养半细毛羊剪毛出售羊毛也有一定的收入。细毛羊毛和超细羊毛在 2007 年南京羊毛拍卖市场拍卖价分别高达 52 元/千克(20～19.5 微米以上)和 80～98 元/千克(16～19.5 微米以下)。羊皮价格较上年略有下降,但幅度不大,中等皮达 60～80 元/张,销路很好。羊绒价格在 400 元/千克,较上年增长 40%,舍饲养 5 月龄肉羊如果在 10 月份后出售,利润在 150 元以上,养绒山羊的利润在 100 元以上。总体看 2007 年 10 月份后发展势头更好,效益佳。

2. 养羊数量明显减少

进入 21 世纪后,全国养羊业的三大变化之一是养羊业由牧区向农区转移,

但是,实际情况是牧区发展受阻,农区没有太大发展,社会上羊的存栏量减少。

(1) 养羊户少。河北省养羊业的重点区域是北部,多属贫困地区,近年来,由于国家妥善解决了农民工工资问题,外出的农民工增多,大部分家庭举家外出或是全家的主要劳力在外打工,在家多是体质较差的人员,不养羊或少养羊,养羊户大幅度减少,过去形成的小群体大规模的养羊格局已基本打破。在农区,多数农户是边打工边务农,没有更多的精力去养羊,况且养羊效益并不乐观,还存在着受场地和环境保护等条件的限制,因而养羊者并不多。

(2) 户均养羊少。进入 21 世纪后,全国养羊业的三大变化之二是养羊业由放牧向舍饲转变。在半农半牧区,禁牧后,养羊户只能量草留羊,无力扩大养殖规模;在农区,虽然受饲料、饲草的影响不大,但是受场地和劳动力的制约,即使想养羊也不成规模,不具备多养羊的条件。据统计资料显示,2006年全省年出栏 1 000 头以上的户仅 54 户。与 2000—2003 年交易市场购销两旺的局面不同的是,目前的羊只交易很少,十分冷落。存栏为数不多的羊,被羊贩子从羊舍内直接收购进入饭店,没有过多的羊上市出售,尽管目前活羊价格增至 13~14 元/千克,但从市场上难以买到羊,即使是羊贩子也只能走村串户从养羊户中讨价还价买到羊。

(3) 肉联厂货源不足。大部分肉联厂因货源紧缺处于停产或半停产状态,设备闲置,人员去留无法确定,生产成本增加,效益下滑。

3. 种羊场举步维艰

根据统计数据,河北省种羊场和种羊存栏量由 2003 年前的 105 个、55 304 头降为 2006 年底的 68 个、37 436 头,分别下降 35.2%和 32.3%,现在省级种羊场仅 13 个。许多种羊场已经倒闭,现存为数不多的种羊场也是发展困难重重。种羊场存在的主要问题,一是种羊销售困难,企业普遍亏损,多数面临倒闭,有全面崩溃的可能。造成亏损的原因是前几年种羊过热,盲目炒种,引种时高价位购入种羊,成本过高,投资大,种羊出栏时间晚,饲养成本增加,售价低且有价无市,不能销售,资金周转困难,难以维系。二是种羊严重退化,质量普遍下降。由于场内亏损,大多数羊场不能按照种羊标准进行饲养,有的甚至停喂精饲料,营养不良,生长发育受阻。三是种羊场缺乏合理布局和宏观调控措施,分布不合理,品种混乱。四是种羊场的种羊改良本地羊效益不明显。本地粗毛羊经肉毛兼用种羊改良后,尽管是生长速度加快,但羊皮质量下降,售价低,增肉不增收,成为影响羊杂交改良的障碍,也是种羊场种羊销售困难的主要原因。

4. 养羊科技水平低

传统的放牧养羊业转变为舍饲养羊业后,在羊的饲养管理上,仍沿袭过去的补饲办法，饲料品种单一，特别是微量元素和维生素不能满足需要，营养不全，生长发育受阻。疫病防控意识差，无病不防，有病着急，常发病不能得到按时预防，再加上圈舍条件差，随时可能发生传染病。再者是羊只混养，不分公母大小同在一个圈内舍饲，个小体弱的采食量不足，营养不良，生长发育差。

5. 前半年养羊效益不佳

2000 年后，我国肉羊产业发展很快，效益较好，但是 2003 年下半年至 2007 年上半年，肉羊生产效益不佳。究其原因，一是由于粮食（蔬菜）涨价和种粮有补贴，养羊与种粮（种菜）、外出打工的比较效益下降。二是禁牧后，养殖成本增加，饲草饲料价格涨幅大，而羊肉价格一直稳定在 18 元/千克左右。三是羊皮价格由 2003 年的 120 元/张降为 2007 年的 60～80 元/张，下降近 50%。四是政府投资错位，仅有的部分投资用于建圈舍。五是肉羊生产水平和经营水平低，产品深加工滞后，流通不畅。六是科研工作滞后，肉羊杂交改良工作缺乏长期规划。

6. 市场羊肉供应充足

尽管 2017 年 10 月份以后羊肉价格持续上涨，但是羊肉市场供应充足，主要原因是，养羊经济效益下降，养羊户减少，多数养羊户将所养的羊全部屠宰出售，推向市场。另外，2017 年，受旱情影响，产草量下降，养羊户想养羊但贮藏的草不足，只能量草留羊，将多余的羊当肉羊出售，供应市场。

（二）2008 年河北省羊产业发展形势展望

养羊业的经济效益体现在羊主产品的销售价格上，而羊产品的主要价格由其市场供求关系决定，所以展望 2008 年羊业发展，应从分析羊产品的市场需求入手：

1. 细毛羊和超细毛羊的发展将会东山再起

进入 21 世纪后，全国养羊业由毛用向肉用方向转变，但实际情况是，粗毛和半细毛羊向肉用方向发展，细毛和超细毛更受青睐。

20 世纪 90 年代后期，人们对服饰的需求逐渐向自然、舒适、轻薄、柔软的趋势发展，随着纺织技术进步，越细的羊毛纺织价值越高，其产品的附加值也越高，因此，毛纺织企业对 21.5 微米（66 支）以下的羊毛需求显著增加。我国纺织业全年消耗羊毛 30 万～35 万吨，而国产毛年产量仅为 11 万～12 万吨，自给率不足 1/3，随着我国加入 WTO，羊毛进口许可证逐步放开，目前已给国内毛纺织企业生产与出口造成了极大的影响。从 2006 年召开的第七届世界美利奴研讨会获悉，羊毛生产大国澳大利亚、新西兰十分关注中国的羊毛生产和市场供求变化，这就是说，如果我国细毛羊不能发展，不但会造成大量的外汇流失，而且一旦羊毛进口受到影响，将使毛纺织工业受到致命打击，后果不堪设想。如果羊毛大量进口，对我国毛羊产业冲击很大。所以国家十分重视细毛羊的生产，已列入畜牧业发展"十一五"规划，要求巩固新中国成立以来羊改的成果，采取措施抓好我国的细毛和超细毛羊的生产。近年来，细毛和超细毛羊毛价格较高，市场广阔，前景诱人，所以细毛羊和超细毛羊的发展将会东山再起。

2. 发展绒山羊应慎重

山羊绒细而柔软，轻而保暖，被誉为纤维中的"宝石"、"软黄金"。由于羊绒市场价格好，近年来绒山羊发展迅速，但是由于只注重产量不注重质量，所产羊绒质量有所下降，表现为羊绒长度不足、细度不够和颜色不白。此外，绒山羊还受如下因素影响：一是整个羊绒行业资金投放量不足，缺乏对市场运作的有力支撑，交易不畅，价格下滑在所难免。二是供大于求的状况将继续加剧，价格持续下滑是总趋势。三是出口退税率降低以及对外资企业税率优惠政策取消，将在一定程度上削减羊绒行业的利润，对羊绒价格来说是又一个利空因素。四是人民币升值的影响。五是加工能力低。六是厂家和商家对后市的心理预期低。七是新型纺织材料面世，替代部分羊绒面料，对羊绒市场也会造成一定的影响。因此，由于以上因素的存在，羊绒价格将会下降，必然波及养绒山羊的效益，2008 年养绒山羊应慎之又慎。

3. 奶山羊将有一定的发展空间

当今奶山羊之所以受到青睐，关键是养殖投资少、周期短、见效快。母羊一般 9 月龄就可以配种，14 月龄可以产奶收益。从消费角度讲，羊奶含有与人奶相同的上皮细胞生长因子，和人奶的蛋白质形态相似，脂肪球大小与人奶相同，可以更容易、更完全地被人体吸收。羊乳营养全面，适用于不同人群，以暖胃、健肾、保肝、护脾等功效而被世界公认，被誉为绿色保健营养佳品、天然高级补品。随着大众生活水平的逐步提高和对健康的日益重视，羊奶的市场以及羊奶制品的消费量快速增长，已经显示出旺盛的需求趋势。奶山羊是目前发展奶业工程的新生力量，而用羊奶生产干酪是其他奶无法可比的，据此奶山羊将有一定的发展空间。

4. 肉羊发展前景广阔

羊肉属于高蛋白、低脂肪、低胆固醇的营养品，蛋白质含量略低于牛肉而高于猪肉，脂肪含量和产热量高于牛肉而低于猪肉。羊肉中含高于其他肉数倍的共轭油酸，具有抗癌、防止动脉粥样硬化、抗糖尿病、调节机体免疫等多种生物学功能。羊肉其性甘温，补益脾虚，强壮筋骨，益气补中，具有独特的保健作用，经常食用可以增强体质，使人精力充沛，延年益寿。因为"疯牛病"等牲畜疫病的影响，使牛肉消费减少。由于肉猪、肉鸡的生长速度过快，口味差，并且激素和药物残留超标问题引起人们的担忧，羊肉则逐渐成了一种理想的、安全的替代品。羊在养殖过程以饲草为主，一般很少使用含饲料添加剂的精料和抗生素，不但减少了疫病的传播，而且药物和激素残留量极低，是基本上符合现代消费观念的"绿色"食品。畜牧业调整结构，肉羊等草食畜是今后的发展方向。从国际上看，2006 年，我国羊肉出口额为 6 675.57 万美元，同比增加 17.81%；进口额为 5 017.28 万美元，同比减少 7.93%，贸易顺差为 1 658.29 万美元。因此不论是国内还是国际上，羊肉的消费群体逐渐增大，肉羊产业发展前景广阔。

5. 羊皮的市场价格平稳

我国板皮以出口到意大利、德国、美国、法国、俄罗斯和日本等国为主。羊皮加工成皮鞋、皮装、皮件、手提袋等，主要销往法国、英国、德国、荷兰等国。目前产地价格为 60～80 元/张，含绒量在 225～250 克的大张山羊皮价格在 90 元/张以上，较去年有所下降，究其原因，一是由于部分制裘制革企业因环保不过关停工，不再购进或少购进皮张，产地货源较多出现供大于求的局面。二是由于欧美、日本等采购商要求生产的皮革制品不含六价铬和偶氮颜料，受国际贸易技术壁垒的限制降低了出口量。三是部分进口羊皮价格低，也冲击了国内市场。四是羊出栏量增加，羔羊屠宰率上升，小羊皮比例增加。但综合分析，国内羊皮价格再继续下跌的可能性不大，市场将以平稳为主。

（三）2008 年河北省羊产业发展思路和技术措施

河北省面积广阔，气候条件差异大，地貌单元多。因此在今后羊业发展中应加强地方品种的保护，保持现有羊的遗传基因不丢失。坚持因地制宜、分类指导的原则，宜毛（绒）则毛（绒），宜肉则肉，重视羊奶，关注板皮，提高产量，保证质量。

根据 2008 年河北省羊业现状和发展思路，在技术上应采取的措施是：组建地方品种保护群，抓好现有品种羊的保护工作。采用引进高质量种羊、提纯复壮、横交固定的办法将现有品种进行保护。

省级种羊场重点开展种公羊纯种繁育工作，提供优质种公羊及其精液。省级畜牧科研单位负责进行种公羊和杂交一代的后裔测定，为优质种公羊选择和选配优势组合提供科学依据。

对超细毛羊坚持优选优配、最佳组合的原则，保证其品种质量。对细毛羊采用引进纯种澳美种公羊进行级进杂交的方法改良，逐步提高其羊毛质量和产量，满足纺织工业的要求。对半细毛羊以德国美利奴、萨福克、德克赛尔、无角道赛特等进口优良绵羊种公羊为父本杂交，以提高产肉性能，也可保证一定的产毛量。对粗毛羊以杜泊羊为父本杂交，可提高其产肉性能和保证板皮质量。对山羊采用在春、秋季利用不同生产性能的公羊进行改良的方法。在秋季配种时以进口波尔山羊为父本，以本地山羊和绒山羊为母本，进行杂交改良，让次年产的羔羊当年出栏，从提高产肉性能和保证板皮质量两方面提高养山羊的效益；在春天配种时以我国辽宁绒山羊、内蒙古绒山羊等优良种公羊为父本，以本地山羊和绒山羊为母本，进行杂交改良。当年产羔羊越冬到次年可产绒并在秋季可产肉和增加皮张面积，从而综合提高山羊养殖的经济效益。

在方法上，采用人工授精为主、本交为辅的方式杂交改良，分别从提高产毛（绒）、产肉和板皮质量三方面入手增加羊的个体收入，从而提高整个养羊业经济效益。

二、河北省 2009 年羊产业发展回顾及 2010 年形势展望

2009 年，我国畜牧业在市场拉动、政策促动、工作推动等多种力量同向合力作用下，保持较高的发展速度，畜产品总量继续增加，畜牧业产值在农业总产值中的比重进一步提高，农民来自畜牧业的现金收入有所增加。而养羊业是畜牧业的重要组成部分，2008 年河北省养羊业发展迅速，是进入 21 世纪发展势头最好的一年。

（一）河北省 2009 年羊产业发展特点

1. 肉羊养殖经济效益明显提高

2009 年以来，羊肉价格一直攀升，10 月份，羊肉平均价格为 32.65 元/千克，同比上升 1.2％，环比上升 0.8％，同期猪肉（均价 18.71 元/千克）环比下降 1.4％，由于羊肉价格一直在高价位运行，且羊属于草食动物，受今年精饲料价高的影响小，所以养羊效益明显提高。据测算，舍饲条件下养 1 头基础母羊按年产 3 头活羔羊计算，可获利 600 多元，如果是半舍饲或放牧则效益更高。

2. 养羊积极性普遍提高

一是由于养羊效益增加，调动了养羊者的工作积极性，都想养羊或多养羊。二是由于饲料价格持续居高不下，鸡、猪饲养成本高，况且养鸡、猪疫病风险太大，二者相叠加，多数养殖者改行养羊，养殖户相对增加。三是受金融危机的影响，外出务工返乡者选择了养羊，增加了养殖户的比例。四是个别老板将其投资用于养羊业。总之，养殖户增加，养羊积极性普遍提高。

3. 出现了多种产业化经营模式

一是"以肉羊屠宰加工企业为龙头，以社会化服务体系为保证，带动区域养羊业及相关产业共同发展"的产业化模式。该种模式的典型代表是唐县养羊业发展模式。二是"分户所有、集中繁养"建立"养殖园区"的产业化生产模式。该种模式的典型代表是唐县大白尧村种羊养殖场。三是"种羊场＋农户、互利共赢、滚动发展"的产业化生产模式。该种模式的典型代表是永清县百日

肥羔羊养殖专业合作社。目前我国养羊业的生产经营方式主要仍以农户散养为主，多种产业化模式的出现，改变了千家万户小生产与大市场的矛盾，避免了养羊户不具备开拓市场的能力和条件、难以进入流通领域、市场信息滞后、造成养羊业大起大落，不能持续稳定发展的问题。

4. 羊皮、羊毛（绒）价格回落

受金融危机的影响，羊皮、羊绒出口减少，羊毛销路不畅，价格下滑，养羊效益受到了一定的影响。据调查，羊皮的价格基本上是 50 元/张左右，同比下降 20％左右，2009 年前三季度，出口羊绒 1 319 吨，金额为 8 596.4 万元，数量同比下降 19.03％，金额下降了 34.66％。

5. 国家良种补贴范围延伸到肉绵羊

近年来，国家集中出台了一系列扶持生猪发展、促进奶业发展、稳定蛋鸡生产和保证市场供应的政策措施。这些政策措施极大地促进了畜牧业的快速恢复和发展。而养羊业没有扶持政策，完全由市场调节，成为养殖者的自觉行动。2009 年国家首次将良种补贴范围增加到肉绵羊，河北省作为优势产区之一，被农业部列为首批试点省份，全省共计补贴种公羊 0.7 万头，每头补贴800 元。

6. 种羊用于改良配种，发挥应有的作用

种羊场经过持续低迷的市场冲击，多数倒闭，现保留为数不多种羊场的种羊全部由养羊户自己出钱购买，对每个养羊户来讲，购买数量不多，但全部用于配种改良，发挥了种羊应有的作用，同时也为种羊场的发展创造了条件。

（二）河北省 2010 年羊产业发展预测

1. 羊肉价格仍会攀升

从市场需求看，我国居民年人均消费口粮已从 1978 年的 225 千克下降到2006 年的 149 千克，而肉类消费则从 8.86 千克增加到 27 千克，增加了 18.14千克，而口粮消费减少了 76 千克。专家预测，随着人们生活水平的不断提高，今后这一趋势仍将继续保持，畜牧业将是我国农业发展的一个重要增长点。在畜牧业中，羊肉以其绿色、安全、保健、营养丰富等优点越来越受到消费者的青睐，且由于羊生理特点，繁殖率相对低，羊的发展数量不可能在近期有大的突破，且活羊于 2005 年又重新打入伊斯兰国家，出口量增加，羊肉将供应紧张，羊肉价格不但会持续在高价位运行，且上涨的空间很大，羊产业发展前景向好。

2. 羊皮和羊毛（绒）价格将会回升

一是由于气候变暖、化纤等替代品的增加，再加上环保和金融危机的影响，连续三年我国羊绒的价格走低、有价无市、大量积压。而羊皮价格与 20世纪初相差近 50％，价格有望回升。二是 2009 年在欧美国家发生的暴雪和气候异常寒冷,将不得不使这里生活的人们考虑重新用皮毛制品防风御寒,同时金融危机的影响逐步减弱,羊皮、羊绒、羊毛等产品出口的机遇增加,价格也会回升。三是来自 192 个国家的代表,经过 13 天马拉松式的艰难谈判而达成的《哥本哈根协议》,虽然并不具有法律约束力,但就发达国家实行强制减排和发展中国家采取自主减缓行动作出了安排,气候变暖的进程将减慢,为羊皮(毛、绒)等畜产品提供了广阔的市场前景。

3. 国家绵羊良种补贴项目将会延续

2009 年国家绵羊良种补贴项目正在试点省份实施,2010 年将会在总结经验、不断完善机制后由点到面推广,带动羊产业的发展。

三、河北省 2011 年羊产业发展特点及 2012 年发展形势预测

2011 年,河北省的养羊业在政策的推动、市场的拉动和标准化养羊示范场的带动下,发展迅速。据行业部门统计,截至 11 月底,全省羊存栏 1 856.05 万头,同比增长 4.09%,出栏 1 961.2 万头,同比增长 9.27%。

(一)河北省 2011 年养羊业新特点

1. 产品价格持续上涨,再创历史新高

(1)羊肉价格。河北省羊肉价格已经由年初的平均 39.53 元/千克一路上涨,据河北省商务厅公布数据,12 月中旬,羊肉的批发价格达到 49.17 元/千克,连创历史新高。2011 年 11 月底,羊肉的价格同比增长 25.07%。

(2)羊皮价格。羊皮价格一路走高,从年初 90~100 元/张,上涨至 150 元/张,绒山羊皮超过 200 元/张。

(3)羊绒价格。羊绒价格从年初的 170 元/千克左右上涨至 230 元/千克。

(4)羊毛价格。主要产毛区最高收购价格,在年中前后就已经达到了 30 元/千克,粗毛价格为 14 元/千克。

2. 政策扶持作用凸现,民间资本介入

2009 年,国家出台了肉羊良种补贴政策,河北省每年有 7 000 头种公羊享受国家 560 万元的良种补贴。2010 年全省有 21 家标准化养羊示范场均获得了 50 万元财政支持。由于养羊业投资风险小于养猪,投资规模低于养牛,加之持续增长的产品价格,已经使养羊业成为一项低风险、低投入、高回报的投资产业,吸引了很多民间资本投身到了养羊业,促进了养羊业的发展。

3. 肉羊育肥发展迅速,单位产出增加

河北省北部和东北部与内蒙古、辽宁相接壤,是羊肉主产区,拥有充足的羔羊资源,但是气候寒冷,可供羊的最佳生长时间短,冬季牧草缺乏,养殖成本高,而采用在气候和饲料条件好的异地育肥 2 个月即可出栏,只均获利可达

80元左右。由于舍饲育肥利润空间大，周期短，2011年以来，全省的部分农区建立了专门肉羊育肥场，并扩大了生产规模。肉羊育肥增加了单位产出，提高了资源的利用效率。

4. 注重科学技术应用，养殖效益逐步提高

通过科普活动和典型事例引导，科学技术在养羊业中的应用十分普遍。从选种、繁殖、培育、饲养、营养和屠宰各个阶段，技术含量在显著增加。特别是养羊户引进优秀肉用种羊品种（尤其是杜泊绵羊）杂交改良本地绵羊（尤其是小尾寒羊）增重和产肉性能，得到了大多数养殖场（户）的认可。另外，在饲料的搭配上注重多元化，使用配合饲料，减少了浪费，提高了效果。在河北省保定的唐县和秦皇岛的卢龙县、昌黎县，还出现了杂交肉羊育肥专业乡、专业村，较全面地掌握了羊的育肥技术，养殖效益逐渐提高。

5. 高度重视食品安全

2011年，河北省个别地方出现了羊的"瘦肉精"事件之后，各级畜牧部门高度重视，迅速行动，开展了针对"瘦肉精"的专项严打行动，对使用者判刑，并对涉案羊全部进行焚烧处理。经调查，行动收到了良好效果，使用"瘦肉精"问题已经得到遏制，保证了羊肉食品的安全。

6. 农区养羊兴起，规模化程度提高

过去河北省的养羊业主要的集中区域在张家口和承德地区，基本上是小群体大规模的格局、采用放牧加补饲的方式。近年来连续实施的禁牧政策，使这些地区的养殖户失去了放牧养羊得天独厚的草场，转变为舍饲养羊，养殖成本上升，利润空间缩小。并且当地气候寒冷，对羊的生长极为不利。在不利因素的影响下，养羊重点养殖区域逐渐由北部向南部各地市推进，由半农半牧区向农区推进，据统计，2010年张家口市和承德市羊的存栏量为277.13万头，年增长率－5.7%，呈大幅下降趋势。而全省年增长率达12%。秦皇岛、保定、廊坊、沧州和邯郸养羊正在兴起，这些地区大量的农作物秸秆和优厚的自然条件可从根本上弥补半农半牧区这些方面的缺陷，也为养羊业的可持续发展开辟了一条新的出路。农区养羊全部是舍饲，多是适度规模，致使全省养羊规模化比例逐年在提高，据统计2008年、2009年年出栏30头以上规模养殖分别占年度出栏的48.9%和53.6%，呈上升的趋势。规模化也促进了养羊业向标准化推进。

（二）2011年羊产品价格攀升的原因分析

1. 物价整体上涨

2011年是国内外经济和社会形势剧烈动荡与变化的一年，经济危机在席卷西方的过程中，也不可避免的波及了中国。人民生活中最能够切身体会的是物价整体上涨。所有的成本增加，最终导致的结果就是羊肉的价格不断上涨。

2. 生产量不足

河北省北部张承地区的坝上半农半牧区是河北省传统的养羊业优势地区。近年来为了环境保护，国家实行了严格的禁牧政策，加上频发的自然灾害，尤其是连续多年的干旱导致天然牧草产量急剧减少，再加上逐渐增多的羊疾病等原因，导致羊肉等产品的供给量不足。

3. 羊肉消费量增加

羊肉作为中国人传统食谱中的重要组成部分，在营养和安全方面已经越来越得到人们的认可，吃羊肉已经打破了地域、季节的限制，而且在人们日常饮食消费中所占有的比重逐步提高，造成了羊肉的需求呈井喷式增长，供需矛盾突出。

4. 人工成本增加

随着人民群众生活水平的提高，务工人员对于工作环境、报酬等方面的要求也必然提高。畜牧养殖工作环境差，地理位置偏僻，工作量大，多是封闭管理，相对而言，只有大幅度提高从业人员工资，才能留住或找到合适的饲养工。

（三）2011 年河北省羊产业发展存在的问题

1. 产业化水平低，养殖环节效益差

养殖环节效益在羊产业整体效益中占有的比重偏小，而多数养羊者将活羊直接出售，或进行简单加工成胴体（初级产品）出售，实现高附加值效益的能力减弱。

2. 羊源紧缺，限制了育肥的开展

相对而言，育肥羊比自繁自养羊周期短、见效快、风险小。这样，多数人投向了肉羊育肥而不从事自繁自养，肉羊育肥出现了羊源紧缺和购买不到合适的羔羊的尴尬局面。

3. 人员素质较低，养殖技术有待提高

养羊从业人员普遍素质偏低，再加上个别养羊企业老板养羊专业水平低，导致接受先进技术能力比较弱，舍饲养羊技术不过关。舍饲只是将羊简单地关在圈内混养、品种杂交、防疫欠缺、饲料单纯、营养不足等诸多问题突出，影响效益提高。

4. 粪污处理不达标

无害化处理设施、设备不完善，粪污处理不彻底，仍有隐患。

（四）河北省 2012 年羊产业发展形势预测

1. 羊产品价格仍会在高位运行，但涨幅不会太大

综观世界以及国内经济发展形势可以看到，西方国家的经济危机短期内仍将难以平息，中国经济高速发展的压力也将加大，物价水平短期内很难恢复到以前的水平，这就直接会导致养羊业各项成本还会维持在较高的水平。同时由于羊繁殖率低，所以，羊只出栏量短期难以大幅度提高，而市场消费又有不断扩大的趋势，供求不平衡将影响羊肉价格。但是同时应该看到，现在国内市场的羊肉价格已经接近国际市场，如果继续上涨必然导致大量进口羊肉会涌入中国市场，达到平抑价格的作用。

2. 羊源短缺将通过转变发展方式得到缓解

羊源短缺问题的根源就是原有传统牧区养殖方式转变后养殖户不能立即接受，经过近 10 年的培训和磨合，舍饲养羊逐步在被人们接受，并总结出了一些经验，通过标准化规模养殖、推广舍饲养羊配套技术、发展农区养羊、提高人员素质，羊源短缺问题会逐步缓解。

3. 食品安全问题将引起高度重视

"瘦肉精"事件敲响了羊业食品安全的警钟，涉及药物残留、抗生素药品滥用和粪污处理等影响安全的问题，引起了相关部门的高度重视，这一工作将常抓不懈，管理将更加规范。

4. 标准化规模养殖和产业化经营是未来发展方向

养羊规模化可提升标准化建设，标准化建设可促进规模化养殖，只有实现规模化和标准化养殖，才能保证羊产品的有效供给，才能有效防止疫病的发生。实行产业化经营是畜牧业可持续发展的必由之路。产业化经营有利于增强羊产品市场竞争力，有利于推进养羊产业链条的延伸和完善，有利于加工企业和农民实现合作共赢，有利于实现养羊利益最大化和羊产业的持续、稳定发展。

5. 支持养羊业的政策将更优惠

2012 年，国家的惠农政策更加完善，养羊良种补贴的范围扩大、标准化示范养殖的推进、扶贫政策的落实、农业产业化的深化，为养羊业带来许多发展机遇。养羊户要以市场为导向，以品种为基础，以改良为手段，以产业化为方向，促进养羊业持续、稳定和健康发展。

四、河北省 2012 年羊产业发展回顾及 2013 年形势预测

2012 年，河北省养羊业呈现以下特点：一是肉羊市场价格持续走高、养羊利润空间增大；二是国家支农政策普惠、特别是对羊业发展的专项政策的积极推动；三是近十多年来禁牧政策推行，养羊者在观念上接受，舍饲养羊技术基本过关；四是羊的新品种及新技术的推广应用，养羊发展势头很好。据行业统计，2012 年底全省存栏羊 1 867.46 万头，出栏 2 367.57 万头，同比分别增长 2.05% 和 5.17%。养羊业在增加农民收入、保障市场有效供给方面作用明显增强。

（一）河北省 2012 年羊产业发展总体回顾

1. 羊肉价格上涨，羊毛、羊绒价格下降

（1）羊肉价格在高价位运行中继续上涨。随着消费者对羊肉保健性和安全性的认可，羊肉消费猛增，而羊肉生产又不能过快增长，供需矛盾突出，羊肉价格在高价位运行中仍在攀升。据中国行业研究网的价格行情系统监测，4 月以来全国羊肉价格涨势明显，9 月底开始价格趋稳，10 月下旬又重回涨势。据中国畜牧兽医信息网显示，2012 年 12 月第一周全国羊肉平均价格 56.25 元/千克，同比上涨 22.4％。

（2）羊毛、羊绒价格有所下降。一是因为 2012 年以来欧美国家和日本主要需求市场经济不见好转，需求萎缩，购买力下降；二是由于国内经济增速放缓，毛绒皮市场需求不足，出口订单减少，国内毛绒皮产品消费不旺，市场库存增加，收储加工企业压低购销价格。受此影响，今年绵羊毛（改良毛）、白山羊绒、紫山羊绒和羊皮收购价格分别为 15 元/千克、300 元/千克、225 元/千克和 90～120 元/张左右，与去年相比分别下降 5％、15％、23％和 10％左右。

2. 食品安全有所保障

羊饲料以天然牧草及农作物的下脚料为主，精饲料为辅。饲料及饲料添加剂的使用量相比猪、鸡等动物要少得多，所以羊肉作为一个绿色、环保、安全的食品很受大家的欢迎。而且羊肉的脂肪、胆固醇的含量比其他肉类低，符合现代人民的饮食要求和健康需要。此外，由于加大了投入品的监管力度，保证了羊肉食品的安全，全年没有发生羊肉食品安全事件。

3. 羊产业仍然是投资的热点

一是随着我国社会发展，城乡居民收入不断增加，生活水平日益提高，对日常饮食结构的调整导致对羊肉需求量明显增加。羊肉消费量的增多，市场上出现了供不应求的局面，羊肉价格持续上涨，调动了养羊者的积极性，纷纷进行投资；二是从投资风险上看，养羊业饲养风险较低，无严重疫病及传染病，饲养周期短、见效快，是一项低风险、低投入、高回报的投资产业，吸引了众多国内投资人和养殖者的目光；三是由于这几年鸡、猪病较多，难控制，并且饲料价格不断上涨，许多原来养鸡、养猪的养殖户也开始转产养羊；四是股市低迷，房产限购，没有更好的投资项目，且养羊又有国家政策支持，投资者纷纷投向肉羊养殖。

4. 国家扶持政策持续增强

2012 年，国家的惠农政策更加完善，养羊业从中受益。首先是羊的良种补贴项目保持不变，从 2009 年开始国家启动了良种肉用绵羊补贴政策，河北省也于 2010 年起享受国家这一政策，该政策于 2011 年又扩大到毛皮用种羊，并于 2012 年由中央财政下发 560 万元对 7 000 头种羊补贴。其次，"菜篮子"工程投资增加，河北省 2012 年分别对年出栏肉羊 200～1 500 头（含 1 500 头）、1 500～3 000 头的商品羊场补助 25 万元、30 万元，共有 47 个养殖企业得到支持。此外，2012 年国家在农业综合开发、扶贫开发等方面就养羊方面增加了投入，有力地推动了河北省养羊业的发展。

5. 饲草资源丰富

2012 年夏季雨水丰富，有利于饲草的生长，为养羊提供了丰富的饲草资源，大量的农作物秸秆及农作物的下脚料也是羊很好的饲草资源。秋天雨水不多，天气晴朗，适合贮存饲草和农作物秸秆以及青贮饲料的制备。这又为来年养羊业的发展奠定了坚实的基础。

6. 科学技术在养羊业中得到重视和应用

随着肉羊标准化规模养殖的开展，广大养羊者越来越体会到科技在养羊中的作用，在品种选择、繁殖改良、圈舍布局、营养调控、疫病防控方面设法增加科技投入，并通过邀请专家、参加培训、技术咨询等形式来增加养羊的科技含量。据国家现代肉羊产业体系设在河北省的衡水综合试验站统计，2012 年该站在河北省开展培训 7 次，有 700 余人参加了学习。特别是国家肉羊产业技术体系、中国畜牧兽医学会养羊学分会、河北省畜牧兽医学会于 6 月 15 日至 17 日在河北省石家庄市举办的"2012 年全国农区羊业发展论坛"，河北省有 200 余人参加了会议。该站团队成员多次受上级领导指派、媒体推荐和有关单位邀请，到养殖点提供技术指导和服务，深受养殖场（户）的欢迎。

（二）河北省 2013 年羊产业发展形势预测

1. 羊肉价格仍将在高价位运行

一是综观世界以及国内经济发展形势可以看到，西方国家的经济危机短期内仍将难以平息，中国经济高速发展的压力也将加大，所有物价水平短期内很难恢复到以前的水平。二是相对猪鸡，羊的繁殖率低，两年三胎，每胎产活两羔是较为理想的生产指标，所以羊的生产量短期难以大幅度提高，而消费市场又有不断扩大的趋势，供求不平衡会给羊产品价格有力的支撑。但是应该同时看到，现在国内市场的羊肉价格已经接近国际市场，如果继续上涨必然导致大量进口羊肉会涌入中国市场，达到平抑价格的作用。所以羊产品价格仍会在高位运行，但涨幅不可能太大。

2. 肉羊标准化规模养殖比例在逐步提高

近年来，由于国家对肉羊生产的扶持对象重点是标准化规模养殖场，新上马的羊场也均按标准化规模养殖的要求标准建设，并且标准化规模场在保障市场有效安全供给及疫病防控方面的作用凸现，在其示范作用下，肉羊标准化规模养殖比例逐年在提高，零星散养将会逐步退出。

3. 产业化经营水平将继续提升

近几年标准化规模羊场的数量在不断增加，部分组建了肉羊开发公司或合作社，还有"农超对接"，将肉羊从生产到消费有机结合，增加了产品的附加值，促进了肉羊生产向产业化经营迈进。

4. 养羊科技水平不断提高

随着养羊业向标准化规模养殖推进，养羊的科技含量必然在提高，通过增加科技贡献率来提高养羊生产水平，这是发展趋势，也是国家提倡标准化规模养殖的又一蕴意。

五、河北省 2013 年羊产业发展特点及 2014 年前景展望

2013 年，随着人民生活水平的提高，羊肉的安全性和保健作用被消费者进一步认识，羊肉需求量继续增加，刺激了养羊业发展。河北省的养羊业在数量增加、规模扩大、出栏率提高的同时，继续向标准化、规模化和舍饲化模式推进，向现代养羊业发展。

（一）河北省 2013 年羊产业发展特点

1. 羊产品价格升多降少

（1）羊肉价格在高价位上又创新高。2007 年下半年，受猪肉价格上涨的拉动，羊肉市场价格出现大幅上涨，12 月份羊肉价格为 32 元/千克，比年初上涨 33%。此后，羊肉价格继续较快上涨。2012 年羊肉价格从 2008 年的 31 元/千克涨至 57 元/千克，上涨了 84%。2013 年第一季度羊肉价格 65.8 元/千克，同比上涨 12.7%，比 2012 年 12 月份上涨 4.7%。据河北省物价局价格监测中心监测显示，2013 年第三季度，全省羊肉平均价格为 64 元/千克，同比上涨 16.1%。

（2）羊毛价格下降。2013 年收购初期绵羊毛（改良毛）平均开秤价格为 12.44 元/千克。随着收购逐渐展开，羊毛收购价格小幅下降。6 月末，羊毛（改良毛）平均收购价格为 12.26 元/千克，比收购初期下降 1.45%。与 2012 年同期相比，平均收购价格下降 6.84%。

（3）羊绒价格持续上涨。2013 年，羊绒价格 480 元/千克，较上年 380~400 元/千克涨幅不小。造成羊绒价格攀升的主要原因：一是羊绒产量较低。受肉羊价格提升、禁牧的影响，养殖户调整了羊的品种结构，绒山羊养殖量有所下降。二是随着人民生活水平的提高，羊绒产品的需求量加大。三是欧美国家经济复苏，羊绒出口量增加。

（4）羊皮价格有所下降。2013 年山羊皮价格约为 30~35 元/张，绵羊皮价格约为 120~130 元/张，较上年都有所下降。其原因是羊肉消费增加，拉动养羊业发展，养殖量增加，导致羊皮供应量增多。

2. 羊产业成为投资热点

（1）外行进入。一是随着环保越来越被重视，环保专项整治活动的频繁开展，高利润、高污染行业被迫停止生产，致使这些行业将资金投入到养羊业来；二是近年来羊产品市场表现活跃，效益高，吸引并赢得好多企业的青睐；三是国家对养殖业的扶持也是吸收外行转产养羊业的原因。

（2）扶贫政策倾向。国家出台了一系列扶贫政策，各扶贫单位也在考察新的扶贫项目。由于养羊具有投资小、见效快，周期短的特点，适宜在贫困村实施，因此这些扶贫单位多选择养羊项目，如阜平县 164 个贫困村建立了羊场 125 个，全县共有规模化养殖场 141 个，同比增加 130 个。

（3）国家对养羊业的扶持政策仍在持续。2013 年，国家对河北省持续实施了羊良种补贴政策，对 24 个种羊场的 7 000 头经审查和鉴定的种羊共补贴 560 万元；"菜篮子"项目对近百个肉羊养殖场补贴 2 200 万元，此外，还有农业综合开发、扶贫项目支持等，促进了全省养羊业的发展。

3. 标准化规模化舍饲化养殖场增加

由于生态建设的需要、国家的持续投资、新上马的养殖场以"资源节约、质量安全、环境友好"为目标，积极按标准化、规模化和舍饲养殖模式建设，原建场也积极改进，向标准化推进。到年底，全省有标准化肉羊养殖场 87 个，在促进自身发展的同时，对全省养羊业的发展也起到了示范带动作用。

4. 对养殖技术更加重视

由于新上马的养殖场多由外行转入，企业负责人很重视养羊前的咨询工作，从建设前的选址、布局、设计、规划、引种出发，聘请技术人员指导。其次，各养殖户对技术培训工作十分重视。标准化规模场的大量出现，越来越重视新技术的应用，不同程度地使用了杂交改良技术、人工授精技术、早期断奶技术、羔羊育肥技术、配合饲料技术、免疫技术、全混合日粮（TMR）技术等，促进了生产的发展，提高了饲料的利用率，增加了养殖效益。

5. 肉羊养殖逐渐形成三种主要发展模式

（1）种羊场。以种羊纯种繁育及推广为主。受纯繁成本高、市场需求变化大、种羊价格不稳且普遍偏低的制约，单一品种种羊场的利润波动大，从长期来看效益不高、甚至亏损。而拥有三个以上品种的种羊场品种间形成市场价格互补，效益情况好于单一品种种羊场，但亦大多处于薄利状态。

（2）商品羊集中短期育肥场。以购入架子羊、断奶羔羊进行集中短期育肥为主。此模式能够在短期内扩大生产规模，并产生经济效益，但受羊源短缺、断奶羔羊价格上涨影响，成本上升，利润空间缩小。目前，25 千克以下的断奶羔羊单价为 17 元/千克，而育肥后 35 千克左右的活羊单价为 13 元/千克，集中育肥的利润空间被挤压。同时，因大范围羊只的异地调运，造成的疫病异地传播呈现扩张之势，对当地养羊业造成较大威胁。

（3）自繁自育肉羊生产场。以本场羊繁育后代为主进行商品羊生产。根据生产地情况，此模式有两个发展方向：一是利用引进的优质种羊杂交改良本场当地羊，杂交后代用于商品羊生产；二是利用杂交羊进行商品羊生产的同时，建立一定规模的当地羊核心群进行纯繁，作为本场基础母羊的后备力量，通过商品羊育肥与后备羊繁育相结合，实现了经济效益和可持续发展的相互补充，可提高抵抗市场风险能力。

6. 产业化水平在提升

肉羊产业的发展，促进了产业链条的延伸，提供了就业岗位，增加了社会效益。一是为当地羊加工企业提供了原料；二是拉动了饲料加工企业的发展；三是提高了秸秆的利用率，促进了农牧良性循环；四是对运输业和餐饮业的发展起到了一定带动作用。

（二）河北省 2014 年羊产业发展展望

1. 羊肉价格仍持续高位运行

一是随着生活水平不断提高，消费观念不断更新，羊肉作为健康安全食品，在老百姓餐桌上的比重日益加大，市场需求不断增加是总趋势。二是保护生态平衡是一项艰巨任务，舍饲养羊是必然途径，牧区养羊不可能有很大的数量突破。三是羊单产一般为双羔，由羔羊长到成羊大概需要 6 个月左右时间，理想的胴体仅为 35 千克左右，不可能有大量的羊肉充斥市场。四是精饲料和人工工资开支刚性增长。这些因素叠加，导致羊肉价格将持续在高价位上运行，并有持续上涨的趋势。

2. 养羊业生产水平将提高

随着标准化示范场的建设，人工授精、早期断奶、同期发情、配合饲料、免疫程序、全混合日粮（TMR）等技术通过举办培训班、技术指导的推广普及，示范作用的扩大，将进一步提升养羊业的生产水平。

3. 国家对肉羊生产投资力度继续增加

2013 年，农业部会同国家发展改革委、财政部下发了《全国牛羊肉生产发展规划》，2014 年河北省也下达了《全省牛羊肉发展规划》，国家和河北省将加大对牛羊肉生产的扶持力度。羊的良种补贴、标准化示范场建设、"菜篮子"工程、农业综合开发、草原生态保护补助奖励机制等相关政策的实施，将推动养羊业的发展。

4. 自繁自育模式是今后肉羊生产的主要方式

自繁自育模式克服了育肥羊来源受限、外来疫病难以防控等不足，有利于降低生产成本、稳定生产规模，是今后肉羊养殖的主要发展方向。

5. 肉羊养殖将带动相关产业的发展

标准化、规模化和舍饲养羊，在促进养羊业发展的同时，带动了饲料加工、运输、兽药和生物制品、牧草加工、养殖设备、屠宰加工等产业发展，使肉羊生产链条延长，社会效益提升。

六、河北省2014年羊产业发展特点及2015年形势展望

2014年是河北省羊产业重要的战略转型期，绵山羊品种结构从毛、绒用羊为主转向肉用羊为主，羊肉生产结构由成年羊肉转向羔羊肉，饲养方式从粗放式经营逐渐转向集约化、商业化经营。2014年河北省的养羊业经历了羊小反刍兽疫、干旱少草、养殖成本增加和价格剧烈波动等考验，对养羊业造成了一定的威胁。

（一）2014年河北省养羊业的特点

1. 羊的存栏和出栏同比均上升，绵羊增速高于山羊

据行业统计（表1-1），河北省2014年10月较2013年10月羊的存栏同比增长7.04%，其中山羊增长0.41%，绵羊增长11.53%，绵羊存栏增长比山羊高11.02%，说明养殖户更青睐于养绵羊；羊的出栏同比增长8.4%，其中山羊增长0.04%，绵羊增长13.55%，绵羊比山羊的出栏同比高13.51%；羊的出栏的增幅比存栏要高1.36%，而绵羊的出栏量比存栏量的增幅要高2.02%。羊的饲养量增加，表明社会养羊热情仍然高涨。

表1-1　2014年10月与2013年10月全省羊存出栏对比表

单位：头

年度	存栏	山羊存栏	绵羊存栏	出栏	山羊出栏	绵羊出栏
2014年	20 481 337	7 752 158	12 729 179	20 705 494	7 282 822	13 422 672
2013年	19 133 492	7 720 194	11 413 298	19 101 156	7 280 036	11 821 120
同比	+7.04%	+0.41%	+11.53%	+8.4%	+0.04%	+13.55%

2. 活羊价格有所下降，养殖户利润降低

体重在35千克的绵羊，2013年10月份石家庄活羊价格在20～22元/千克，而今年却在16～17元/千克徘徊，价格下降25%～30%。2014年11月份价格虽然有所上升，石家庄在18元/千克左右，山羊的价格较绵羊每千克高1～2元。这也使养羊业的利润大幅降低，影响了养殖户的积极性。

3. 羊肉价格先小幅上升，后持续下降，但幅度不大

2014年的1～2月份，由于元旦、春节都是羊肉的消费高峰，价格呈现明显的上涨态势，但春节后大部分地区羊肉价格有所回落，部分地区价格平稳，特别是2014年2月份，羊肉价格创历史新高，达到67.43元/千克。节日过

后，价格有所回落，从 2 月第 1 周开始到 5 月第 1 周已连续 14 周下跌，累计跌幅为 4.7%。据中国畜牧业信息网农业部的统计显示：2014 年第 44 周羊肉的价格为 54.41 元/千克，环比下跌 0.6%；第 47 周羊肉的价格 53.75 元/千克，环比下跌 0.4%；第 49 周羊肉的价格为 53.63 元/千克，环比跌 0.5%。

4. 羊毛、羊绒价格持续下滑，养殖毛用羊利润下降

在全球经济活力减弱大背景下，我国羊绒企业的生产经营普遍遇到巨大挑战，羊绒产业曾经的辉煌已多年不再。仍处于洗牌阶段的羊绒产业，从内积外压、无序竞争、市场混乱、绒质下降等乱象丛生的产业萎靡中还没有走出来。羊绒的收购价在 400 元/千克左右，同比下降 15%。国际羊毛价格剧烈波动，中国市场也跟风下跌，细支毛需求急剧减弱，粗支毛需求相对稳定，国内许多毛纺厂为了维持生产，已经在减少含毛面料产量或降低羊毛配比，采用其他替代纤维，替代纤维的使用，让羊毛的用量迅速降低，羊毛价格也受到影响。细支毛和粗支毛价格分别在 16 元/千克和 9 元/千克左右，同比下降 30%。羊毛在养羊收入中的比重下降，迫使养羊者调整结构，向肉羊方向发展。

5. 活羊和羊肉价格的变化不协调，产业链利益分配不均

由于产业化经营水平低，链条衔接不紧密，产业链内部利益不均衡。上游繁育养殖利润偏低即活羊价格较低，同比下降 20%～30%，影响养殖户的积极性，严重影响羊产业发展后劲。而羊肉价格略有下降，养羊的利润被下游的屠宰加工、销售环节赚取。

6. 进口羊肉数量增加，严重冲击羊产业发展

由于国内羊肉消费市场持续增长，羊肉供需矛盾突出，国产羊肉价格一直维持于高位，而进口羊肉价格优势和质量优势得以体现，为了满足国内市场的需求，尤其是餐饮行业等羊肉户外消费，国内羊肉贸易量大幅度增加。据中国畜牧业信息网农业部的统计资料显示，2013 年 1—12 月份进口羊肉 25.9 万吨，同比增长 108.8%；2014 年 1—3 月份进口羊肉 8.3 万吨，同比增长 36.6%。我国羊肉进口数量的不断扩张，对国内市场的影响程度将加深，直接冲击到国产羊肉的价格，影响肉羊产业的发展。

（二）2015 年养羊形势发展展望

1. 羊肉价格仍将在高价位运行

一是羊肉生产受成本上升、资源承载能力约束、发展方式转型、疫病多发等因素制约，产量增长缓慢，供需在一段时期内仍将处于偏紧状态，羊肉价格将继续高位运行。从养殖环节看，肉羊的市场补充能力和应变能力较猪禽产业要缓慢得多，人工成本、饲料原料价格以及社会物价水平的不断增加也在一定程度上助推羊肉价格的涨势。随着生态保护建设力度的加大，羊养殖逐步由散养放牧向标准化规模养殖过渡，需要建设棚圈、草料棚，添加精饲料育肥，饲料、人工、防疫、运输等成本均有所上涨而消费市场又有不断扩大的趋势，供求不平衡会给羊产品价格有力的支撑。

二是从需求来看，随着人口增长、居民收入水平提高、城镇化步伐加快以及健康消费理念的逐步深入，羊肉作为高蛋白、低脂肪、低胆固醇的肉类食品日益受到人们的青睐，羊肉的消费将继续稳步增加。羊肉的消费不仅从先前的部分群体消费变为了全民性消费，也从季节性消费变成了全年性消费。而一些少数民族地区不仅自身消费增长较快，外来旅游人口消费量也很大。同时，中部和东部地区牛羊肉的消费也在增加。

三是从羊肉产品相对安全方面，近几年，食品安全事件频发，食品的安全问题日益引起人们的重视。羊作为草食动物，主要食物以天然牧草及农作物的下脚料为主、精饲料为辅。饲料及饲料添加剂的使用量相比猪、鸡等纯饲料饲养的动物要少得多，所以羊肉作为一个绿色、环保、安全的食品很受大家的欢迎。而且羊肉的脂肪、胆固醇的含量比其他肉类低，符合现代消费者的饮食要求和健康需要。

2. 国家扶持政策将持续增强

2012 年，国家惠农政策的不断完善、养羊良种补贴的范围扩大、标准化示范养殖场的推进、扶贫政策的落实、农业产业化的深化等因素为养羊业带来许多发展机遇，养羊户要以市场为导向，以品种为基础，以改良为手段，以产业化经营为方向，充分发挥当地资源优势，积极利用国家扶持政策，促进养羊业持续、稳定和健康发展。

3. 肉羊标准化规模养殖水平将逐步提高

近年来，由于"禁牧"政策的实施，使养羊业由放牧向舍饲，由散养向规模化发展。政府对建设高标准养羊小区、规模养殖场以及规模养殖户，从资金补贴和养殖贷款等方面给予扶持，引导、鼓励养羊户向规模化、大型化、优质、高效、安全的养殖目标发展。标准化规模养殖有利于提升科技水平、保障羊产品的有效供给、疫病防控，因此，肉羊标准化规模养殖是肉羊产业的发展方向，肉羊标准化养殖水平将逐步提高。

4. 产业化经营将得到推广

以牧草种植、农作物秸秆加工、颗粒饲料加工、肉羊养殖、生物有机肥料羊粪加工、屠宰分割及熟食制品深加工"六位一体"、带动农户共同发展的涿州连生农业发展公司的模式将得以推广。标准化规模养殖场只有实行产业化经营，才能实现生产与市场的对接，才能发挥市场竞争优势，才能实现养羊利益的最大化，养羊业才有生命力，才能持续、稳定发展。

5. 科技水平将不断提升

近年来，养羊成本不断提高，养羊业利润空间缩小，养殖场（户）开始从选择高产性能的品种，利用扩繁技术、合理调剂日粮供给、加强饲养管理、强化疫病防控、适时出栏等方面入手，提高养殖生产过程中的科技含量，降低成本，增加效益。因此，养羊业的科技水平将不断提升，学习、运用科技知识将是养羊者的重要工作内容。

七、河北省 2015 年羊产业发展现状及 2016 年形势分析

2015 年的河北省养羊业，受 2014 年前的流行性小反刍兽疫和其他多种因素综合影响，继续走向低谷。养羊企业多数亏损，养羊积极性受挫，整个产业受到严重冲击。多数养羊企业处于观望状态，举棋不定。正确看待 2015 年养羊现状，详细分析 2016 年养羊形势，有利于协助养羊企业审时度势，明确方向，采取措施，积极应对，及时调整和升级产业发展模式和产业结构，通过强化管理、延长产业链、提升品牌意识、增强产品价值和行业竞争力来走出困境。

（一）2015 年河北省羊产业发展现状

1. 养殖数量仍有提升

据 10 月底行业统计，全省存栏羊 2 095.3 万头，同比增加 2.3%，出栏 2 126.6 万头，同比增加 2.7%。说明养羊业同其他养殖业一样也有发展。但每年的 11—12 月是羊的出栏高峰期，到年底羊的出栏可能会增加，存栏将会下降。

2. 活羊价格持续低迷

年初活羊价格在 14 元/千克，6 月底上升到 16 元/千克，9 月份又回落至年初的 14 元/千克，12 月份又上升至 6 月底的 16 元/千克左右。同时，活羊价格因养殖模式、品种和月龄而有所不同，舍饲养羊有漏粪地板者、肉用羊杂交改良者和当年羔羊均比其他活羊要高出 2 元/千克左右。

3. 羊肉价格相对稳定

2015 年羊胴体价格在 30～32 元/千克；羊肉 48～52 元/千克，与上年同比下降 8%左右。

4. 羊毛羊皮价格下滑

羊毛价格在 4～8 元/千克，同等羊毛同比下降 50%，羊皮价格在 30 元/张左右，下降 50%，羊绒价格在 270 元/千克，下降 35%左右。

5. 养殖成本在高价位运行

饲料（草）持续保持在较高价位，只在 9 月份后饲料价格下降，到目前下降 10%左右，饲草价格下降 15%以上，但人工费用持续在高价位运行，雇工难现象更加严重。

6. 养羊利润空间缩小

由于活羊价格下降，养殖成本在 2015 年 9 月份前保持在高价位，9 月后

略有下降，养羊利润空间缩小。2013年底，按舍饲养殖1头成母羊、年可产3头羔羊、1头37.5千克的羔羊售价在900元计算，因饲料（草）来源不同，每头成母羊可获得的利润在800～1000元之间。而2015年年底同体重的羔羊售价在600元，年利润直接下降900元，扣除饲料（草）下降因素，当1头成母羊年产活羔羊3头，可获得利润在117元。按目前饲养成本计算，当1头成母羊年产活羔羊2.7头时可以保持持平，否则将出现亏损。

7. 养殖企业亏损

由于养羊利润空间小，养羊企业亏损，再加上新上马的企业引种成本高，养殖成本居高不下，管理不到位，繁殖率低下，而出栏时活羊价格下跌，普遍亏损，纷纷退出养羊业。而老企业或与屠宰加工企业结合的养殖场基本不亏损，并有盈余。

8. 养羊业受到冲击

养羊企业亏损，叫苦连天，下马或压缩养殖规模，空栏增多，再养殖的积极性受挫，退市转型，养羊业受到冲击。

（二）2016年河北省羊产业发展形势预测

2016年，养羊业将有所好转，预计下半年活羊价格将回升，达到20元/千克以上，羊肉价格将在55元/千克以上，羊皮、羊毛和羊绒价格也将有所上升，保持价位上升运行态势。

1. 消费层面分析

羊肉高蛋白、低脂肪，营养丰富，是老少皆宜的补品。同时羊肉绿色、安全，随着居民生活水平持续提高，膳食结构调整加快，羊肉受到消费者青睐，羊肉消费加快是大势所趋，羊肉消费将处于上升趋势。而当前，羊肉价格相对其他肉类价格来说比较低，正适合大众消费，促使羊肉消费量占肉类消费品的份额增加，羊肉价格上升便会随之而来。

2. 供应层面分析

一是养殖量减少。受连续两年羊市场行情下跌的影响，养羊积极性受挫，羊的养殖量将有所下降。这样，羊肉的供给量将会减少，而羊肉的消费群体、消费方式等没有根本性变化，即羊肉的消费量不变，供给量减少，价格会上涨。养殖量下降，羊的其他附产品也下降，价格也会上升。二是当年繁殖率、新生羔羊的成活率将会下降。其一养殖成本的高价位运行迫使养羊企业不由自主地降低饲料成本，羊的营养水平将有所下降；其二是2016年11月至12月上旬，阴雨连天，饲草的贮备受到了威胁，其质量下降。这二者均对母羊的营养水平产生相应影响，将波及母羊的繁殖率和新生羔羊的成活率，新生羔羊减少，而且新生羔羊会出现初生体重小、奶水不足、抵抗力差等不良后果，羔羊成活率下降，当年商品羊的供给减少，羊产品价格上涨。

3. 市场对活羊的需求分析

羊肉价格回升，养羊积极性提高，促进养羊者为扩大规模而补栏，这样，部分本应屠宰进入消费环节的小母羊反而进入养殖场扩繁，不能充斥羊肉市场，活羊供给减少，价格上升是很自然的。

4. 其他相关因素分析

当前猪肉价格达到了 25.56 元/千克左右，并且持续坚挺，而羊肉处于价格低谷期，这样将增加羊肉的消费量，对羊肉的消费是十分有利的。此外，特别是我国减少了羊肉进口量，2015 年 1—5 月我国羊肉进口 9.9 万吨，同比减少 5%，进口羊肉的减少，降低了对国产羊肉的冲击，一定程度上促进了国产羊肉价格的提升。

八、河北省 2016 年羊产业发展回顾及 2017 年形势展望

河北省 2016 年的养羊业，是继 2014 年 2 月以小反刍兽疫发生为标志，羊肉价格下滑后的又一个艰难之年。养殖场（户）由于羊肉等产品价格持续低迷，而养殖成本始终在高价位运行，再加上禁、限养区划定和迎奥运保生态的强硬政策的推行，普遍亏损，部分养殖户或退出养羊行业、或缩小养殖规模。即使存活下来的养殖场（户）也在痛苦中煎熬、在逆境中挣扎，高度关注羊产品市场变化，时刻祈盼价格回升。

（一）河北省 2016 年羊产业发展特点

1. 养羊业的发展相对稳定

据行业统计，2016 年第三季度，河北省羊存栏 2 005.2 万头，同比减少 3.9%，出栏 1 933 万头，增长 2.7%，表现为相对稳定。说明即使市场行情低迷，养殖量相对稳定，养羊业作为一个产业，在保障市场供给，增加农民收入方面发挥了应有的作用。

2. 羊产品价格持续低迷

2016 年以来，主产品羊肉价格一直在 50 元/千克以下徘徊，起伏不大。与养羊效益密切联系的羊皮价格为 20 元/张，下跌明显，同比下降 50%。而羊毛的销售收入无法支付剪毛工资 5 元/头。羊小肠由 40 元/付降为 4 元/付，降幅达 90%。其他附产品价格同样下滑，直接影响养羊效益。

3. 活羊价格保持相对平稳

公羔羊、母羔羊、成母羊价格分别在 16 元/千克、14 元/千克、11 元/千克左右，同比分别下降 11%、11% 和 20%，只是在进入 12 月，价格分别在原基础上增长 2~3 元。

4. 羊肉市场供应充足

由于养羊者无力应对持续亏损，只得忍痛割爱，减少存栏，且部分基础母

羊被屠宰也充斥到肉品供应中，因此，市场上羊肉供应充足，价格也相对平稳在 50 元/千克以下徘徊。

5. 养羊多数亏损

活羊市场低迷，自繁自养者普遍亏损，亏损额因养殖水平、饲料来源、管理水平和养殖规模等的差异而不同；饲养育肥羊因高来高走，低来低去的价格联动效应，受市场价格变动影响小，基本不亏损，依技术水平和季节不同，每只羊盈利 100～200 元。

6. 产业发展受到冲击

羊肉价格从 2014 年 2 月的 67.2 元/千克下降至不足 50 元/千克，下降了 25.6% 以上；而肉羊价格从 24 元/千克下降至 16 元/千克，下降了 33.3%；繁殖母羊由 1 500 元/头下降至 500 元/头，下降了 67%。同时，饲草和人工等成本持续在高价位运行。在半农半牧区，为保护生态环境，禁牧政策进一步强化，变季度舍饲为全年舍饲，增加了养殖成本；在农区，饲草饲料价格相对平稳，但受禁、限养区划定的影响，场地租赁难度大、价格高，也增加了养殖成本；养殖业中雇工难、用工贵的现象，在养羊生产中同时存在，均增加了养羊业的养殖成本。低收入、高投入，养羊持续亏损，令养羊者无所适从，在痛苦中煎熬。新上马者和散养户纷纷停养、下马或转行，老牌养羊企业或压缩规模观望行情发展态势期待行情好转，或继续负债经营，举步维艰。因此，在这种市场行情条件下，养羊业受到严重冲击，与 2013 年底相比，存栏量锐减，空栏增多，积极性受挫，发展受阻。

（二）河北省羊产业发展面临的机遇和挑战

羊产品价格的持续低迷，一方面打击了养羊从业者的积极性，制约了产业的发展，另一方面，推动了产业的转型升级，推进了羊业供给侧结构性改革。

一是调整了羊群的结构。在生产用途上，促进了由毛用、皮用羊向肉用方向转变；在品种结构上，推动了由单纯养殖地方品种向引进肉用品种并开展杂交改良方向的转变；在产品供应上，由地方品种羊肉向杂交羊肉转变，并特别注重羔羊肉的生产，满足消费者对高档羊肉的需求。

二是一定程度上降低了养殖成本。在规模上，适度规模化养殖，实现了更精准化的生产，降低人工成本、管理成本。在科技上，科技意识增加，引进了养羊集成技术，加大了科技成果的利用率，提高了养殖水平，增加了养殖效益。在饲料供给上，积极开发饲料资源，降低了养殖成本。在设施设备上，上马了智能化自动化设施和设备，解放了生产力，提高了工作效率，降低了人工成本。在营销上，利用互联网等电商模式，加快了销售速度，降低了销售成本。

三是补了短板。河北省养羊业在生产环节有优势，但在加工、流通、服务和羊粪的开发利用环节的优势却并不明显，通过这次羊价下跌的市场调节，补齐了一二三产业融合的短板，使加工环节强起来，流通环节活起来。同时，羊粪的开发和利用，实现了羊产品有效供给和资源环境保护的双赢。

四是淘汰了落后产能。这次羊价下跌持续时间之长，幅度之大，促使从业者淘汰了生产能力低下的品种和个体，提高了生产能力。

（三）河北省 2017 年羊产业形势分析

2016 年末，羊价回升，养羊业的曙光即现，为进入 2017 年开了好头。从供求关系分析，2017 年羊肉供给将减少，羊价将继续提升，这是市场对养羊持续从业者的回报。初步推测，羊肉价格将徘徊在 60 元/千克，活羊价格在 12 元/千克以上，成母羊价格在 1 000 元/头左右。

1. 羊肉是绿色肉产品得到了社会的普遍认可

肉羊生产过程不能投喂任何添加剂和抗菌素，羊肉绿色保健作用越来越被消费者认可，致使羊肉打破地域、季节的限制，消费大众化，成为全社会普遍认可的绿色、安全肉食品，这是毋庸置疑的。且随着社会进步、经济发展，羊肉的消费量与日俱增，这是发展趋势。近期召开的全国经济工作会议，提出要把增加绿色优质农产品供给放在突出位置，为羊肉产品的消费提供了政策保证，羊肉消费增加，价格自然上升，养羊从业者多年的梦想将实现。

2. 羊的上市量将减少

2017 年羊肉的上市量将会减少。一是近年来的羊肉价格下滑，导致养殖者普遍亏损，退出行业或压缩规模。二是 2016 年养羊重点区域内蒙古普遍干旱，羊价低、饲草价高，出售 3 头羊才能换回 1 吨草，自然灾害迫使牧民量草留羊，压缩养殖规模。三是 2017 年羊价逐步上升，市场调节作用，将部分本应上市的母羊留作种用。上述三种情况，将会使羊的上市量减少，价格上升。

3. 羊肉产品供应不足

羊肉产品与猪、鸡产品相比，产品供应量小、周期长。羊的生理特性决定了羊的补栏和肉产量不可能快速上升。首先是由羊的繁殖率决定的，最理想的羊是两年三胎、年均提供两头羔羊。其次是羊的胴体重决定，6 月龄羊可提供 20 千克左右的羊胴体。第三是养殖周期决定，一头母羊只有在 18 月后才能见到其下一代的产品。羊肉等产品产量少，价格上升是必然趋势。

4. 抢购羊的现象会重现

羊价提升，一是令过去从业者充分利用原有设施、设备重操旧业，再次养羊。二是现有从业者将扩大规模，或引进或多留后备羊。三是部分新上马者也会引进羊。四是国家政策的推动，项目的实施，必须引进种羊。这四种情况将会使市场出现抢购羊的现象，引起活羊价格竞争性上涨。

九、河北省 2017 年上半年羊产业形势分析及下半年发展趋势展望

（一）河北省 2017 年上半年羊产业形势分析

2017 年上半年，羊的市场行情在 2016 年下半年止跌回升的基础上，价格仍在缓慢上行，到 6 月份，基本达到了盈利线以上。养羊从业者经历了由持续 3 年亏损到保本直至现在盈利的过程。在此期间，尽管有部分从业者弃羊转行，而坚持下来的亏损严重，但终于见到了盈利的曙光。从另一个角度可以看出，这次羊价大跌，持续时间长，亏损严重，也使养羊业界得到了重新洗牌，羊的结构得到了调整，从业者对市场行情的预测和增加养羊的科技含量的意识明显增强，对推动羊产业的下一步发展奠定了基础。

1. 当前活羊及其产品行情

经市场调查并与相关经纪人咨询、座谈和查阅资料，当前活羊及产品的市场行情是：活羊 20 千克左右的绵公羔羊 24 元/千克、绵母羔羊 20 元/千克左右，同比分别增长 25% 和 35%；成年绵母羊在 14～16 元/千克间，同比增长 20%～30%；羊绒在 340 元/千克，同比增长 20%；羊毛 12～16 元/千克间，同比增长 30%～40%；羊皮 70 元/张以上，增长近 50%。羊肉价格回升趋缓滞后，据农业厅对河北省 30 个畜禽产品和饲料价格定点监测县数据统计，5 月份羊肉平均价格为 50.6 元/千克，同比上涨 0.4%。因此，与上年同期相比，活羊及其产品价格有不同程度上扬。

2. 价格回升的原因剖析

这次价格的回升是供求关系共同作用的结果。从供给方面讲，长达 3 年的市场低迷，养羊者持续亏损，养羊积极性受挫，从业者减少，退出或压缩养殖规模，空栏增多，导致羊的养殖量下降。2017 年 4 月份，全省存栏肉羊 1 837 万头，出栏 851.3 万头，同比分别下降 2.36% 和 1.95%。根据养殖场（户）调查，与 2013 年前后相比，养羊场（户）数量、场（户）羊存栏量都减少，经纪人收购难度增大，种种迹象凸显养羊数量减少。同时，在羊肉价格持续上升的 2013 年前后，进口羊肉对缓解我国羊肉价格起到了缓冲作用，进口羊肉价格低是其绝对优势，但进口羊肉是国外老龄羊的肉、质量低劣也是不争的事实，被消费者充分认识后，进口羊肉在国内的消费受到了一定的限制，这为国产羊肉的消费扩宽了市场，促进了羊肉价格的上扬。从消费来讲，羊肉的绿色、安全、保健作用被消费者认可，羊肉的消费量保持不变或略有增幅。特别是长期羊肉价格低迷，猪肉价格持续坚挺，禽肉受"禽流感"的宣传误导影响消费量，扩大了羊肉消费的市场份额，为羊价回升提供了支撑。

（二）河北省 2017 年下半年羊产业发展趋势展望

1. 活羊及羊产品价格将持续回升

预测到年底，活羊及羊产品价格将持续攀升。预期活羊及产品价格为：20 千克的左右绵公羔羊 26～28 元/千克、绵母羔羊 20～22 元/千克；成年绵母羊在 18～20 元/千克间；羊肉在 55 元/千克以上；羊绒、羊毛、羊皮等产品价格将会不同程度提升。

2. 活羊及其产品价格攀升的原因分析

（1）市场拉动促进价格回升。养羊业进入盈利阶段后，必将调动养羊从业人员的积极性。一是经过市场调节所保留下的从业人员将扩大养殖规模，多留后备母羊。二是新上马项目将引进繁殖母羊。这二者将本应进入屠宰环节的部分母羊转入扩大再生产，减少了进入肉品市场羊的数量。三是尽管羊是一年四季均衡产羔，但相对春季产羔量更大。而因羊的市场低迷，去年母羊的存栏量下降，2017 年羊的产羔会大量减少。总之，2017 年羊的上市量减少，供需矛盾增加，在市场的拉动下，活羊及羊产品价格上升。

（2）进口羊肉出现质量问题将会减少进口量。从 2010 年开始，由于我国羊肉价格以每千克 10 元的速度上升，国外羊肉以价格优势大量进口。但近年来发现，进口羊肉质量低劣、贮存期长、适口性差等劣性充分暴露，将影响这类羊肉的大量进口。如果改为进口优质羊肉，将失去价格优势，同时也不能满足消费者对冷鲜肉的需求，进口量必将减少。此外，国家也加大了对走私羊肉的打击力度，今后，进口羊肉数量减少，不会对我国羊肉生产有太大的冲击。

（3）羊肉的刚性需求仍在增加。随着羊肉烹调技术的改进，消费观念的改变，消费受地域、季节的影响减少，表现为消费地域扩大、消费季节延长、消费量不断增长的态势。

羊肉价格不断攀升，羊产业将进入黄金时代。此阶段，由于羊肉刚性需要增加，而肉羊的发展受近年来市场低迷影响，从业人员积极性不高，养殖量不可能过快增长；同时，羊的繁殖速度相对慢，2 年 3 胎、年均产羔 2 头是较为理想的繁殖速度，依靠繁殖扩量不可能在短时间内实现；此外，羊胴体重量小，单头羊提供的肉量相对少；再加上进口羊肉量影响不大等综合分析，羊肉供给不可能在短期内大幅度提升，现在发展养羊业时机佳，机会到。

（三）河北省羊产业发展需注意的问题

1. 肉羊养殖要分析形势，审时度势

肉羊是农业产业，它的发展受市场影响极大，价格波动大，这就要求从业人员观察市场变化情况、分析市场波动规律，养羊不可能永远盈利，更不可能长期亏损。根据市场变化调整结构和规模，因势利导发展肉羊产业，在市场行情好时提高利润，在市场行情差时减少亏损。

2. 发展适度规模养殖

根据现有的资源条件决定养殖规模，按场地面积、资金量、组织管理能力、技术水平、粪污处理能力等综合考虑，因地制宜，不能盲目追求养殖量的"最大化"，否则，会事倍功半，不会收到理想的效果。

3. 选对品种，生产优质肉用杂交羊

作为肉用羊场，要利用当地的小尾寒羊、湖羊为母本，利用引进的杜泊、无角陶塞特、萨伏克等肉用种公羊为父本，走杂交改良的道路，生产优质肉用杂交羊。

4. 重视技术投入，提高经济效益

加大养殖环节的科技含量，一是制定免疫程序，加强消毒灭源工作，保证不发生疫病。二是开发饲料资源，保证各阶段营养需要，降低养殖成本。三是利用人工授精技术，提高优秀种羊的利用率，保证杂交改良效果。四是实行分阶段饲养，保证采食均匀，减少饲料浪费。五是加大机械化智能水平，降低人工成本，增加经济效益。

5. 坚持产业化经营道路

一是与国家施行的"粮改饲"政策相结合，走草牧结合的路子，降低饲料（草）成本，提高养殖效益。二是组建养羊合作社，抱团取暖，参与市场竞争。三是上马屠宰加工企业或与加工企业联营，增加产品附加值，延长产业链。四是建立优势品牌，实现供给侧结构性改革，保证产品质量，提高销售价格。五是采取"互联网＋"的网络销售模式，促进羊产品立足当地、走向全国，进入高端市场，加快周转和流通速度。

十、河北省 2018 年羊产业发展回顾及 2019 年形势展望

（一）河北省 2018 年羊产业发展形势回顾

2018 年是肉羊养殖喜获丰收的一年。这一年是养羊业进入 21 世纪以来获利最高的一个年份。只要是养羊从业者，不论其养殖方式是舍饲还是放牧、养殖的品种是山羊还是绵羊、提供的是种羊还是商品羊，也不论其养殖规模是大或是小，均有盈利。羊无疑是河北省畜牧养殖业中赢利最大的畜种之一。回顾过去的一年，养羊业发展顺利，养羊户收益颇丰，这既是养羊业市场调节的必然结果，也是市场对养羊从业者 4 年来持续亏损的有力补偿，更是市场经济对勇于坚守者的应有回报。

经市场调查并与相关经纪人咨询、座谈和查阅有关资料，2018 年底前活羊及产品的市场行情如下。

1. 活羊价格

当前 20 千克左右的绵公羔羊价格为 38～40 元/千克，绵母羔羊为 35 元/

千克左右,同比分别增长 62% 和 75%;成年绵母羊价格为 22~24 元/千克,同比增长 53%;育肥羊价格为 28 元/千克,同比增长 17%;活山羊平均价格在 20 元/千克以上,同比增长 67%。活羊难以买到且价格高成为行业人士共同的感受。根据唐县养殖户调研,目前收购同等数量的羔羊,过去需要 3 天左右时间就可收购到,现在 10 天都难以完成;该户 12 月 31 日收回的一批羊平均体重为 13.5 千克/头,价格为 750 元/头,均价近 55.6 元/千克。

2. 羊肉价格

2018 年 12 月底,唐县屠宰企业胴体羊批发价在 54 元/千克,同比增长 32%。农业农村部 2018 年第 46 周(2018 年 11 月 12 日~11 月 18 日)羊肉 58.82 元/千克,环比涨 1.1%,为连续 5 周小幅上涨,同比高 15.2%;商务部网站 2018 年 12 月 28 日显示白条羊价格 56.5 元/千克,比 2018 年 7 月 27 日的 49.14 元/千克增长近 15%。

3. 羊的副产品

2018 年羊皮 40 元/张、羊绒在 340 元/千克、羊毛 12~16 元/千克,同比基本持平,但山羊皮 150 元/张,同比增长 20%~25%。

与上年同期相比,活羊及羊的主产品(羊肉)价格增幅很大,羊的副产品(毛、绒、皮)价格基本稳定,只有山羊皮增幅较大。

(二)羊价持续走高的原因剖析

2018 年养羊业的市场行情好,羊价格持续走高,既是市场自我调节的结果,也有其他因素的影响。

1. 供求不平衡

根据市场经济理论,活羊及产品的价格持续上涨仍是供求关系共同作用的结果。

从供应层面讲,一是存栏量减少。2014 年后,长达 30 多个月的市场低迷,从业者持续亏损,或退出行业或压缩养殖规模,羊的养殖量呈逐年下降趋势。如 2017 年羊的存栏、出栏分别为 1 261.5 万头、2 234.7 万头,同比分别下降 9% 和 3%。二是羊的生产能力相对较低。正常来说,羊 2 年产 3 胎、年产 3 头羔羊的繁殖力很难在近期得到突破,同时羊的世代间隔达近 24 个月,羊的发展数量不会在短期内有大幅度提高。另外,羊的平均胴体体重尽管 2016 年达到了 14.95 千克/头,但其基数较小,羊肉产量不可能在短期内有太大的提升空间。三是羊肉进口量减少,短期内难以通过进口弥补国内羊肉产量的不足。也就是说,羊肉的供给量不可能在短期内大量增加,供应量只能是缓慢提高。

从需求层面来讲,一是在重视食品安全的当今社会,由于羊只的饲料以草食为主,发病率低,极少使用抗生素,相较于猪肉禽肉等畜产品来说,质量更有保证,因此肉品成为消费的重点。二是随着人民生活水平的提高,追求营养、保健、安全的畜产品成为消费时尚，因此尽管羊肉价格偏高，消费群体也会不断扩大。

2. 政策的影响

受生态环境保护政策的影响，羊的养殖方式由放牧转变为舍饲，尽管草地植被得到了一定的恢复，但羊的饲料成本明显上升，草地的利用率下降，还增加了草地防火的压力。同时，推行的粪污资源化利用政策，也增加了设施（备）成本。总之，受政策影响，养羊成本增加，这些成本都将传导到产品终端，导致价格上升。

3. 企业扩群积极性不高

反思近 10 年的养羊历程，2018 年活羊价格攀升幅度超过 50%，涨幅远远超过 2013 年的 10%。2013 年前后，外行进驻养羊行业者数量急骤上升，不断扩群的养羊企业比比皆是。而面对 2018 年前后如此高的市场行情，从业人员表现得极为理性，新上马企业及扩群者甚少。究其原因，在 2013 年前后上马的养羊企业普遍亏损严重，继续从业的积极性严重受挫，似乎谈羊色变，害怕重蹈覆辙，导致养殖量不能提高，供应不足，羊价提升。

4. 科技含量低

与猪、鸡、奶牛相比，养羊过程的品种选定、杂交改良、饲料挖掘、营养调配、疫病防控等方面的科技推广、运用还不足，智能化、设施化水平低，造成养羊成本居高不下，生产效率低下，效益不高。

（三）2019 年羊产业市场趋势分析及展望

经过对 2018 年活羊、羊肉及附产品市场现状及羊产业近年来的发展历程分析及回顾，笔者认为，2019 年养羊业市场行情依然可观，价格仍会在高价位上徘徊，发展羊产业前景广阔。面对持续走高的羊价诱惑，有意向进入养羊行业者应审时度势再做决定；现从业者不能沾沾自喜，要脚踏实地，扎实工作，打好基础，开拓进取，并应注意如下问题：

1. 争取政策扶持

面对高昂的活羊及羊肉市场价格，为保障羊肉市场有效供给，促进羊产业健康良性发展，使养羊业成为脱贫致富、增加就业的有效途径之一，建议政府适时出台有关羊的良种、设备、饲料生产和圈舍建设等补贴政策，支持养羊产业的发展，增加市场供应量，平抑羊价，为满足人民对美好生活的向往继续发挥应有的作用。

2. 应当理性慎重从业

面对当前有利可图的养羊业，现有的养羊企业是否扩大生产、外行是否进军该行业，都应认清形势审慎从事，从资金保障、场地面积、自然禀赋、生产规模、技术能力、管理水平、市场营销、粪污处理等方面综合考虑，科学论证，缺一不可。养羊企业应充分利用现有条件，挖掘潜力，实现利益最大化。决不能贪图规模，应适度规模养殖，标准化生产，实现羊产业的高产、优质和高效。

3. 增加科技水平

针对当前羊产业科技含量低的实际情况，在科学定位、模式确定、品种选择、高效繁殖、饲料开发、营养调控、疫病防控、产品营销和粪污资源化利用等方面有针对性引进新技术、新方法、新措施，提升产业水平，促进产业健康发展。

4. 合作共赢发展

面对河北省目前养羊业规模小、生产分散的实际情况，各企业（户）应立足实际，积极采取措施，加强合作。一是积极与科研院校、技术推广单位合作，寻求技术指导，向科技要成果、要效益。二是多与当地政府部门沟通，反映情况，指出问题，以期得到政府在产业发展、扶贫工程等政策层面的支持。三是养殖企业（户）之间应通过协会、合作社等组织联合起来，抱团取暖，争取产业发展的话语权。四是与屠宰加工和销售企业合作，讲诚信，守底线，实现合作共赢。

5. 坚持自繁自育

总结近年来羊的发展历程，尽管饲养繁殖母羊不如育肥效益高，但发展趋势逐步发生了变化。一是用于育肥的羊源紧缺，羔羊难买已成不争的事实。二是待育肥的羔羊价高，单位价格是育肥后售价的两倍以上，育肥羊利润空间缩小。三是疫病风险多，对羔羊产地疫病流行情况难掌握，再加上长途运输，饲养环境变迁，育肥养殖过程中的疫病难以控制。四是国家出台了对长途运输活畜的限制政策。因此，今后自繁自育是肉羊养殖的发展方向。

第二章　河北省羊产业发展现状

第一节　河北省羊产业发展基本情况

一、河北省羊养殖情况

（一）养殖量变化情况

2000—2018年，受禁牧和环保政策限制、疫病风险、养殖成本上升、自然灾害、市场风险等因素的影响，河北省羊存栏量呈下降趋势，其中8年出现了负增长。尤其在2014年至2016年，受小反刍兽疫的影响，肉羊出栏价格出现断崖式下跌，河北省肉羊养殖一直处于低迷状态，养殖场（户）持续亏损。养殖场（户）开始压缩养殖数量，抛售或弃养，造成河北省羊出栏总量减少。虽然2017年8月份行情出现好转，但受到养殖周期的影响，养殖量较2016年仍有所下降。2018年底，河北省羊存栏量为1 179.6万头，同比下降约3.95%（表2-1）。

表2-1　河北省2000—2018年羊存栏量、出栏量和羊肉产量

年份	羊存栏量		羊出栏量		羊肉产量	
	数量（万头）	增速（%）	数量（万头）	增速（%）	数量（万吨）	增速（%）
2000	1 676.60	—	1 511.50	—	24.60	—
2005	1 679.10	0.88	1 695.50	4.93	33.70	6.98
2010	1 408.60	−10.00	2 143.50	4.10	29.31	4.60
2011	1 457.20	3.45	2 050.70	−4.33	28.41	−3.07
2012	1 413.50	−3.00	2 071.50	1.01	28.70	1.02
2013	1 455.10	2.94	2 105.10	1.62	29.10	1.39
2014	1 526.40	4.90	2 189.30	4.00	30.40	4.47
2015	1 450.10	−5.00	2 255.00	3.00	31.70	4.28
2016	1 386.29	−4.40	2 303.80	2.16	32.37	2.11
2017	1 228.09	−11.41	2 168.91	−5.85	30.09	—
2018	1 179.60	−3.95	2 201.80	1.52	—	—

数据来源：历年《河北农村统计年鉴》，《中国畜牧业统计》（2017），河北省畜牧兽医局。

羊出栏量在 2010 年经历了制高点 2 143.50 万头之后，在 2011 年出现了下降趋势；2012 年至 2016 年，受养殖周期变化及出栏价格的影响，出栏量出现了稳步增长；受禁牧及环保政策的影响，2017 年，河北省羊出栏量约 2 168 万头，同比下降 5.85%，2018 年羊出栏量 2 201.80 万头，较 2017 增长约 1.52%，增幅较小。

在河北省羊出栏量中，受市场价格、供需变化、养殖政策的影响，绵羊与山羊变化趋势一致，都呈先上升再逐步下降的趋势。2013 年河北省绵羊出栏 1 438.1 万头，后一直上升，到 2016 年出栏 1 554.7 万头，2017 年降为 1 523.0 万头，同比下降 2.04%；山羊出栏量在 2013 年是 667.0 万头，后持续上升，到 2016 年上升为 749.1 万头，2017 年有所下降，为 711.6 万头，同比下降 5.01%（图 2-1）。

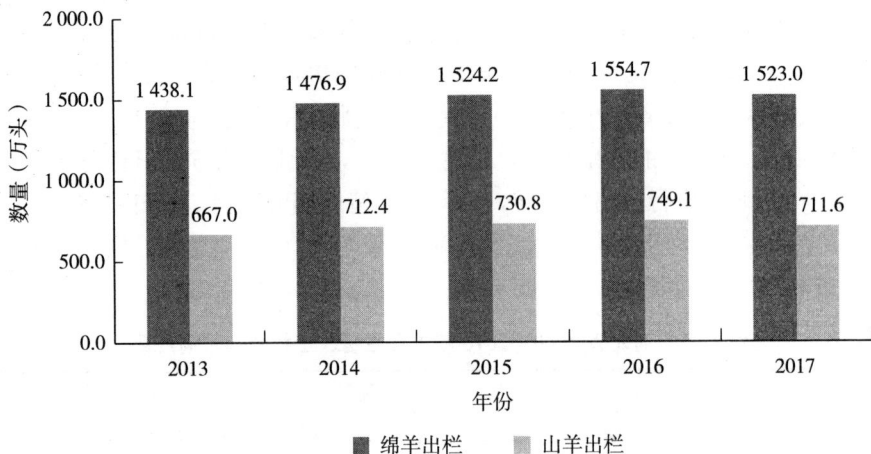

图 2-1　河北省 2013—2017 年绵羊和山羊出栏量

数据来源：历年《河北农村统计年鉴》。

（二）养殖区域分布情况

从河北省各地区羊养殖情况来看，邯郸市、张家口市和保定市的羊存栏量和出栏量占比较高，为养殖的主要地区。其余地区羊存栏量与出栏量占比较三个地区略有下降，但基本呈现均衡发展（图 2-2、图 2-3）。

（三）养殖品种情况

河北省养殖品种以绵羊为主，山羊为辅。从年底存栏量占比来看，绵羊与山羊的占比由 1.46：1 变为 1.95：1，绵羊始终占主导地位（表 2-2）。

2007—2017 年，从绵羊与山羊年底存栏量变化来看，山羊期末数量下降较多，从 2007 年的 643 万头下降到 2016 年的 470 万头，下降了 26.91%，2017 年

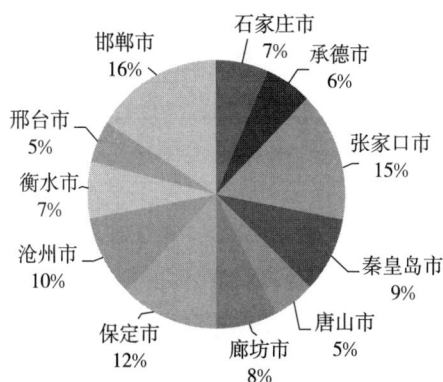

图 2 - 2　2016 年河北省各地区
羊存栏量占比情况

数据来源：《河北经济年鉴》(2017)。

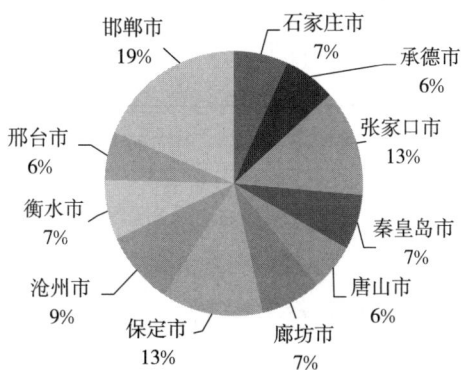

图 2 - 3　2016 年河北省各地区
羊出栏量占比情况

数据来源：《河北经济年鉴》(2017)。

下降到 409.2 万头，同比下降 12.94%。绵羊期末数量下降较少，在 2007 年为 940 万头，2017 年下降为 852.3 万头，同比下降 6.95%。

表 2 - 2　河北省羊年底存栏量（2007—2016 年）

单位：万头

指　标	2007	2008	2009	2010	2011	2012	2013	2014	2015	2016
羊年底头数	1 584	1 617	1 565	1 409	1 457	1 413	1 455	1 526	1 450	1 386
山羊期末数量	643	751	551	462	468	450	451	482	476	470
绵羊期末数量	940	866	1 014	946	990	963	1 004	1 045	974	916

数据来源：历年《河北农村统计年鉴》。

（四）养殖主体总体情况

1. 规模养殖场增加，但仍以散户养殖为主

从表 2 - 3 可以看出，2013 年出栏量 1～29 头的养殖场（户）数量为 503 093 个，占总场（户）数的 77.15%；2014—2017 年占比分别为 78.19%、78.29%、78.78% 和 78.12%；年出栏量 30～99 头的养殖场（户）数发展比较稳定，2013 年占总场（户）数比重为 20.23%，2017 年为 18.75%。可以看出，河北省羊养殖主要以散养户为主。

年出栏量为 100～499 头的养殖场（户）数，从 2013 年至 2017 年呈现逐渐增长的趋势，2017 年较 2013 年增加 962 户；年出栏量在 1 000 头以上的养殖场（户）数，由 2013 年的 1 015 个持续上升到 2017 年的 1 495 个，增长 47.29%。说明随着羊养殖技术的提高，羊产业的标准化、规模化和集约化生产所占比重越来越大，规模养殖场逐步增加。

表 2-3　河北省按年出栏量分类的场（户）数

单位：个

年出栏量	2013	2014	2015	2016	2017
1～29 头	503 093	525 774	513 639	525 255	454 560
30～99 头	131 884	127 976	118 652	117 942	109 079
100～499 头	14 133	15 365	20 809	20 266	15 095
500～1 000 头	1 935	2 182	2 368	2 149	1 638
1 000 头以上	1 015	1 148	1 122	1 128	1 495

数据来源：实地调研。

2. 养殖散户年出栏量占比较大

由表 2-4 可知，河北省不同规模羊养殖场年出栏量仍然以 99 头以下的为主。2017 年，年出栏量在 1～29 头与 30～99 头的羊养殖场（户）出栏量分别为 800.04 万头与 796.05 万头，两者分别占年出栏量总数的 32.04% 和 31.88%，两者合计占总数的 63.99%。排在第三位的是年出栏量在 1 000 头以上的养殖场，2017 年出栏量为 422.91 万头，占年出栏量总数的 16.94%，说明大规模养殖场出栏量也占有重要地位。排在第四位的是 100～499 头的养殖场，2017 年出栏量为 349.03 万头，占出栏总数的 13.98%。年出栏量在 500～1 000 头的羊养殖场（户）占据第五位。

表 2-4　河北省不同规模羊养殖场年出栏量

单位：万头

羊养殖场（户）年出栏量	2013	2014	2015	2016	2017
1～29 头	785.03	854.83	899.55	932.88	800.04
30～99 头	876.22	848.14	862.66	873.59	796.05
100～499 头	432.01	444.41	498.66	481.19	349.03
500～1 000 头	147.39	161.45	176.35	167.46	128.67
1 000 头以上	277.20	320.30	257.52	278.28	422.91
合　计	2 517.84	2 629.13	2 694.75	2 733.40	2 496.71

数据来源：实地调研。

从具体养殖品种来看，河北省绒山羊在秦皇岛青龙满族自治县养殖规模较大且具有特色。该县绒山羊主要以散户或小规模养殖户为主，2017 年，年出栏在 100 头以下的规模养殖场（户）占比达 55.1%，总饲养量不足 20 万头，约占全县总养殖量的 16%，规模化养殖水平有待提高。

综上所述，河北省羊养殖场（户）具有以下特点，一是仍然以年出栏量 100 头以下的散户养殖为主，主要原因在于羊养殖作为农户的家庭副业，饲养方式单一，受饲草料等来源的限制，故饲养量较少；二是 1 000 头以上的规模化、集约化羊养殖场的数量在逐步增多，符合当前产业发展需要；三是年出栏量 500～1 000 头的规模养殖场占比最低，与当前政策导向及规模效益大小有较密切联系。

（五）不同地区养殖主体情况

1. 年出栏量在 1～29 头的养殖主体占比较高的为邯郸市、沧州市、张家口市

由表 2-5 可知，出栏量在 1～29 头的养殖场（户）中排在第一位的是邯郸市，2013 年出栏量在 1～29 头的养殖场（户）数为 83 265 个，以后随着羊肉价格的上升和下降养殖户数量也随之变化，2017 年为 83 966 个，变动幅度较小。

表 2-5 河北省各市年出栏量为 1～29 头的羊场（户）数变化情况

单位：个

序号	地区	2013	2014	2015	2016	2017
1	石家庄市	23 949	24 019	21 944	21 903	21 619
2	辛集市	7 766	7 766	7 768	7 768	7 763
3	唐山市	28 068	26 940	24 237	23 317	24 157
4	秦皇岛市	21 246	19 309	18 846	22 026	24 292
5	邯郸市	83 265	102 836	99 664	97 225	83 966
6	邢台市	23 911	23 797	21 672	17 990	15 685
7	保定市	58 324	71 907	75 014	73 078	58 179
8	定州市	9 236	9 238	9 638	9 637	5 848
9	张家口市	77 857	77 419	74 204	75 079	64 305
10	承德市	41 519	36 015	40 188	58 022	45 990
11	沧州市	90 676	89 903	88 194	87 023	77 296
12	廊坊市	19 845	19 437	11 365	9 902	9 163
13	衡水市	17 431	17 188	20 905	22 285	16 297

数据来源：实地调研。

出栏量在 1～29 头的养殖场（户）中，排在第二位的是沧州市，2013 年养殖户数为 90 676 个，居于当年全省的首位；2014 年后持续下降，2017 年降到 77 296 个。

排名第三的为张家口市，主要原因在于张家口有较好的饲草资源禀赋，羊养殖为当地家庭的主业，但由于草原生态奖补政策及禁牧政策的实施，出栏量为 1～29 头的场（户）数，自 2013 年起逐步下降，由 77 857 个逐步下降到 2017 年的 64 305 个，比 2013 年降低了 17.41%。

出栏量为 1～29 头的养殖场（户）数排在第四、第五位的分别是保定市和承德市，两地散户养殖户数较其他地区少，且两市散户养殖在逐渐减少。其中，保定市 2013 年为 58 324 个，2014 年至 2016 年迅速增长，2017 年又下降到 58 179 个。承德市 2013 年为 41 519 个，2015 年后上升达到 58 022 个，2017 年又迅速下降到 45 990 个。

2. 年出栏量在 30～99 头的养殖场（户）占比较高的为邯郸市、张家口市、保定市

如表 2-6 所示，在年出栏量 30～99 头的场（户）数中，邯郸市 2013 年为 30 545 个，后下降到 2017 年的 20 802 个，但邯郸市一直居于首位。张家口市居于第二位，2013 年为 15 407 个，2014 年上升为 17 494 个，2015 年后呈现下降趋势，2017 年下降到 12 153 个。

表 2-6　河北省年出栏量 30～99 头的场（户）数变化情况

单位：个

序号	地区	2013	2014	2015	2016	2017
1	石家庄市	9 879	9 948	10 220	9 805	9 831
2	辛集市	827	827	827	827	827
3	唐山市	5 286	5 362	5 411	5 940	6 103
4	秦皇岛市	3 592	4 453	4 822	5 681	6 709
5	邯郸市	30 545	24 244	22 425	20 746	20 802
6	邢台市	8 163	7 731	7 424	7 664	7 571
7	保定市	10 661	11 036	12 275	12 039	11 102
8	定州市	3 652	3 656	2 608	2 607	913
9	张家口市	15 407	17 494	15 607	15 121	12 153
10	承德市	7 706	8 846	6 705	7 806	7 981
11	沧州市	14 257	13 384	12 244	12 318	8 274
12	廊坊市	9 627	8 833	7 576	6 738	6 119
13	衡水市	12 282	12 162	10 508	10 650	10 694

数据来源：实地调研。

保定市年出栏量在 30～99 头的养殖场（户）表现出较为强势的增长劲头，

2013 年仅为 10 661 个，排在河北省第五位，2015 年后迅速跃居到第三位。其主要原因在于肉羊养殖大县唐县养殖户的增加。

沧州市 2013 年为 14 257 个，排在第三位，2017 年下降为 8 274 个，比 2013 年下降了 41.97%，由第三降到了第五位。衡水市年出栏量 30～99 头的场（户）数在全省排名中比较平稳，居于第四位；与除保定市外其他地区呈现相同的下降趋势。2013 年其场（户）数为 12 282 个，后下降至 2017 年的 10 694 个。

3. 年出栏量 100～499 头的养殖场（户）数占比较高的为张家口市、邯郸市和邢台市

如表 2-7 所示，邯郸市年出栏量 100～499 头的养殖场（户）数从 2013 年的 2 093 个上升到 2017 的 2 518 个，但其排名由第一下滑至第二。张家口市则从 2013 年的 2 084 个上升到 2017 年的 2 778 个，上升幅度超过邯郸市，使得其排名由第二跃居至全省第一位。邢台市从 2013 年的 803 个，排名第十上升到 2017 年的 1 748 个，排名第三。

表 2-7　河北省年出栏量 100～499 头的场（户）数变化情况

单位：个

序号	地区	2013	2014	2015	2016	2017
1	石家庄市	811	826	1 032	954	1 036
2	辛集市	11	11	11	11	25
3	唐山市	828	937	941	1 048	856
4	秦皇岛市	1 079	1 023	1 097	1 258	1 254
5	邯郸市	2 093	1 936	2 470	2 707	2 518
6	邢台市	803	846	1 342	1 796	1 748
7	保定市	1 281	1 341	2 492	2 858	379
8	定州市	5	8	51	51	31
9	张家口市	2 084	2 417	2 399	2 242	2 778
10	承德市	756	1 720	3 003	2 185	1 123
11	沧州市	1 460	1 498	1 925	1 909	1 351
12	廊坊市	1 585	1 404	1 967	1 197	953
13	衡水市	1 337	1 398	2 079	2 050	1 043

数据来源：实地调研。

在出栏量 100～499 头的场（户）数中，起伏波动最大的是承德市，2013

年为 756 个，全省倒数第一；2014 年呈倍数增长，达到 1 720 个，2015 年迅速攀升到 3 003 个，成为全省第一；受价格的冲击，2016 年又回落到 2 185 个，2017 年迅速下降到 1 123 个。养殖户数波动较大的原因主要在于养殖户抗风险能力差，在养羊业经历疫病和市场风险后，虽然养殖户有较强的养羊意愿，但缺乏相关政策支持。

保定市养羊业主要以散户为主，2013 年出栏量 100～499 头的场（户）数为 1 281 个，位居全省第六，2015 年迅速扩张到 2 492 个，达到全省第二名。在 2015 年肉羊价格处于低谷，在很多地区养羊户甚至开始抛售母羊的情况下，保定市养殖方式主要以短期育肥为主，使得养殖（户）数仍然逆势向上，2016 年达到 2 858 个，位居全省第一，同比增长 14.69%。但到 2017 年，受疫病风险的影响，养羊利润日渐微薄，出栏量 100～499 头的养殖场（户）数迅速减少到 379 个，位于全省末位。

4. 年出栏量 500～1 000 头的养殖场数较多的为秦皇岛市、张家口市和保定市

在年出栏量 500～1 000 头的养殖场数中，秦皇岛市由 2013 年的 501 个上涨至 2017 年的 529 个（表 2-8），全省排名第一，其主要得益于秦皇岛市对绒山羊产业的扶持政策。

表 2-8　河北省年出栏量 500～1 000 头的场（户）数变化情况

单位：个

序号	地区	2013	2014	2015	2016	2017
1	石家庄市	103	104	39	37	42
2	辛集市	0	0	0	0	9
3	唐山市	129	134	134	129	111
4	秦皇岛市	501	531	575	526	529
5	邯郸市	183	202	199	154	138
6	邢台市	30	102	69	96	82
7	保定市	175	188	365	347	158
8	定州市	1	1	4	4	1
9	张家口市	310	348	364	328	332
10	承德市	91	167	178	122	85
11	沧州市	168	200	192	182	48
12	廊坊市	148	108	90	83	51
13	衡水市	96	97	159	141	52

数据来源：实地调研。

张家口市在年出栏量500~1 000头的场（户）数中排名第二，其变动呈现出曲折上升的趋势，年出栏量500~1 000头场（户）数由2013年的310个上涨至2015年的364个的高点后，2016年经过短暂下降，2017年又上涨到332个。其呈现曲折上涨趋势的原因主要在于张家口市畜牧业经历了从"捎伴产业"到支柱产业再到主导产业的转变。随着张家口市畜牧业结构调整力度不断加大，草地治理面积和牧草种植面积也在不断上升，小尾寒羊与无角道赛特、萨福克、夏洛来等国外优质种公羊杂交改良后，形成小尾寒羊杂交肉羊，通过加强饲草饲料体系、良种繁育体系、动物防疫体系建设，推进产业化、标准化进程，实现"三系两化"的精准产业扶贫路径，肉羊养殖业实现了跨越式发展。

邯郸市、保定市年出栏量500~1 000头的场（户）数大致相当，但其下降趋势存在差异。首先，邯郸市由2013的183个下降至2017年的138个，呈直线下降趋势。与其不同的是，保定市500~1 000头场（户）数呈现先上升后下降的趋势。其由2013年的175个上涨至2015年的365个，2016年出现下降，到2017年下降至158个。

5. 年出栏量1 000头以上的养殖场数主要分布于秦皇岛市和保定市

在河北省年出栏量1 000头以上的场（户）数中，秦皇岛市比较稳定，2013年为520个，2016、2017年始终保持在523个（表2-9），近五年上下波动幅度不太大。说明秦皇岛市羊养殖场的养殖规模和养殖技术比较稳定，应对疾病风险和市场风险能力比较强，基本实现了标准化养殖。

保定市年出栏量1 000头以上的场（户）数在2013年至2016年均在110~150个之间。2013年为116个，2014—2015年比较平稳，2016年迅速上涨，2017年达到615个，跃居第一位（表2-9）。主要原因在于保定市养羊业主要以短期育肥为主，受养殖收益好等利好消息的影响，1 000头以上的场（户）数迅速增加。

表2-9 河北省年出栏量1 000头以上的场（户）数变化情况

单位：个

序号	地区	2013	2014	2015	2016	2017
1	石家庄市	15	15	15	13	14
2	辛集市	2	2	5	5	4
3	唐山市	44	48	67	68	72
4	秦皇岛市	520	536	563	523	523
5	邯郸市	33	45	54	75	66
6	邢台市	15	34	39	61	22

（续）

序号	地区	2013	2014	2015	2016	2017
7	保定市	116	143	145	161	615
8	定州市	1	1	8	8	8
9	张家口市	90	97	63	78	65
10	承德市	52	71	28	30	22
11	沧州市	30	47	48	33	16
12	廊坊市	64	78	49	30	23
13	衡水市	33	31	38	43	45

数据来源：实地调研。

（六）河北省各地区不同规模养殖场（户）出栏量情况

1. 邯郸市年出栏 1～29 头养殖场（户）出栏总量最大

在出栏 1～29 头的养殖场（户）中，邯郸市在 2013 年出栏为 117.32 万头，在全省排第二名，之后始终保持在全省第一位，2017 年为 168.02 万头（表 2-10）。

表 2-10　河北省各市出栏 1～29 头的羊养殖场（户）年出栏量变化情况

单位：万头

序号	地区	2013	2014	2015	2016	2017
1	石家庄市	45.64	46.18	43.47	43.65	43.76
2	辛集市	11.96	11.97	11.60	11.60	9.80
3	唐山市	58.66	56.33	50.19	50.91	51.80
4	秦皇岛市	31.47	41.62	40.37	48.95	58.56
5	邯郸市	117.32	172.47	181.48	180.54	168.02
6	邢台市	43.96	48.60	45.33	34.40	35.71
7	保定市	110.95	121.97	153.07	151.99	103.88
8	定州市	6.91	6.97	7.89	7.89	3.09
9	张家口市	144.52	141.13	150.24	136.30	102.97
10	承德市	59.66	56.52	68.38	122.17	111.78
11	沧州市	79.09	78.07	76.16	76.43	58.26
12	廊坊市	39.44	37.71	26.18	22.56	20.67
13	衡水市	35.45	35.28	45.19	45.49	31.74

数据来源：实地调研。

保定市 2013 年在出栏 1～29 头的羊养殖场（户）中出栏量为 110.95 万头，2014—2016 年上涨，出栏量均排在全省第二位；2017 年出栏量下降到

103.88万头，在全省排名第三。

承德市2013年出栏1～29头的羊养殖场（户）出栏量为59.66万头，在河北省排名第五位；2014年略有下降后，2015年快速上涨，2016年以后超过保定市和张家口市，跃居到第二位。

张家口市2013年在出栏1～29头的羊养殖场（户）中出栏量为144.52万头，在全省排名第一；2014年为141.13万头，在全省排名第二；2015、2016年出栏量虽有上升但排名第三；2017年出栏量下降到102.97万头，排名第四。

沧州市出栏1～29头的羊养殖场（户）出栏量始终保持在70万～80万头之间，并逐年下降，排名由2013年的第四名下跌到2017年的第六名。

2. 年出栏30～99头养殖户出栏量排名前三的地区为邯郸市、张家口市和保定市

如表2-11所示，年出栏30～99头的养殖场（户）中，邯郸市2013年出栏量为205.98万头，2014年后有所下降，2017年为156.89万头，出栏量一直保持第一位。

表2-11 河北省各市出栏30～99头的场（户）年出栏量变化情况

单位：万头

序号	地区	2013	2014	2015	2016	2017
1	石家庄市	73.98	75.85	75.77	72.74	73.54
2	辛集市	3.38	3.38	3.38	3.39	3.40
3	唐山市	27.84	30.38	33.62	37.57	39.12
4	秦皇岛市	27.75	27.96	37.12	43.21	46.49
5	邯郸市	205.98	158.08	162.52	159.11	156.89
6	邢台市	52.74	57.84	55.82	56.48	59.21
7	保定市	81.27	80.36	94.95	94.46	82.36
8	定州市	20.03	20.62	18.70	18.72	3.47
9	张家口市	103.37	117.90	128.24	124.53	83.59
10	承德市	52.76	60.92	49.04	60.14	60.37
11	沧州市	86.67	80.88	76.73	80.70	61.65
12	廊坊市	76.09	67.68	61.07	54.52	50.72
13	衡水市	64.34	66.29	65.72	68.02	75.25

数据来源：实地调研。

排在第二位的为张家口市，2017年年出栏30～99头养殖场（户）出栏量为83.59万头，其排名较稳定；位居其后的为保定市，其2017年该类养殖户共出栏82.36万头，始终稳居第三位。

3. 年出栏 100～499 头的养殖场（户）出栏量居前两位的为邯郸、张家口市

在年出栏 100～499 头的养殖场（户）中，邯郸、张家口市仍然以平稳的出栏量分列第一、第二名。出栏量变化情况如表 2-12 所示，邯郸市中小规模羊养殖场（户）非常多，且养殖数量也比较稳定，说明养殖户积累了丰富的养殖经验及市场判断能力，具有一定的抗市场价格波动和疫病风险的能力。衡水市、保定市变化较大，年出栏量 100～499 头的养殖场（户）2017 年出栏量分别大幅度下滑到 18.89 万和 8.70 万头，排名倒数第三和倒数第一。沧州、廊坊、秦皇岛、石家庄、邢台等市在年出栏量 100～499 头的场（户）数中，出栏量比较稳定，但都处于低位运行。

表 2-12　河北省各市出栏 100～499 头的场（户）年出栏量变化情况

单位：万头

序号	地区	2013	2014	2015	2016	2017
1	石家庄市	24.31	25.22	22.28	21.24	22.87
2	辛集市	0.29	0.29	0.30	0.30	0.55
3	唐山市	16.62	19.33	19.29	21.90	17.16
4	秦皇岛市	33.92	25.82	25.20	28.76	30.74
5	邯郸市	77.78	73.21	61.92	78.00	70.13
6	邢台市	20.82	23.03	26.55	36.44	36.14
7	保定市	40.09	43.99	63.52	70.78	8.70
8	定州市	0.12	0.20	1.13	1.12	0.59
9	张家口市	50.35	51.42	57.93	53.68	62.43
10	承德市	23.24	45.22	80.43	42.48	26.60
11	沧州市	43.54	44.43	47.23	47.58	33.26
12	廊坊市	43.30	32.54	37.66	27.11	20.99
13	衡水市	57.62	59.71	55.23	51.82	18.89

数据来源：实地调研。

4. 年出栏 500～1 000 头的养殖场（户）出栏量排名前三位的是秦皇岛市、张家口市和保定市

在年出栏量 500～1 000 头的养殖场（户）中，秦皇岛市以绒山羊为主的养殖场养殖规模较大，养殖数量比较稳定的优势排在第一位。排在第二位的为张家口市，2013—2017 年出栏量始终在 22 万～28 万头之间；主要原因在于张家口为半农半牧区，形成了"放养＋圈养"相结合的高效养殖方式。沧州市、廊坊市、衡水市出栏量变化较大，出栏量明显下降，与近几年此类养殖场数量下降相关（表 2-13）。

表 2-13 河北省各市出栏 500～1 000 头的场（户）年出栏量变化情况

单位：万头

序号	地区	2013	2014	2015	2016	2017
1	石家庄市	7.74	7.81	2.81	2.87	3.22
2	辛集市	0.00	0.00	0.00	0.00	0.60
3	唐山市	9.45	9.92	9.43	9.47	9.27
4	秦皇岛市	38.98	38.33	40.71	37.65	38.00
5	邯郸市	13.09	15.09	14.26	11.76	11.45
6	邢台市	2.08	6.90	4.75	6.86	6.08
7	保定市	14.56	15.73	31.06	30.15	13.42
8	定州市	0.07	0.09	0.28	0.28	0.09
9	张家口市	22.17	25.36	23.76	27.61	27.98
10	承德市	6.91	12.12	14.12	8.20	6.72
11	沧州市	12.50	14.56	15.44	14.50	3.71
12	廊坊市	12.01	7.78	6.82	6.20	3.60
13	衡水市	7.84	7.75	12.89	11.93	4.52

数据来源：实地调研。

5. 保定市、秦皇岛市年出栏 1 000 头以上养殖场（户）出栏量较高

在年出栏量 1 000 头以上的养殖场（户）中，保定市由 2013 年的 119.80
万头增长为 2017 年的 267.22 万头，保定市出栏量最高，增幅达 1.23 倍，呈
现快速上涨趋势。秦皇岛市此类养殖场（户）出栏量居于第二位，但呈平稳下
降趋势（表 2-14）。

表 2-14 河北省各市出栏 1 000 头以上的场（户）年出栏量变化情况

单位：万头

序号	地区	2013	2014	2015	2016	2017
1	石家庄市	3.31	3.37	3.23	3.08	2.83
2	辛集市	0.26	0.26	0.64	0.64	1.67
3	唐山市	6.92	7.64	10.66	11.04	11.66
4	秦皇岛市	84.78	87.36	74.57	69.68	65.25
5	邯郸市	7.13	8.53	8.50	16.79	16.40
6	邢台市	2.26	7.18	8.94	15.24	8.92

（续）

序号	地区	2013	2014	2015	2016	2017
7	保定市	119.80	144.73	96.45	107.62	267.22
8	定州市	0.19	0.22	3.70	3.71	2.47
9	张家口市	13.93	13.79	14.74	17.84	16.02
10	承德市	14.22	15.89	7.14	7.30	5.84
11	沧州市	6.01	7.93	6.57	4.72	3.39
12	廊坊市	10.82	12.19	8.11	5.30	4.87
13	衡水市	7.59	11.22	14.27	15.34	16.36

　　数据来源：实地调研。

　　综上所述，河北省各地区羊养殖情况和出栏量表现为如下特点：

　　一是河北省羊养殖规模以100头以下规模的小型养殖场（户）为主，年出栏量占出栏总数的60%～70%。其中邯郸、沧州、张家口、保定市小规模羊养殖场（户）数较多。

　　二是张家口市年出栏量100～499头的场（户）数最多，邯郸、邢台市分列第二、三位，均为小规模饲养，受政府的政策、技术、资金支持力度影响较大。

　　三是秦皇岛、张家口市在年出栏量500～1 000头的场（户）数分列前两位。主要因为养殖数量比较稳定且政府提供一定的资金、技术支持，养殖场（户）逐渐形成一定规模。

　　四是保定、秦皇岛市在年出栏量1 000头以上的养殖场数量最多、最有优势。

二、羊肉及绒毛产出情况

（一）羊肉产量呈现波动上升趋势

　　由表2-16可知，河北省羊肉产量一直呈现波动上升的趋势，羊肉产量2008年为26万吨，直线上升，到2010年达到29万吨后出现波动，2012—2016年小幅上升，2017年后受出栏量下降的影响，出现小幅下降。从增长速度看，2008—2017年，河北省肉类产量增长12.11%，而羊肉产量增长为15.38%，快于河北省肉类产量增长3.27个百分点。

　　虽然河北省羊肉产量增速较快，但羊肉产量在肉类占比中份额较小。从表2-15可以看出，猪肉产量始终在57%～60%之间上下波动，牛肉产量一直居于11%～15%之间，羊肉产量仅占肉类产量的6%～7.1%，所占份额与猪、牛肉相比差距较大。

表 2 - 15　河北省猪、牛、羊肉产量占肉类产量比重（2008—2017 年）

单位：%

指　标	2008	2009	2010	2011	2012	2013	2014	2015	2016	2017
猪肉产量占比	58.37	59.44	58.84	58.97	58.48	59.11	60.07	59.47	57.99	61.65
牛肉产量占比	13.50	12.95	13.94	13.02	12.49	11.65	11.19	11.50	11.85	11.65
羊肉产量占比	6.29	6.57	7.03	6.79	6.48	6.47	6.50	6.85	7.07	6.36

数据来源：根据《河北农村统计年鉴》及《中国畜牧业统计》（2017）计算得出。

从具体养殖品种产肉量来看，各品种产肉量呈现波动上涨的趋势，与河北省羊肉总产量变化趋势接近一致。具体而言，绵羊肉产量在 2010 年由 177 000 吨下降到 2011 年的 174 802 万吨，从 2012 年开始稳步增长，2016 年增长到 201 456 万吨（表 2 - 16）。其产量增加主要受市场需求量、市场价格及养殖管理技术提高等因素影响。

表 2 - 16　河北省羊肉产量及山羊肉和绵羊肉所占比例

单位：吨，%

指　标	2009	2010	2011	2012	2013	2014	2015	2016
羊肉产量	280 155	293 000	284 115	287 000	290 514	304 386	316 726	323 656
山羊肉产量	126 070	116 000	109 313	109 600	111 000	115 662	119 132	122 110
所占比例	45.00	39.59	38.47	38.19	38.21	38.00	37.61	37.73
绵羊肉产量	154 085	177 000	174 802	177 400	179 514	188 724	197 594	201 456
所占比例	55.00	60.41	61.53	61.81	61.79	62.00	62.39	62.24

数据来源：历年《河北农村统计年鉴》。

（二）绵羊和山羊毛产量较高

在羊产品产量中，以绵羊毛为主，山羊毛为辅。绵羊毛产量从 2007 年到 2016 年呈现波动增长态势。2008 年增长速度最快，2008 年增长到 34 147 吨，比 2007 年增长 6.54%；2009 年增长到 34 588 吨；2010 年、2011 年出现急速下降，2011 年下降到 28 748 吨；2012—2015 年增速逐步加快，以 2013 年增速最快，又迅速增长到 33 105 吨，同比增长 9.18%；2016 年又呈现下降趋势（表 2 - 17）。

半细毛羊产量随着绵羊毛产量的波动相应波动，波动方向基本趋于一致；细毛羊产量也出现了一些波动，但是波动方向存在区别。如 2008 年细羊毛产量是 7 009 吨，2009 年产量却下降为 6 228 吨，同比下降 11.14%；2010 年更是出现了急剧下降，下降幅度为 36.66%；后呈现恢复式增长，2012 年增长到 4 757 吨，同比增长 15.41%；2013 年增长 9.14%，2014 年实现跨越式增长，增长幅度为 24.65%（表 2-17）。

表 2-17　河北省近十年羊产品产量变化情况

单位：吨

指　　标	2007	2008	2009	2010	2011
绵羊毛产量	32 051	34 147	34 588	29 290	28 748
细羊毛产量	6 844	7 009	6 228	3 945	4 122
半细羊毛产量	14 485	13 887	16 998	16 304	15 570
山羊毛产量	3 480	3 503	2 980	2 728	2 683
羊绒产量	789	701	676	776	776
指　　标	2012	2013	2014	2015	2016
绵羊毛产量	30 663	33 105	36 145	36 308	35 272
细羊毛产量	4 757	5 192	6 472	6 655	7 094
半细羊毛产量	17 076	19 327	22 798	22 956	22 909
山羊毛产量	2 698	2 995	3 153	3 115	3 088
羊绒产量	810	830	877	946	918

数据来源：历年《河北农村统计年鉴》。

山羊毛产量除在 2009 年和 2013 年经历了一次较大的降幅和较大的增幅之外，其余年份变化比较平稳。2008 年山羊毛产量为 3 503 吨，2009 年降低到 2 980 吨，降幅 14.93%；后逐步下降。截止到 2012 年产量开始增长到 2 698 吨，2013 年增长到 2 995 吨，同比增长 11.01% 吨。后呈现增长波动趋势。

羊绒产量与其他产量变化不同。2007 年羊绒产量为 789 吨，2008 年、2009 年持续下降，直至 2010 年产量出现增长，直接升至 776 吨，增幅为 14.79%，后呈现稳步增长态势。

第二节　河北省羊产业发展存在的问题

一、羊养殖户大多数为小规模散户，现代化、规模化养殖模式较少

河北省散养、小规模羊养殖户仍然占据主导地位，现代化、规模化养殖场较少。秦皇岛青龙县的绒山羊养殖规模虽然在不断扩大，但是小养殖户仍然占很大比重，现代化、规模化养殖场较少。家庭养殖户中，年出栏量在 1～29 头

的有 9 136 户, 是年出栏量 1 000~2 999 头养殖户的 129 倍; 是 500~999 头养殖户的 47 倍。其他地区如邯郸、张家口、沧州、保定、廊坊、石家庄、承德等市, 也是小养殖户占据多数。小规模养殖户大多数实行放养, 饲养管理水平不高, 以自配饲料为主, 防疫体系不健全, 疾病防控能力差, 羊成品参差不齐, 羊产品议价能力弱, 粪污处理不及时。由于养殖场(户)数量较多, 逐渐由点源污染扩展到面源污染, 最后演变成环境污染治理的重灾区, 严重制约了河北省肉羊养殖业的发展。

在承德市调查时发现, 某些养殖户虽然养羊规模比较大, 在 400~600 头之间, 但是机械化、规模化饲养程度不高, 饲草料缺乏, 经常雇佣当地农民到山上采摘树叶、树枝等作为羊饲料, 加大了饲养成本, 挤压了养殖的利润空间。

二、羊以杂交品种居多, 本地特色羊产品及种羊场渐进萎缩

河北省羊业良种繁育体系不健全, 如青龙县绒山羊、涞源县绒山羊、阜平县太行黑山羊等地方品种的优良特性没有得到有效挖掘, 主要原因在于种羊场繁育周期长, 耗资巨大, 成本高、利润少。尽管国家对养羊业支持力度在逐渐加大, 但是在实际调查中, 种羊场很少享受到省、市级的各种补贴, 同时, 受环境保护的压力, 种羊场举步维艰, 为了生存, 逐步沦为育肥羊养殖场, 本地特色羊产品和种羊场逐渐萎缩。

河北省地方品种较多, 主要有小尾寒羊、大尾寒羊、承德无角山羊、武安山羊、太行山羊、河北奶山羊等。这些品种是河北省养羊业的基础。品种虽然多, 但很多短期育肥的养殖户并没有深度挖掘。调查中唐县养殖户架子羊大部分来自内蒙古、新疆、东北等地区, 羊养殖户以短期育肥为主, 饲养品种取决于架子羊价格, 没有固定的养殖品种。长此以往, 养殖户的急功近利行为, 既增加了运输成本, 也会造成种羊场逐渐萎缩乃至消失。

三、缺乏专有品牌, 养殖户羊产品附加值低

根据上文可知, 保定、秦皇岛、张家口市在 500 头及以上的羊规模养殖场较多。但是除保定市唐县有三个比较大的屠宰加工企业外, 其他地区的养殖户大多数将活羊卖给当地的定点屠宰厂, 或交给当地的回族阿訇屠宰。唐县屠宰加工企业大多只是简单的屠宰、分割, 然后以订单方式销售到餐厅、超市或羊肉批发市场, 以羊肉加工形式销售企业只占很小一部分。秦皇岛市只有几个小型定点屠宰厂, 没有规模化、现代化的羊屠宰厂, 更缺少负责羊屠宰、分割、加工的龙头企业。大部分羊养殖户将活羊销售到唐山市迁安等外地县、市。产业链条短及产业链环节之间连接松散使得养殖户收入低, 无法获得羊产品加工

的增值利润。

绒山羊的主要产品山羊绒未经分离，常与剪掉的羊绒羊毛等初级产品一起销售。虽然青龙县成立了以木头凳镇鸿源祥有限公司为龙头的羊绒交易市场，羊绒销售价格比其他地区羊绒价格每千克高 20 元，但是大部分交易为原绒。没有诸如内蒙古"鄂尔多斯"、宁夏"圣雪绒"等自有品牌的羊绒产品，甚至初级羊绒加工的生产厂家也严重缺乏。养羊农民增收的环节仅仅停留在养殖环节，缺乏羊绒加工、羊屠宰加工、销售等产业链延长机制是制约养殖户收入增长的主要因素。

四、养殖小区粪污综合治理及循环利用效果差，环境污染严重

河北省大部分地区散养及小规模养殖居多，养殖主体资金缺乏，导致设施不完善、羊存栏量较少、粪污处理设施简陋等问题出现。养殖场内粪便随意堆放，污水横流，废弃物随地乱扔，饲料车、清粪车等随处乱放，动物福利得不到保障，也严重影响了人们的生产和生活环境。

在养殖小区，养殖户养羊数量较大，机械化程度不高，养殖户按照传统的养殖方式养羊、堆粪，配套设施跟不上，导致羊群密集，粪污堆积厚厚的一层，羊圈内人工小路清理不及时，羊粪较多。即使羊圈内羊粪被及时清理后，也会集中堆积、露天发酵，产生大量氨气、硫化氢等有害气体，方圆 5 公里内羊粪味道极重，严重污染了空气。由于集中养殖，粪污处理不及时还会造成一些寄生虫的滋生和蔓延，威胁羊的身体健康，增加疾病传播机会。

还有些养殖户将羊粪发酵后直接排放到周围的农田或旱地中，作为有机肥长期使用，造成土壤板结严重；施肥后用水灌溉田地，又会造成地下水源的污染。

五、政策扶持力度小

我国对于肉羊标准化规模养殖小区（场）建设项目进行补贴的申报地区是：内蒙古、四川、西藏、甘肃、青海、宁夏、新疆以及新疆生产建设兵团，肉羊：300~499 头，15 万元；500~699 头，25 万元；700~999 头，35 万元；1 000 头，50 万元，河北省不在补贴范围内。2017 年中央财政补贴重点支持的畜牧业转型升级是：①选择部分生猪、奶牛、肉牛养殖重点县，开展畜禽粪污资源化利用试点；②在部分地区选择年出栏 500 头以上的生猪规模养殖场、兼顾奶牛、肉牛规模养殖场，支持建设和升级改造畜禽粪污收集、贮存、处理设施；③支持奶牛养殖（场）和奶农合作社开展优质苜蓿示范建设等。无一提及对羊的支持。即使第 4 条提到建设示范牛羊肉生产基地，也是针对南方畜牧业

而言，与河北省的羊产业发展无关。

在河北省如石家庄、保定、廊坊、承德等市的调研中，除贫困养殖户获得扶贫补贴、扶贫龙头企业或合作社获得一定金融贷款支持外，其他养羊户并没有享受到养羊补贴或其他政策支持，更没有技术支持。首先羊养殖户不知道有什么补贴，他们只顾自己养羊、卖羊、宰羊；其次对创建标准化示范场的标准也不了解。还有一些合作社性质的，大多是挂名，或为了降低交易成本合伙卖羊，没有起到真正的引领作用。

第三节　河北省羊产业发展对策建议

一、建立规模化、标准化养殖示范基地

在河北省养羊优势生产区，建立规模化、标准化养殖示范基地，建设羊养殖场、运动场、青贮池、干草棚、饲料库房、兽医室、消毒室、药浴池、堆肥池等。建设智能管理系统，如办公室内安装全程监控装置，可以及时了解羊群的生长状况；养殖场内安装自动饮水系统，自动喂料系统，自动清粪系统，实现全程养羊机械化、信息化。配套建设电路设施、供排水系统、绿化带、中心路柏油硬化等基础设施。建立多元化投融资体制，通过政府引导"龙头企业（或合作社）＋基地＋养殖户"的运营模式，增强羊养殖业的竞争实力和讨价还价能力。通过示范基地带动周边养殖户的规模化、标准化建设，促进河北省羊产业发展的提档升级。

二、积极培育地方新品种，加大品种改良力度和良种繁育体系建设

品种是实现经济效益的首要因素，应积极培育地方新品种，加大品种改良力度和良种繁育体系建设。重点抓好原种场、扩繁场的建设，充分利用现代互联网技术对种羊信息进行宣传推广，建立各级良种推广服务网。大力普及繁殖育种新技术，推广人工授精技术，扩大优秀种公羊的利用率；同时配合饲养管理、饲草料配合、疾病防控等技术推广，使优良种羊充分发挥其生产性能，使河北省肉羊产业走上良性发展道路。

立足小尾寒羊、大尾寒羊等地方品种资源，适度引进国外杜泊、无角陶赛特、萨福克、德国美利奴和波尔山羊等优良品种，将地方品种和引进品种有效结合，不断加大肉羊品种改良力度，科学规划羊业生产布局，加强重点区域生产能力建设，大力发展张家口、承德、秦皇岛、沧州、保定、邯郸、廊坊市七大优势产区，提高产肉性能。

三、集良种培育、屠宰、绒毛深加工、销售于一体，推行品牌化经营

首先，加大羊的良种繁育推广力度，选用优质地方品种，开展良种登记、性能测定、遗传评估等育种工作，推进羊的杂交改良，提高良种化养殖水平。其次，建立大中型羊屠宰加工、绒毛深加工和销售基地，与养殖户建立"互惠互利、风险共担"的利益共同体，实行订单养殖，保护价收购的利益分配机制，既降低了养殖户的经营风险，也有效解决了龙头企业的优质羊产品来源。最后，建立统一的销售网络，通过良种养殖、基地建设、羊肉分割、冷链物流、羊绒毛深加工等，将养殖、加工和流通等环节有机连接起来，创建优势产品和特色品牌，构建完整高效的羊产业链条及商业营销运行体系，提高羊产品附加值，推行品牌化经营。

四、建立机械化自动清粪设施，保证养殖场内外空气质量达标

养羊场粪污治理和利用是一项系统工程。首先在养羊场选址时要远离城镇、避开居民居住区、水源区和河流上游等；其次，在设计养殖场时，应充分考虑净道和污道分离、粪污集中堆放以及养殖场周边的植树绿化等问题。

羊舍内的粪污可以通过建立机械化自动清粪设施定期清理。首先，羊圈建设采用漏缝地板，便于羊粪及时清除，保持羊的生长环境干燥，防止疾病发生；其次，在羊圈建设初期，将羊圈最底部挖成斜坡式，设置电动刮粪板和粪便传送带，定期用刮粪板清理羊粪；最后，开启传送带，将羊粪输送到羊舍外面的封闭式高温发酵畜禽粪便有机肥设备中，经过发酵粪桶，将稻草、玉米秆、大豆茎、花生茎等有机物粉碎后作为辅料混入，和羊粪一起进行高温、有氧发酵。因为羊粪处理全程在封闭的发酵桶内完成，无臭气污染，对环境的污染达到了国家环保的标准，既使羊舍内粪污得到及时清理，又保证了养殖场内外的空气质量达标。

五、建立种羊政策补贴和保险机制，增加养殖户资金和技术支持力度

目前河北省采取自繁自育方式的羊养殖场仔畜大部分只满足自己养殖或供应周边地区，生产规模较小，而唐县育肥羊需求量非常大，却只能从省外购入架子羊，本地自繁自育羊无法满足其养殖需求。因此，培育本地优良的保有品种迫在眉睫，对稳定河北省乃至全国的羊肉价格、防止羊的疫病发生具有重要作用。

　　首先，建立种羊场政策补贴和保险机制。第一，对种羊场给予资金补贴，对能繁母羊和种公羊给予良种补贴，鼓励其进行品种改良，提高品种质量，加强多胎基因建设。第二，为能繁母羊和种公羊提供养殖保险和收益保险，确保能繁母羊和种公羊在养殖过程中出现死亡时得到及时赔付；确定活羊的最低收益价格，当活羊市场价格低于成本价格时，承保公司按照约定方式和标准进行理赔。第三，依托河北省羊产业技术体系创新团队，加强对种羊场技术人员的培训力度，提高技术人员的工作能力和水平。

　　其次，增加河北省羊养殖场的资金投入力度。据了解，由于养殖户在购买架子羊、设备、饲料等过程中投入较多，周期较长，大部分养殖户存在资金短缺问题，应对有意向建立规模化、标准化养殖场的养殖户提供贷款优惠，并延长贷款时间，借助于羊产业技术体系创新团队和省、市、县畜牧科技人员，为养殖户提供养殖技术支持，定期举办养殖技术培训，推荐正规厂家羊疫苗供应信息，规范市场交易行为，避免养殖业风险发生。

第三章　河北省羊产业发展模式分析

第一节　河北省羊产业发展的主要模式

一、基于产业组织主体的羊产业发展模式

（一）散户养殖模式

河北省养羊长期以小规模散户养殖为主，该模式由农户个人或家庭"单打独斗"地从事养殖销售，自产自销。现阶段河北省羊养殖方式逐渐由小规模分散饲养向规模化饲养转变，与传统的白天靠放养，晚上回家往羊圈里扔把草、撒把料式的自然养殖方式不同，散户养殖要实行舍饲圈养，但养殖条件差，养殖规模小，抵御市场风险的能力弱，难以承受较大的市场价格波动。近年来随着禁牧政策、环保征税的压力，抬高了养羊的门槛，使得许多小规模养殖户纷纷退出。

（二）养殖专业合作社带动模式

该模式主要由多个养殖户在政府主导、村委会组织、能人或经纪人带动或养殖户自发组织下寻求共同合作而成立养殖专业合作社，实行"合作社＋农户"的产业化经营模式。合作社一般为农户提供技术、信息、销售渠道以及部分基础设施等服务。调研中有的合作社社员从外地购买种羊自繁自育，出栏羊由合作社找销路统一销售。也有一部分合作社从外地购买羔羊短期育肥后销售给羊贩子。合作社以小农户为经济主体，社员间的关系和利益具有互惠性和平等性，不以盈利为主要目的。通过合作社的带动，有效地规避了散户面临的市场风险。比如阜平银洞山肉羊养殖合作社、围场县棋盘山莫里莫村养羊合作社，通过带动当地贫困户养羊或给贫困户分红，实现了贫困户脱贫增收。

（三）龙头企业带动模式

该模式主要依托龙头企业，通过"公司＋农户"、"公司＋合作社＋农户"等利益联结形式，通过自己建设标准化的养殖场或联合政府建设标准化的养殖小区，以标准化示范场的示范作用带动周边养殖户，实施标准化舍饲圈养，发展规模化、集约化和标准化养羊，龙头企业注重品牌培育，延伸羊产品的加工产业链条，建立肉羊、毛用羊生产和肉产品、羊毛羊绒制品的相关标准，增强产品在市场上的竞争力，实现了小生产与大市场地有效对接。河北省近几年培育了诸如衡水志豪畜牧科技有限公司、邢台临城河北润涛牧业科技股份有限公司、保定唐县振宏食品加工有限公司、承德丰宁乐拓牧业有限公司、张家口康保县康盛牧业有限公司、张家口宣化兰海畜牧业养殖有限公司等一批羊产业化龙头企业，河北省羊养殖大县多为贫困地区，通过这些龙头企业的带动，实现了贫困户脱贫增收。

（四）农业产业化联合体模式

农业产业化联合体是龙头企业、农民专业合作社和家庭农场等新型农业经营主体以分工协作为前提，以规模经营为依托，以利益联结为纽带的一体化农业经营组织联盟。该联合体不是独立法人，各成员保持产权关系不变、开展独立经营，在平等、自愿、互惠互利的基础上，基于"公司＋合作社＋家庭农场"等产业化经营模式，通过签订合同、协议或制定章程，实现资金、技术、品牌、信息等要素融合渗透，形成比较稳定的长期合作关系，降低交易成本，提高资源配置效率。由衡水志豪畜牧科技有限公司牵头，多家肉羊养殖合作社和加工龙头企业成立了国家羊肉加工技术研发中心肉羊产业联盟，通过整合资金、技术、品牌等资源信息，实现生产、加工、销售一体化经营，共同打造具有较强市场竞争力的河北羊肉品牌。

二、基于产业链延伸的羊产业发展模式

河北省羊产业发展主要表现为产业链前向延伸模式。该模式的发展路径一般是在养殖场的基础上，向前延伸发展屠宰加工，或延伸到销售流通环节，或实现产加销一体化。调研发现，河北省一部分生产者最初依托当地丰富饲草资源、牧场资源、优质羊品种、传统养羊历史经验或养殖技术的支撑，建设具有一定标准的育肥场或种羊场，实行自繁自养或专业育肥的饲养方式，以出售种羊、羔羊或育肥羊为主。养殖发展到一定规模后，为了提高产品的市场竞争力，培育品牌，降低内部交易成本等，一些规模龙头企业延伸产业链条，主要表现为以下几种形式：

（一）产加模式

一是养殖企业直接上屠宰加工线，将加工的羊肉、羊毛、羊绒等羊产品对外出售；二是企业委托其他企业或定点屠宰场屠宰，然后再在自己建的加工车间发展初加工产品或深加工羊产品，并将其对外出售。通过加工提升产品的附加值，培育品牌，进而提高产品的市场竞争力。

（二）产销模式

企业不上屠宰加工线，而是做好销售流通环节，比如开设餐饮店，将自己养殖场的活羊委托其他企业或定点屠宰场屠宰后，直供自己的餐饮店，实现产

销直接对接。

（三）产加销一体化模式

企业依托规模养殖场，发展屠宰加工或委托其他企业或定点屠宰场屠宰后，加工制品直供自己开设的餐饮店、专卖店或直营店，实现生产、加工和销售流通的一体化经营。

第二节　河北省羊产业发展模式的主要特点

一、产业组织主体日趋多元化

河北省养羊仍以小规模散户养殖占比较大，但是养羊从过去分散饲养、放牧为主向标准化、规模化、现代化舍饲养殖转变过程中，养殖成本增加，养殖风险加大。为了更好地规避小农户的养殖风险，实现产销对接，政府加大了培育农民专业合作社、龙头企业等新型农业经营主体的力度，依托合作组织和龙头企业带动小农户发展养羊业，实现农户增收。而且在羊产业发展过程中科研院校、金融机构、农机服务单位、政府部门等相关主体和机构提供技术、金融、服务和政策等方面的支持。因此，现阶段河北省羊产业发展的养殖经营主体不再仅仅是传统单一的小规模农户，而是产业组织主体日趋多元化，尤其是养殖专业合作社和龙头企业发挥了一定的示范带动作用。

二、资源禀赋和科技支撑成为产业发展的动力

河北省一些具有养羊资源禀赋优势的地区依托本地资源优势和历史养羊基础，不断选育具有地方特色的优质羊品种，羊产业区域特色显现。比如阜平县太行山羊是我国重要的种质资源，既能提供羊肉，又能提供羊绒，还能提供羊皮，已被农业部列入优良种质资源重点保护名录，河北省农业厅也将保护太行山羊的种质资源列为今后一个时期的重点工作。区域特色明显有利于主导产业的培育和产业集聚效应的实现。同时，一些养羊大县通过重视品种选育技术，提高了羊产品的品质，实现了经济效益的提升。比如青龙县和宽城县依托河北农业大学、中国农业大学等科研单位的技术，开展绒山羊品种选育工作，培育体型大、羊绒细、产羔率高的品种，提高了企业和农户的收益。

三、延伸产业链是推进产业化发展的关键

虽然河北省羊产业规模不断壮大，但仅仅停留在养殖环节，屠宰加工发展滞后，销售渠道单一狭窄，缺少稳定的销售地区。由于产业链条短，产品附加值低，没有知名品牌，育肥肉羊多数以活体外销为主，在收购价格上易受到外地商贩的制约；同时，由于以活羊销售为主，加工品少且品类不丰富，销售方

式单一，线上销售少，宣传手段落后，在羊价低迷的情况下养羊的经济效益不稳定。因此，通过延伸产业链，发展屠宰加工，探索销售渠道，实现产加销一体化经营，是推进河北省羊产业发展的关键。

四、产业发展与扶贫带贫相结合

河北省多数养羊大县为贫困县，当地政府依托羊产业扶贫项目，将羊产业发展与扶贫相结合，通过探索多元化扶贫模式，带动当地贫困户脱贫，实现农户通过养羊增收。但是羊产业扶贫模式的可持续性评估机制不健全。比如在权益到户扶贫模式下，贫困户将扶贫资金、基础母羊或羊舍入股企业或合作社，贫困农户收益途径由年底分红、务工收入、土地租金等收益组成，而这些收益依赖于其所依托的龙头企业或合作社的效益，所以权益到户扶贫资金投入对象的选择正确与否，直接关系到整个扶贫模式的成功与否。现阶段政府对这些龙头企业或合作社缺少中期评估和管理，易使贫困户面临经营风险。

第三节　河北省羊产业发展模式的典型案例

通过对保定、石家庄、邢台、衡水、秦皇岛、张家口、承德等市羊产业发展的调研，总结梳理了河北省几种典型羊产业发展模式。

一、专业化育肥模式

（一）专业化育肥模式的由来

该模式以保定市唐县为代表。唐县羊产业的发展最早起始于一批在北京从事羊肉贸易的经纪人，他们从内蒙古运回羊屠宰后销往北京市，逐渐发展到专门从内蒙古购买架子羊或羔羊，自己育肥、屠宰，然后出售。改革开放后，由于养羊业易于管理，利润可观，唐县提出"一人养一只羊"的口号，大力提倡家庭经济，农民开始舍饲圈养育肥的规模养殖，并自己屠宰，慢慢形成了家家养羊、家家杀羊的传统，出现了"遍地是羊、遍地宰羊"的现象，卫生状况非常差，环境污染导致严重的卫生和食品安全问题。在这种情况下，20 世纪 90 年代，唐县畜牧局实行了定点屠宰场管理，建有振宏、瑞丽、国富唐尧三个规模较大的肉羊屠宰加工企业，逐渐遏制了私宰的现象。

唐县肉羊养殖主要采用外购羊短期育肥，活羊来源主要是新疆、内蒙古、东北、张家口等地区，胴体销往北京、天津、上海和省内等地区的各大酒店或二级批发商。有些北京的羊肉加工厂直接从唐县购买活羊，自己屠宰，每年约 50 万～60 万头。同时，唐县的活羊也远销新疆、内蒙古等地。唐县巨大的屠宰量和远近闻名的屠宰场，为本地养殖户和附近养羊业提供了销售保障。目前，唐县的肉羊养殖已从传统的放养、散养发展到规模化设施育肥的养殖模式，"养殖促屠宰，屠宰促加工，加工带养殖"的肉羊产业发展模式逐渐成熟。

（二）专业化育肥模式的特点

1. 养殖小区专业化育肥模式的特点

为了解决环境污染问题，县委县政府规划了肉羊养殖小区，将分散的养殖户集中在一定区域饲养。由政府选择在符合环保要求和有养羊基础的村建设养殖小区。养殖小区由政府负责修路、水井等基础设施的建设，企业负责投资建设羊舍及配套设施，养殖户进小区租羊舍养羊。如调研的唐发养殖小区占地400 多亩，政府以 2 000 元/亩的租金流转土地，该小区建设了 110 多栋标准化羊舍，羊舍的月租为 45 元/平方米，其中政府补贴 30 元/平方米，养殖户自己承担 15 元/平方米的租金。养殖小区采用"全进全出"的饲养管理模式，通过"公司＋农户"的经营模式，多数养殖户将育肥羊卖给当地羊肉屠宰加工企业，并从养殖小区获取部分羊源。养殖产生的粪污由企业进行统一的收集处理，最大程度地减轻了对环境的污染。

2. 屠宰加工龙头企业带动专业化育肥模式的特点

近几年，随着羊价的持续上涨，唐县养殖场（户）的养殖规模逐渐扩大，小的养殖场（户）养殖规模为 400～500 头，大的养殖场（户）养殖规模能达到 6 000～7 000 头。养殖规模的扩大促进了屠宰加工业的发展，唐县振宏、瑞丽、国富唐尧三家高标准肉羊屠宰加工企业的日均屠宰量均能达到 3 000 头左右，不仅保障了本地肉羊养殖户的销售，还实现了饲料、兽药、服务等产业链不同环节的产业集聚。

二、优良品种带动羊养殖业发展模式

该模式以秦皇岛青龙县绒山羊发展为代表。青龙县的自然环境非常适宜绒山羊的生长，绒山羊品种以青龙本地山羊和辽宁绒山羊改良选育而成的"燕山"绒山羊品系为主，是经过长期的自然选择和人工选育而成的产绒量较高、绒纤维品质较好的品种。该模式的特点如下：

（一）良种繁育体系的不断健全是绒山羊发展的基础

青龙县畜牧主管部门自 1987 年开始注重实施本地绒山羊改良选育，至今已有 30 多年历史，青龙县绒山羊良种繁育体系已基本建立，形成了以青龙本地绒山羊及改良羊为主的绒山羊品种，为今后绒山羊品种培育和创建品牌奠定了基础。2016 年，由河北农业大学刘月琴教授牵头组织的"燕山绒山羊"品种选育工作在青龙县顺利实施，极大地推动了当地绒山羊产业的发展。

（二）集约化生产推动了绒山羊养殖数量的快速增长

随着秦皇岛市和青龙县政府对畜牧业的重视程度和鼓励政策不断加大，青龙县绒山羊养殖业正在逐步向规模化养殖迈进。截止到 2017 年底，青龙县有规模化绒山羊养殖场 324 个，种羊场 21 个，其中省级种羊场 1 个，市级种羊场 20 个，2017 年全县绒山羊饲养量 120.9 万头，羊肉产量 9 580 吨，山羊绒产量 208 吨。秦皇岛羊存栏量由 2012 年的 120.44 万头增加到 2017 年的 133.97 万头，其中绒山羊存栏量从 2012 年的 43.45 万头增长到 2017 年的 50.48 万头，青龙县的绒山羊从 2012 年的 31.57 万头增长到 2017 年的 47.50 万头，青龙县绒山羊占全市比重从 2012 年的 72.66% 提高到了 2017 年的 94.11%。由此可见，青龙县绒山羊养殖在秦皇岛市已经处于主导地位。

在规模化养殖场中，青龙县 2017 年绒山羊养殖数量在 100 头以下的年初出栏量为 426 989 头，占出栏量的 55.1%；养殖数量在 100～199 头的年出栏量为 38 125 头，占总出栏量的 4.9%；养殖数量在 200～499 头的年出栏量为 84 268 头，占总出栏量的 10.9%；养殖数量在 500～999 头的年出栏量为 139 012 头，占总出栏量的 17.9%；养殖数量在 1 000～2 999 头的年出栏量为 86 415 头，占总出栏量的 11.2%。虽然青龙县绒山羊养殖仍以散养为主，但出栏量上散户和规模养殖场平分秋色。

三、产加销一体化的现代循环农业模式

该模式以衡水志豪畜牧科技有限公司为代表。该公司是衡水市农业产业化重点龙头企业，是一家集良种繁育、规模养殖、加工销售、种养结合为一体，科学研究、试验示范、服务推广、互联网发展于一身的现代化农牧企业。该模式在发展初期实行规模化养殖，发展过程中注重产业链延伸，逐渐实现产业融合。该模式的特点如下：

（一）良种繁育，规模化育肥

该公司以河北农业大学科研技术为基础，是农业部畜禽标准化示范场，省级种羊场，全国道寒肉羊繁育及良种基地。公司实行规模化舍饲圈养，分群养殖，羊舍包括种公羊舍、种母羊舍、哺乳羊舍、育成羊舍，有饲草库、精料库、配料车间、青贮池，通过羊耳标电子记录肉羊生长防疫情况，注重饲料配方的改进。公司采用"公司＋合作社＋农户"的产业化模式，以低于市场价格将育种的羔羊卖给合作社育肥，再以市场价格收购回育肥的活羊，公司给养殖户免费提供技术和市场行情，带动周边农户养羊。

（二）采用标准化加工技术，发展肉制品加工

该公司建立了河北爱扬食品有限公司，进行羊肉产品的深加工、研发和销售，实现养殖向加工链条的延伸。公司生产酱卤肉制品、速冻生肉制品、速冻调理肉制品。通过全封闭无菌净化车间和标准化生产加工技术，保证产品质量安全。

（三）培育品牌羊肉产品，实行线下线上相结合的营销模式

该公司注重品牌建设，培育了自主品牌"好彼福"农产品系列、"爱尔杨"农产品系列；代加工品牌"冠扬"农产品系列、"美晨"农产品系列、"景农"农产品系列等。公司采取"直营店＋加盟店＋代理商＋微商平台"模式进行销售，在衡水市开设冠扬羊肉直营店、超市卖场、加盟店，在天津市设立冠扬羊肉代理商，进行线下销售；在衡水市窝窝团购网和糯米团购网设立微商平台，在天津市设立"贪吃的蜗牛"微商平台，依托"互联网＋"进行线上销售。

（四）种养结合，发展现代循环农业

该公司建有有机肥加工车间，对羊粪进行无污染和无害化处理。有机肥用于玉米和蜜桃种植，玉米为肉羊养殖提供青贮饲料，种植业和养殖业相结合，发展现代循环农业。

四、标准化扶贫养羊模式

该模式以承德丰宁乐拓牧业有限公司为代表。该公司是承德市农业产业化重点龙头企业，承德市扶贫龙头企业。该模式的特点如下：

（一）标准化养殖促进产业发展

该公司建有标准化肉羊养殖示范基地，有标准化羊舍、青贮池、草料库、TMR 全日饲料混合机，引进国外种羊、基础母羊与当地小尾寒羊进行杂交育种。公司成立了宁聚养殖联合社，通过"公司＋基地＋合作社＋农户"的产业化模式，每年向合作社成员提供纯种公羊和杂交改良母羊，公司全程负责技术指导，签订回收协议，带动农户进行标准化肉羊养殖，缩短肉羊出栏时间，降低饲养成本。

（二）多元化扶贫模式带动农户增收

公司探索了一些扶贫养羊模式：①股份制合作养羊模式。2014 年，公司把小坝子乡 5 个贫困村 65 户农户的 3 000 头基础母羊入股到公司，采取两种方式给农户分红。一是采取四年本利平的方式，让农户每年得到 25％的利益分红，四年后让农户达到本利平；二是对于特别贫困的农户，采取五年本利平的模式，即公司每年给予农户 20％的回报，每年年底分红。在利益联结上，公司采取公羊按市场价收购，母羊按重量四年本利平的方式向农户兑现收益。农牧局农业发展投资公司为入股农户进行担保。②农户以扶贫资金入股模式。2017 年，建档立卡户将扶贫资金 5 000 元入股到公司，公司按照每年每户20％给予农户分红，带动贫困户脱贫。③项目扶贫模式。2018 年，公司利用"草原生态保护示范区"建设项目，对接小坝子乡的贫困户，投资 1 500 万元建设 6 个育肥扶贫羊场，并按照投资额度的 60％量化折股到企业所在地的贫困户上，保证连续三年年底给贫困户分红。2019 年，公司利用农牧交错带示

范区建设项目资金 1 000 万元，在万胜永乡建设 1 个规模化养殖场，量化折股到贫困户，保证连续三年给贫困户分红，实现贫困户稳定脱贫。④订单农业模式。2014 年，公司通过与农户签订订单合同，带动农户和贫困户种植青贮玉米，并按照保护价收购，实现农户亩产收益增加，带动贫困户脱贫。⑤整合扶贫资金模式。2019 年政府整合扶贫资金 600 万元，保证连续三年每年给每个贫困户年底分红 700 元，带动选将营乡、北头营乡 600 个贫困户脱贫。⑥产业扶贫养羊模式。公司计划对接 11 个乡镇，建设 11 个育肥扶贫羊场，每个育肥羊场每年固定用普通工人 30 人（在贫困户中选），并种植青贮玉米，带动贫困户脱贫。

五、生态光伏养羊模式

该模式以张家口宣化兰海畜牧业养殖有限公司为代表。该公司是一家以种羊选育、繁殖、肉羊育肥为一体的现代化农牧企业。该模式特点如下：

（一）资源禀赋优势生产优质羊肉产品

公司位于张家口宣化区贾家营镇西深沟村，紧邻宣化环城公路北环，距张家口市区不到 30 公里，地理位置优越，交通便利，气候条件较好，秸秆资源丰富，有发展舍饲养殖业的良好条件，并且当地农民世代养羊，有丰富的养殖经验。公司以杜泊羊、萨福克羊和小尾寒羊杂交，生产优质羊肉产品。

（二）光伏养羊实现增产增效

公司建有集中式光伏发电中心，在羊舍顶部安装多晶硅组建光伏板，形成 12 兆瓦分布式光伏发电规模。紧邻山坡建设 20 兆瓦集中式光伏发电项目，距 110 千伏变电站仅 4.8 公里，产生电能直接可与国家电网并轨。在满足羊场日常用电的基础上，还能做到增产增效。

六、科技支撑型养羊模式

该模式以邢台市临城河北润涛牧业科技股份有限公司为代表。该公司是集养殖技术开发、种羊培育、肉羊繁育、饲草种植、有机肥加工于一体的科技型现代农牧企业。该模式的特点如下：

（一）为科研院所提供科技成果研发和转化平台

该公司是中国农业科学院、华中农业大学、河北农业大学动物科技学院、河北农业大学动物医学院、河北农业大学中兽医学院、邢台农科院等科研院所的教学实验、实习、研发基地。在饲草供应上，中国农业科学院农作物所提供青贮玉米种植技术，华中农业大学院士团队指导饲用油菜种植；在优化育种上，华中农业大学团队指导遗传育种工作，利用基因检测分子遗传标记育种，持续培育润涛多羔新品系；在品质提升上，河北农业大学实地跟踪指导，从饲养管理到科学配方饲喂，提高羊肉的品质。

（二）为养殖场提供技术服务

该公司为中小养殖场提供良种、完整的技术支持和管理方案，种羊全程跟踪服务（育种、档案管理、防疫治病、饲养管理指导、饲料配方设计等），为养殖场提供增收保障。

七、与上游产业链结合的自繁自养模式

该模式以石家庄藁城海盛沃牧业有限公司为代表。公司董事长是北方学院畜牧专业的本科生，退休后聘请吉林大学的退休畜牧专家一起从事养羊。养殖场担心从外部买来的育肥架子羊携带传染病，实行自繁自养，自己繁殖的小羊卖给周边的养殖户。该模式的特点为：

（一）养殖场实行设施化自繁自养

养殖场建有标准化羊舍，有饲料棚、青贮坑、全日粮混合机、撒料车等配套设施，机械化养羊程度较高。羊舍内装有自动监控设备，防止羊只出现意外。养殖场有自动清粪设施，保证羊舍干净整洁，羊粪能及时有效地进行无污染和无害化处理。

（二）集养羊、饲料、防疫于一体，降低交易成本

该公司建有饲料厂和兽药厂，饲料厂为养殖场提供预混料，兽药厂提供养殖场的所有防疫设施和药品，对养殖场的羊进行预防、消毒、驱虫等，从源头上制止了羊病的传播。饲料厂、养殖场、兽药厂都实行独立核算。饲料、疫苗或兽药等均按照市场价格计算，保证饲料厂和兽药厂的利润。由于不需要增加外购的成本，养殖成本和交易成本大幅降低，羊发病率较少。

第四章 河北省肉羊养殖成本收益分析

第一节 相关概念界定及研究综述

一、基本概念界定

（一）概念界定

1. 肉羊

"羊"在市场上的概念很广泛，按产品用途划分，可分为产绒毛羊、产乳羊、产肉羊；按生物特性划分，可分为绵羊与山羊。河北省肉与毛兼用型、产绒毛型羊占比较少，羊养殖业以肉羊生产为主流。另外，产肉羊大多为绵羊，也有山羊，而且羊品种较多，各地甚至各养殖场（户）饲养品种也不尽相同，但羊肉都为其生产的主要产品之一。

2. 肉羊产业

根据中商产业研究院发布的肉羊产业链相关资料，整理分析出我国肉羊行业产业链，如图 4-1 所示。

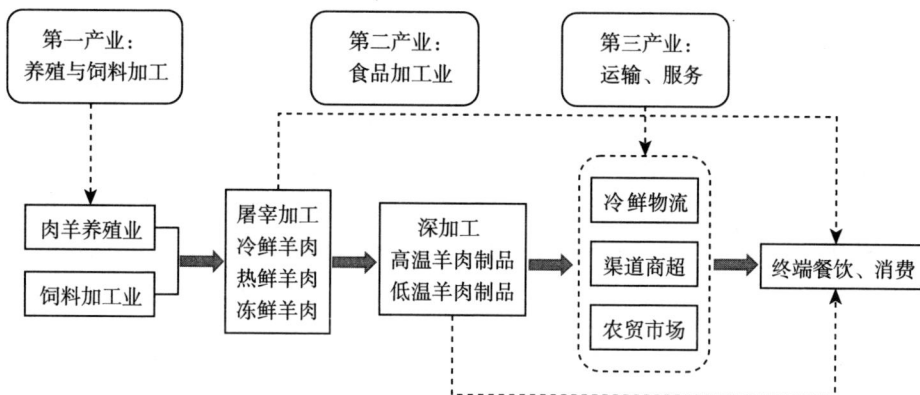

图 4-1 肉羊行业产业链

肉羊产业，主要包括第一产业为养殖与饲料加工，第二产业为食品加工业，第三产业为运输、服务。初级产品通过不同环节，形成一个产品，最终到达消费者终端。本部分研究的肉羊养殖业，为上游第一产业中的养殖环节。在整个链条中，每个环节都至关重要，肉羊养殖是整个链条的起点，是产业链各环节的重要基础。

3. 养殖规模

农产品成本核算体系对于养殖规模的界定，依据的既不是羊存栏量也不是羊出栏量，而是根据所研究产品的"设计最大养殖数量"来划分的。对于养殖规模的界定也是对研究对象进行更细致的划分。如表 4-1 所示，所研究的养殖品种不同，对于养殖规模的划分情况也不同。对于肉羊与肉牛来说，只区分为散养与规模养殖两类，并且成本收益数据中只有散养肉羊数据，因此，本章数据来源主要为养殖规模小于等于 100 头的散养肉羊数据。

表 4-1 养殖品种规模分类标准

品种	单位	分类数量标准（Q）			
		散养	小规模	中规模	大规模
生猪	头	$Q \leqslant 30$	$30 < Q \leqslant 100$	$100 < Q \leqslant 1\,000$	$Q > 1\,000$
蛋鸡	头	$Q \leqslant 300$	$300 < Q \leqslant 1\,000$	$1\,000 < Q \leqslant 10\,000$	$Q > 10\,000$
肉鸡	头	$Q \leqslant 300$	$300 < Q \leqslant 1\,000$	$1\,000 < Q \leqslant 10\,000$	$Q > 10\,000$
奶牛	头	$Q \leqslant 10$	$10 < Q \leqslant 50$	$50 < Q \leqslant 500$	$Q > 500$
肉牛	头	$Q \leqslant 50$		$Q > 50$	
肉羊	头	$Q \leqslant 100$		$Q > 100$	

数据来源：《全国农产品成本收益资料汇编》。

4. 养殖成本

本章对于成本项目的划分，结合了会计学中有关成本费用项目划分的相关知识，考虑到核算主体具有特殊性，成本项目划分如图 4-2 所示。首先，肉羊总成本可以分为两大类，一是生产成本，二是土地成本。其次，生产成本中又分为物质与服务费用和人工成本。物质与服务费用，指在直接肉羊养殖过程中所耗用的各种农业生产资料、负担与养殖肉羊相关的服务和其他形式的支出。按照能否直接计入某一生产计算对象，划分成两类，能够直接计入具体某一对象的计入直接费用，不能直接计入并且需要间接分配的计入间接费用。

（1）仔畜费。饲养肉羊所发生的仔畜费，分两种情况，若农户购进羊羔进行饲养，仔畜费代表购进的羊羔实际购进价格与运杂费之和；若农户采用自繁自育方式进行饲养，则需要依据同类市场价格或者实际养殖成本，进行成本核算；为避免重复计算，当仔畜、产品畜成本未分别核算时，在计算完成仔畜费之后，需从肉羊产品成本中剔除。

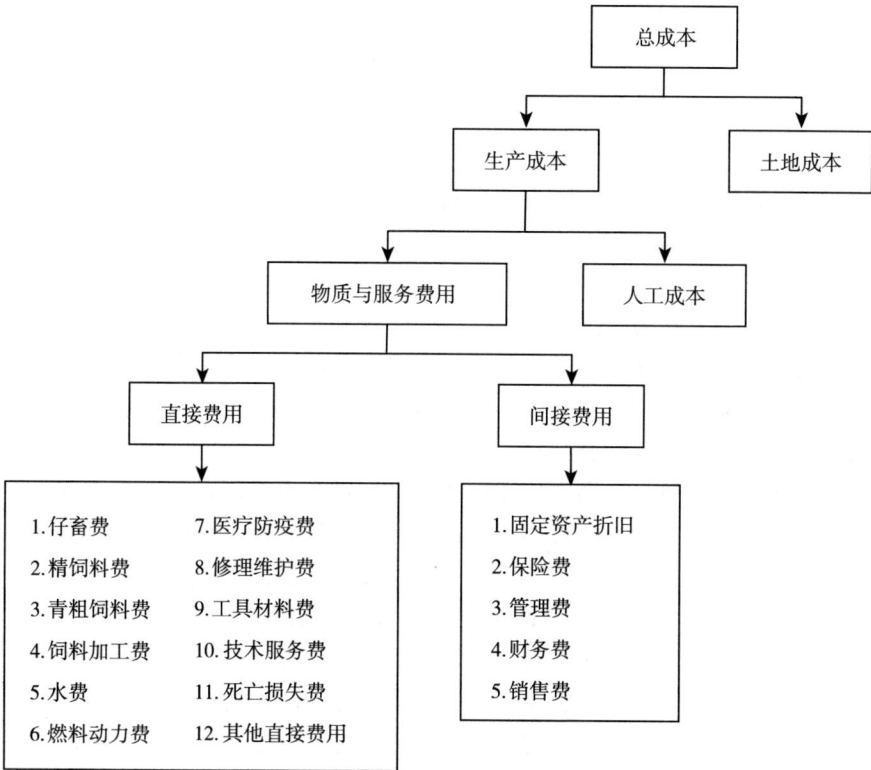

图 4-2　肉羊养殖成本项目划分

（2）饲料费用。肉羊养殖中的精饲料，包括豆粕、棉粕、麦麸、菜籽粕、玉米、小麦等，还包括饲料添加剂与添加物等。其次，青粗饲料包括玉米秸秆、青贮、干草、花生秧等种植的青粗饲料，也包括耗用的野生采集植物等。这两种费用的计算方法，若采用外购方式，则其等于实际购买价格加运杂费计算取得；若在自产、自采方式下取得，市场价格难以得知的情况下，依据实际发生费用或当地调查机构统一核算价格进行计算。最后，饲料加工费为加工肉羊养殖所需饲料的费用。

（3）水费。在肉羊养殖过程中，肉羊饮用、清洗羊舍、饲料加工等生产步骤中用水而实际负担的水费。

（4）燃料动力费。燃料动力费是指在肉羊养殖过程中负担的电费、燃煤费与其他动力费。电费指在肉羊养殖过程中与实际消耗电费有关的生产活动产生的支出，如饲料加工、生产用电、照明、使用相关机械等。燃煤费指的是，在饲养肉羊过程中实际耗用燃煤费支出，如为加工饲料、防寒保暖等。

（5）技术服务费。技术服务费是指肉羊养殖者接受肉羊养殖技术培训、指导、诊断、建议等，与肉羊养殖直接相关的养殖技术性服务或者相关配套资料等费用。需要注意的是，购入与养殖技术有关杂志、报纸、期刊、书籍等应计入"管理费用"。

（6）死亡损失费。死亡损失费是指肉羊在正常饲养情况下发生的死亡损失费用。死亡损失费的计算方法由养殖规模（散养与规模饲养）的不同而不同，所以死亡损失费有两种计算情况。一是，肉羊养殖规模小于等于 100 头的肉羊散养户，其死亡损失费按照社会平均死亡率计算。二是，规模养殖场（户）肉羊养殖规模大于 100 头，按照实际死亡率计算，若某个养殖场（户）存在特殊原因引起的大量非正常死亡，并非当地正常情况，则不能按照其实际死亡率计算，需依据当地平均死亡率计算。某一地区不同品种的肉羊死亡率，可以从县级相关成本调查机构进行查询。

散养户死亡损失费＝社会平均死亡率×平均每头肉羊死亡发生的直接费用

规模养殖场（户）死亡损失费＝实际发生死亡率×平均每头肉羊

死亡发生的直接费用

（7）固定资产折旧。养殖肉羊有关的设备、器具、工具，以及生产用房屋、建筑物、运输工具、饲养肉羊所需的机械设备等。要求单位价值在 100 元以上，使用年限超过一年。有关原值的计算，分为两种情况，若采用外购方式取得的，则为买入价、运杂费与税金之和；若为自行建造方式取得，则为实际发生全部费用。有关折旧率的计算，肉羊养殖专用房与养羊永久性栏棚折旧率为 8%，运输工具与机械、电器、动力等设备类为 12.5%，养羊简易棚舍为 25%，其他与生产有关的固定资产按照 20%折旧率计算。

固定资产为租赁承包经营方式，由于原固定资产折旧已经反映在养殖者所负担的承包费中，所以不再计提折旧，只需要计提养殖者新购置的固定资产折旧。

（8）人工成本。人工成本是指在肉羊养殖过程中，直接使用的劳动力成本。

人工成本＝家庭用工折价＋雇工成本

＝（家庭用工天数×劳动日工价）＋

（雇工天数×雇工工价）

雇工成本指的是由于雇佣他人，肉羊养殖者实际负担的支出，如支付工资、饮食、保险、住宿等合理雇工费用，所雇佣的方式既可以是短期，也可以是长期。短期雇工，指的是期限短于一个月，其成本可以直接依据实际支付金额计入；超过一个月为长期合同工，其算法为先计算出每日工资金额（雇工工价），即等于平均每月工资除以 30 天，再根据每日工资金额（雇工工价）与雇工生产肉羊的劳动天数相乘，计算得出雇工费用。

家庭用工折价，是一种机会成本，指的是肉羊养殖者、其家庭成员，以其他人无偿或互换的劳动用工用于肉羊养殖所产生的成本。劳动日工价，指的是理论报酬。劳动用工天数，指的是在肉羊养殖的总劳动时长折算为中等劳动力的总劳动小时数，按照标准劳动日（8小时）进行折算的天数。

（9）土地成本。土地成本是指肉羊养殖者获得养殖场地的经营使用权而实际负担的租金或承包费。不仅仅包括土地，也包括有关附着物，如羊舍等。若租期超过一年并且一次性支付的情况下，计入土地成本的费用需要分摊到每年。若肉羊养殖者租赁或承包后，以多业运营或者多品种经营的，则需要按各业或者各品种进行分摊成本，分摊方法可以按照产品产值、养殖面积、养殖数量进行分摊。以实际负担的金额计算，若以实物方式支付则需要按照其市场价进行计算。

（二）养殖收益

肉羊的主产品产值是养殖户采取多种途径销售的主产品的销售收入，一般主要包括销售羊肉的收入。相对来说，副产品产值指的是销售其他部分所得收入，如羊奶、羊毛、羊绒等其他副产品取得的销售收入。

1. 主产品产量

饲养肉羊的主产品产量是指主产品实际产量，即为肉羊活重。

2. 主产品产值

主产品产值是指肉羊养殖者运用各种渠道出售主产品获取收入，按照实际售价计算。也包括未出售留存可能得到的收入，如处于待售状态、留存用来自产自食或赠送他人等，按照已出售产品综合平均售价计算。

3. 净利润、成本利润率

肉羊养殖净利润是指产品产值扣除养殖的饲料费、仔畜费、人工成本、土地成本等全部成本后的差额，反映出肉羊养殖投入成本后的净收益；成本利润率等于养殖净利润所占总成本的比率，反映出肉羊养殖生产收益的盈利情况。

$$肉羊养殖净利润＝肉羊产值合计－总成本$$
$$肉羊养殖成本利润率＝肉羊养殖净利润/总成本×100\%$$

二、国内外研究现状

（一）国外研究现状

1. 成本收益分析

国外学者对于成本收益的研究，主要通过比较分析法，结合敏感性分析、因素分析法、运用计量模型及相关理论，分析在不同管理方案下的成本收益，提出某种研究方案的优化方案、最佳使用量、评估新方案可行性分析、研究各因素影响程度大小等，旨在优化研究对象收益情况或者降低相关成本。

对于成本收益分析，国外学者基于不同研究领域的研究对象，主要通过不同案例之间对比进行研究。Katrin、Wolfram、Alwi 等（2013）比较了三种灌溉调度方法下采用微型喷灌的成本收益。以田间对比试验数据为基础，成本收益分析结果表明，改良后的微型喷灌可以大幅度提高水果产量。Slim、Norifumi、Mitsuteru（2018）对突尼斯北部朱明流域不同管理方案的成本收益进行评价。结果表明，等高线脊对减少产沙量影响程度最大，并进一步提出实施优化等高线脊方案，可减少 59% 的产沙量，若再结合土地坡度种植来降低产沙量，经济收益将达到最大化。通过成本收益分析，能够寻找出减少泥沙量最优管理方案。Jesse、Bonnie、Taylor（2018）运用成本收益分析，估计了明尼苏达州玉米最优氮肥施用量。计算量化氮肥的"最优率"，并将氮的成本内部化，使净收益最大化，同时使成本最小化，旨在更好地管理氮肥施用的监管或激励计划。

国外学者在成本收益分析的基础上，也进一步结合了敏感性分析、因素分析法、运用计量模型及相关理论。Martin（2018）指出玉米种植者在收割后损失了大约 11.7% 的收成，其中约三分之二的损失发生在储存期间，减少收割后损失（PHL）已被确定为提高农业收入、应对粮食安全挑战的关键。通过对撒哈拉以南非洲玉米种植的成本收益分析，运用因素分析法，找出造成收割后损失较大的影响因素，并提出相关缓解技术和减少收割后产生不必要的损失等建议。Raul、Carlo、Paolo（2018）利用不同的研究视角进行成本收益分析。从社会和个人角度，评估了在意大利东北部城市里雅斯特现有工业建筑中，屋顶绿化的社会和个人成本收益分析。运用蒙特卡罗方法，对由三角或均匀分布定义的内在变量和随机变量进行敏感性分析。从私人投资者的角度对经济承受能力进行概率评估，首先考虑私人成本和收益，其次引入财政激励，以平衡屋顶绿化提供的公共利益。类似的研究还有，Naba、Jan、Sarah 等（2018）通过边际成本与边际收益进行计算，对 6 种不同剂量的生物炭进行了成本收益分析，以优化生物炭最佳用量，旨在提高尼泊尔地区农作物种植收益。Galvis、Jaramillo、Steen 等（2018）利用空间效益和成本收益分析相结合的方法，对哥伦比亚考卡河上游甘蔗灌溉废水回用的经济可行性进行了研究。首先对处理后的废水进行了再利用和不再利用的成本收益分析，并进行了敏感性测试，结果表明，再利用的经济可行性对水平衡和灌溉面积最敏感，而废水排放税的价值直接影响农业灌溉回用的经济可行性。

2. 畜牧业成本收益分析

国外学者对于畜牧业成本收益的研究主要集中在如何优化饲养方式上，如扩展饲料来源、优化牧场粪便管理模式、病害防疫等方面。基于畜牧业成本收益分析测算运用的计量方法与指标计算也较丰富，如比较分析法、时间序列模型分析、净现值指标测算等。

从容刚、Termansen（2016）将生命周期分析理论与成本收益理论相结合，以丹麦猪肉集约化生产为例，比较使用两种饲养系统生产 1 吨猪肉耗用饲料的经济和环境影响。以绿色生物精炼厂生产的草蛋白饲料，替代掉传统谷物进行饲养，可使平均饲料成本降低 5.01%，产生 96 欧元的税前利润，并且使得能源和土地的使用也会得到节约。Marschik、Obritzhauser、Wagner 等（2018）采用成本收益分析方法，从经济角度评估了奥地利斯特利亚州自愿和强制根除牛病毒性腹泻病毒（BVDV）两种方案的成本收益情况，进行对比分析。结合贝叶斯结构时间序列模型，分析出强制根除 BVDV 病毒计划对斯特利亚牛出口市场有积极影响。与干预前相比，强制计划期间，出口奶牛和公牛的平均数量分别显著增加 42% 和 47%，生产者价格分别增长 14% 和 5%。这相当于奶牛每月平均收入增加 29 754 欧元，公牛每月增加 137 563 欧元。

类似的研究还体现在养殖场管理模式与管理策略上。Janak Joshi、王晶晶（2018）基于奶牛养殖三种不同的粪便管理模式，对于农场成本收益影响进行分析。通过对新墨西哥州一个典型大型奶牛场的建模，在一个基线情景和不同的政策情景下，评估了四个环境影响和每个案例的净收益现值。研究结果表明，对于新墨西哥州一个典型的大型奶牛场来说，直接土地利用（DLA）管理模式中，在任何环境影响方面都是最不可持续的。在基线、税收抵免和碳信用方案中，厌氧消化（AD）模式的利润最高，而在营养品信用市场中，厌氧消化结合微藻养殖（ADMC）模式的利润最高。Gavin、Simons、Berriman 等（2018）采用欧洲食品安全局风险开发的评估方法，研究干预策略来增加生猪养殖的成本收益。通过比较五种农场控制策略的成本收益情况分析，指出猪肉和猪肉制品是人类沙门氏菌病的主要来源。尽管有许多监测项目，但英国屠宰的生猪中沙门氏菌的流行率仍然超过 20%。所考虑的干预措施包括：饲料湿化、增加饲料中有机酸、接种疫苗、加强清洁和消毒等，可以增加养殖收益。但根据不确定性分析表明，该模型大大低估了一些关键参数，对于一些干预措施，可能会有较小的净收益。

3. 羊养殖业成本收益分析

羊养殖成本收益分析研究，主要通过不同品种、不同省份、不同地区进行对比，结合不同计量方法进行实证分析，如主成分分析法、多元 K-均值分类法、皮尔逊线性相关系数分析法、随机预算模拟模型等探索生产差异化及其影响因素。

国外学者以养殖场为主体，通过实证分析，结合计量方法，研究影响成本收益的影响因素，同时根据养羊场的成本收益情况，分析不同区域、不同省份生产差异化及原因。Bohan、Shalloo、Malcolm 等（2016）建立了羊场随机预算模拟模型，即蒙特卡罗模拟模型，为研究羔羊生产系统的变化对农场盈利能力的影响。模型选取的变量包括：土地、劳动力、资本、动物数量以及产品价格。每月对模型产量进行模拟，牲畜的销售和购买、净能源需求、草地供求、羔羊生长和屠宰模式以及土地和劳动力利用。以草生长、母羊和羔羊死亡率、化肥和羔羊、羊肉价格为随机变量，进而计算出息税前利润与净利润。并将模型输出结果与 20 个爱尔兰商业羊场记录的真实农场数据进行比较，对模型进行了验证。模型输出与真实农场数据相似，表明模型提供了比较真实的农场绩效、产量和利润。Tomasz（2018）进行不同省份之间的养羊场数据描述性统计，并采用皮尔逊线性相关系数分析法，以波兰 16 个省份为研究对象，探索绵羊生产区域化的差异及其原因。影响因素研究结果表示，羊种群数量、放养密度、农业用地牧场占有率与各省绵羊数量之间存在显著联系。Ridha、Aymen、Mohamed（2018）采用使用主成分分析法和多元 K-均值分类法，分析整个突尼斯的绵羊养殖业情况。选取具有代表性的 1 021 个养羊场样本，系统聚类分析显示出 5 个典型的绵羊生产系统和 4 个饲养系统。根据因素分析法，指出突尼斯的中心和南部羊养殖业面临着水资源短缺、水含盐量高和饮用水成本高的问题；而对于北方羊养殖业来说，水源供给和雨水管理不善是北方羊养殖业主要限制因素。

除了以养羊场为研究对象之外，学者还从羊养殖户角度出发，基于养殖户调研数据，结合不同计量方法进行实证分析，探索影响养殖户成本收益的主要因素。Anwar（2014）通过实际调查阿法尔州奥西-雷苏区 180 户羊养殖户，运用 JMP-5 软件进行描述性统计、t 检验、卡方检验、评级方法和方差分析，探讨畜牧生产区和农牧生产区中绵羊和山羊的生产目标和策略。Sibel（2018）采取分层抽样的方式选取的沙特 UsAK 市 429 个养殖户，对这些养殖者进行了 112 项问卷调查。通过问卷调查项目，收集养殖者的一般特征、牧场状况、绵羊交配、出生、挤奶、剪毛、健康保护、羊肉销售以及工具设备状况。研究发现养羊户存在的主要问题是饲料成本高、平均出售价格低、草场不足、肉质差和疾病防疫等问题，提出改善放牧地环境，优化牧群的遗传结构，扩大饲料作物种植面积，并提供适当的信贷条件等措施。Kenfo、Mekasha、Tadesse（2018）基于埃塞俄比亚南部本萨区 128 户绵羊养殖户实际调研，采取半结构化问卷调查、焦点小组讨论和关键信息收集方式，并结合因素分析法，指出饲料短缺、疾病、寄生虫流行和平均出售价格低是影响高原绵羊饲养的主要因素，并提出应优化饲料供应、疾病管理、育种政策和营销策略等措施。

（二）国内研究现状

1. 成本收益分析

国内对于成本收益分析采用的研究方法主要有指标趋势分析法、比较分析法和计量分析法。指标、趋势分析法与比较分析法较为简单，即从研究对象总成本、总收益与其构成项目变动趋势上分析；再与同行业平均水平、省份之间、国与国之间进行比较优势分析，找出潜在的竞争优势与相对劣势。其中也会运用到与成本收益相关指标，如净利润、成本收益率、单位产品成本与收益等。计量分析法则采用不同计量模型进行研究，深入研究成本收益影响因素以及影响程度大小。

于永霞、何国玲、乐波灵等（2016）运用趋势分析法、指标分析法，对广西蚕茧生产成本与收益变动趋势、构成情况进行分析，指出蚕茧生产近年来利润与成本收益率为负的原因，与其总成本快速增加和收益低增长密不可分。其中，由于蚕茧单位面积养殖产量与蚕茧产品单价不稳定，造成蚕茧收益无明显上升态势；而蚕桑化肥费、土地成本、劳动日工价上涨推高了总成本上涨。张婧（2018）采用系统聚类分析方法，针对我国苹果种植七个主产省进行成本收益聚类分析，制作出聚类树形图，将苹果种植七个主产省划分为三类产区，低投入高产出、高投入高产出与低投入低产出的高效、中效、低效产区；运用灰色关联分析法，寻找影响三产区苹果种植产量的主要因素，并对影响程度进行排序。类似的研究还有，刘鹏（2016）通过指标分析法与比较分析法，将山东省粮棉油种植两个收益指标对成本收益情况作出分析，并将总成本变动趋势、成本构成比重与全国最高、最低与平均水平进行比较分析，之后运用多元线性回归分析，以粮棉油种植现金收益为被解释变量，主要影响因素分别为种植所用化肥费、平均出售价格、农产品产量以及机械作业费。蔡瑞林（2016）运用最小二乘法，构建烟草种植产值与现金收益的生产函数。将每亩烤烟产值、现金收益作为因变量，对生产函数方程进行回归分析。在通过显著性检验后，运用弹性系数分析，研究各因素影响程度大小。

2. 畜牧业成本收益分析

成本收益分析运用在畜牧业方面的研究，宏观层面，通过国际、省份、地区进行畜产品养殖成本收益差异探索；在微观层面，基于养殖户实践调研，分析影响畜产品养殖成本与养殖收益的主要因素。

宏观层面，将我国与其他国家畜产品养殖成本进行对比分析，省份之间、地区之间养殖投入与养殖收益差异及其影响因素进行探索。陈琼（2013）对宏观肉鸡生产收益情况从不同省份、不同规模进行对比分析，并构建不同省份、不同地区间肉鸡养殖成本收益差异模型，寻找影响差异的因素。此外，还建立肉鸡养殖净利润函数，深入研究市场肉鸡价格的变动对肉鸡成本收益的影响程度大小。耿宁、肖卫东、阚正超等（2018）通过分析中美奶业养殖总成本变动趋势、各项目构成比重、养殖成本收益情况。分不同规模对比后发现，我国奶牛养殖业规模化效益未明显展现。奶牛规模化养殖存在养殖成本居高，养殖成本未充分节约等问题。罗千峰、翁贞林、郑瑞强（2016）以我国中等规模生猪养殖为例，分析其养殖成本构成、成本项目变动及养殖收益情况，指出生猪养殖收益存在明显的波动性。在中等规模生猪养殖中，饲料费与生猪仔畜费逐渐提高，是影响生猪养殖总成本投入增加的主要原因。于潇萌、刘爱民（2007）从会计成本核算角度上分析我国散养生猪成本收益，提出了畜牧业养殖区域布局情况与收益情况有一定相关性。较高的生猪养殖收益地区出栏量提高较快，而生猪养殖收益较低，会减少养殖户的积极性，从而使生猪养殖发展较慢。

微观层面，基于养殖户调研数据，分析影响畜产品养殖成本与养殖收益的主要因素。浦华、文杰、赵桂苹等（2008）通过对广东、四川、与辽宁地区的6个县的调研数据，对肉鸡养殖户成本收益进行分析。指出肉鸡养殖净利润逐渐下降的原因是肉鸡饲料价格升高、肉雏鸡购进价不断上涨等。同时也发现，所调查地区为预防大面积禽流感疫情的扩散，增加了鸡舍清洁整理消毒、肉鸡疫苗免疫等措施投入。程永金（2015）基于对苏沪地区240个肉用奶牛实际调研数据，分析其成本构成情况及成本收益水平，指出饲养成本中变动成本比重高，主要构成为架子牛成本占比50％、饲料成本占比36％。以奶公牛养殖净收益为解释变量，选取多因素计量模型分析影响因素，发现养殖收益对价格的敏感性最为强烈，指出提高奶牛养殖者总体收益水平，应从提高养殖户议价能力，加强奶公牛卖方市场发育程度入手。王欣然、陈秀凤（2017）指出山西省旬阳县生猪有三种不同养殖模式，分别为：农户散养、家庭农场和养殖企业。运用实际调研数据，对这三种养殖模式从基本生产特征、收入结构、平均收入水平、平均成本水平进行对比分析，也通过离散程度分析绘制出不同模式下生猪养殖收益率箱线图。可以看出，散养生猪模式，养殖收益率波动大，这与散养模式的投入成本少、养猪为小副业兼业有关；家庭农场模式下，养殖收益、规模化、专业化程度高，相应的成本收益率也较稳定，投入成本高于散养户，具有一定优势；生猪养殖企业的成本收益率也较稳定，但企业内雇工成本高、养殖投入成本高，也面临财务风险与管理风险。

3. 肉羊养殖业成本收益分析

国内对于肉羊养殖业成本收益的研究，侧重于成本收益影响因素方面的研究。多以微观调研数据为基础进行实证研究，选取多种变量，不仅从成本与收益构成因素方面分析，还要考虑到肉羊养殖规模、政策因素、养殖品种、养殖环境、价格因素等诸多因素的影响程度。

王丽娜（2009）通过对不同年龄阶段肉羊、不同饲养模式对呼伦贝尔市肉羊养殖收益影响因素进行分析，以成本收益率为被解释变量，采用多元回归分析法，得出销售收入、饲料费用与人工费用影响程度最大，对于出售价格的变动非常敏感；发现生产周期为四至六个月的肉羊成本收益率高于一年以上的肉羊，改良后的良种肉羊的成本收益率高于本地肉羊，提出要加强肉羊养殖产业化经营模式，广泛开辟饲料资源等。王纬婕（2015）通过以杭锦后旗肉羊养殖为研究对象，进行了不同品种之间的成本收益对比。以巴美肉羊养殖户作为实验组，与小尾寒羊殖户进行对照组比较。得出的结论是，巴美肉羊的经济效益在本地区最高。分析养殖收益影响因素时，建立 CD 模型，得出这二者不同品种之间的成本收益差异，是由于生长周期、羊体增重量、肉价等因素的影响。史敏（2016）从肉羊养殖户收入的影响因素角度，基于巴彦淖尔市临河区116 户肉羊养殖户样本调查，对主观因素进行处理，通过因子分析方法重新组合 15 项变量，利用 SAS9.3 软件进行多元线性回归分析，得出的结论为，资金因素对纯收入影响程度最大，且为负相关，说明若肉羊养殖户一味地增加资本的投入，会造成肉羊纯收入下降，出现规模递减的资本效用。类似的研究还有，吴荷群、杨玉霞等（2017）针对新疆生产建设兵团第六师进行实地调研，分析了"散养户""农区放养＋补饲模式"与"养殖企业"三种不同养殖规模下，有关规模大小对成本收益控制的影响，结果表明，越产业化、集约化与标准化的养殖规模越能实现精细化管理。徐妍（2018）基于实地调研数据，将盈亏平衡分析方法应用在肉羊养殖成本控制上，提出提高饲料利用效率、加强肉羊出栏重控制、投资新建扩建等方面要结合盈亏平衡的原理，来降低养殖成本和增加收益。张芙蓉（2018）通过构建对陕西省羊养殖成本的回归模型，提出重视仔畜生产补贴扶持、扩大物化劳动替代活劳动范围、财政金融手段扶持饲料生产企业等措施。

（三）国内外研究现状述评

综上所述，国内外学者对成本收益分析所采用的研究方法较丰富，而成本收益分析应用在畜牧业、肉羊养殖业中也较为多样。这些研究大多是基于不同地区、不同研究对象进行的。由于研究地区、研究对象的不同，得出的研究结论也有很大的差异。其中，有关河北省肉羊养殖成本收益影响因素方面没有进行过很深入的实证分析，指标测算、模型与变量选取等方面也不够深入。因此，本章从《全国农产品成本收益资料汇编》、《中国畜牧兽医年鉴》、《河北经济年鉴》、国家统计局等途径获取数据，分析河北省肉羊成本和收益的构成与变动趋势情况，对成本收益、净利润与成本利润率等指标进行测算，将河北省肉羊养殖业成本收益情况与全国水平进行比较分析。通过构建多元回归模型，分析各影响因素之间的影响程度，旨在提出有针对性的发展对策，提高河北省肉羊养殖收益水平，促进河北省肉羊养殖业健康发展。

第二节　河北省肉羊养殖成本构成及收益情况

一、河北省肉羊养殖成本分析

（一）总成本变动及结构分析

肉羊总成本，指的是在养殖肉羊的过程中所占用和消耗资源的成本，如耗用的劳动力、资金和土地等。对于肉羊养殖总成本，可以分为两部分：生产成本与土地成本。由于河北省肉羊养殖以小规模农户养殖为主，所占用土地多为农户院落、居住场所，无须负担过多土地成本。另一方面，相关年鉴农产品成本核算体系中，明确指出不考虑散养肉羊的土地成本。本章基于这两方面的考虑，在对总成本的计算与分析中，不考虑土地成本，即除去土地成本以外的生产成本为总成本。

肉羊的生产成本指的是，在饲养肉羊的过程中所投入与耗费的各种资源，各项资本与劳动力，即为物质与服务费用、人工成本。如表4-2和图4-3所示，可以分析出近十年来，平均每头肉羊的生产成本变动趋势与构成情况。

一方面，从生产成本总的变动趋势上，肉羊养殖生产成本呈现先增长后略微波动的态势。2008—2013年，由2008年的369.57元/头增长至2013年884.11元/头。上涨514.54元/头，年平均增长额达到102.91元/头，平均每年增长19.6个百分点，增长1.39倍；2013—2017年，在这五年内生产成本有略微波动，在800~890元/头。

表4-2　2008—2017年河北省散养肉羊生产成本与构成

单位：元/头

年份	生产成本	物质与服务费用	比重（%）	人工成本	比重（%）
2008	369.57	229.60	62.13	139.97	37.87
2009	379.84	235.85	62.09	143.99	37.91
2010	477.49	304.96	63.87	172.53	36.13
2011	648.86	429.89	66.25	219.00	33.75
2012	787.28	481.80	61.20	305.48	38.80
2013	884.11	505.21	57.14	378.90	42.86
2014	883.48	464.01	52.52	419.47	47.48
2015	803.64	391.02	48.66	412.62	51.34
2016	810.92	388.62	47.92	422.30	52.08
2017	873.80	442.10	50.59	431.70	49.41

数据来源：《全国农产品成本收益资料汇编》。

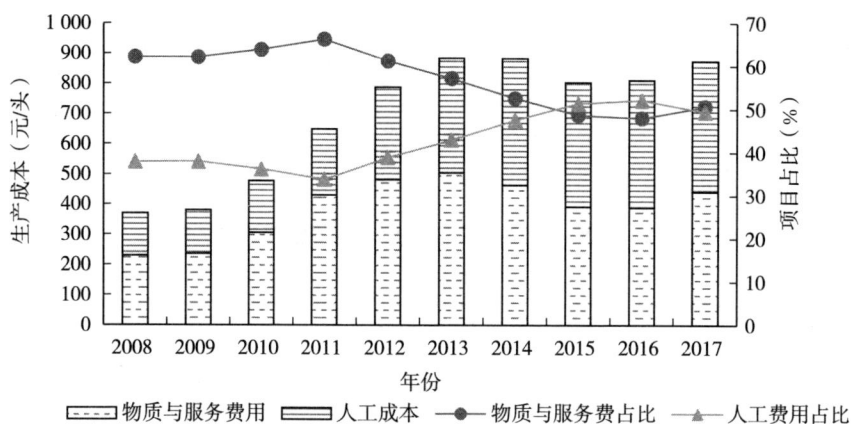

图 4-3　2008—2017 年河北省散养肉羊生产成本与构成

另一方面，生产成本由两部分组成：物质与服务费用、人工成本。一是，物质与服务费用、人工成本和生产成本三者波动大致接近。2008—2013 年呈现较快速增长趋势，2014—2017 年有先减少后增长的波动趋势。物质与服务费用由 229.6 元/头上涨到 505.21 元/头，六年之间总增长额达到 275.61 元/头。平均增长额为 55.12 元/头，平均每年上涨 17.98 个百分点；2013 年增长到一个顶峰之后开始下降至 388.62 元/头。2017 年上升至 442.10 元/头。人工费用，前期增长速度较快，2008—2014 年，总体上涨 279.51 元/头，增长 2 倍，平均年增长额达到 46.58 元/头，平均每年上涨 20.64%；2014 年出现小幅下降，后期整体增长趋势变缓并趋于稳定，2017 年达到 431.70 元/头。

二是，生产成本构成方面，在 2011 年之前，物质与服务费用占比明显高于人工成本。物质服务费用平均占比为 63.58%，人工成本平均占比为 36.42%。2011—2014 年，二者所占比逐渐达到 50%。甚至到了 2015 年，物质与服务费用为 48.66%，占比低于 50%，人工成本占比上涨达到 51.34%，占比过半。2015—2017 年，二者占比有波动但是都在 50%上下波动。可以看出，相对于 2008—2011 年，人工成本所占比重的增大，意味着它能够影响生产成本的程度变大。

（二）物质与服务费用变动及结构分析

如表 4-3 所示，从总体趋势上分析，直接费用呈现出先上涨后下降再上升趋势；间接费用为波动上升而后趋于稳定。具体数值上分析，直接费用由 2008 年 226.96 元/头，上涨至 2013 年 501.63 元/头。增长了 1.21 倍，平均增长额为 54.93 元/头，平均每年上涨 18.1 个百分点，之后下降至 2015 年的 384.61 元/头，2017 年又上涨至 438.11 元/头。另一方面，间接费用从 2008 年 2.64 元/头波动增长至 2015 年 4.22 元/头，近三年来趋于稳定，在 4 元/头上下略有波动。

从物质与服务费用构成比重上分析，直接费用占比较大。各年平均比重为99.08%，最高达到了99.29%，虽然占比有所波动，但是最低也达到了2008年的98.85%。对于间接费用来说，所占比重较小，各年平均占比为0.92%，小于1%，虽有波动，但都在1.2%以下。

表 4-3　2008—2017 年河北省散养肉羊物质与服务费用

单位：元/头

项　目		2008	2009	2010	2011	2012	2013	2014	2015	2016	2017
直接费用	仔畜费	131.67	126.06	192.15	285.8	320.51	340.26	295.83	219.22	210.85	267.46
	精饲料费	60.27	63.72	68.22	93.12	96.69	99.71	102.65	101.90	102.58	102.49
	青粗饲料费	25.62	33.57	32.87	35.03	44.58	45.94	45.12	46.42	49.56	48.46
	饲料加工费	1.83	1.69	—	—	—	—	—	1.12	1.21	—
	水费	0.06	—	0.17	0.26	0.16			0.48	0.53	0.42
	燃料动力费	0.12	0.12	0.11	0.51	0.77	1.02	1.08	1.12	1.40	1.44
	医疗防疫费	4.57	4.48	4.63	5.46	6.74	6.83	7.60	7.85	8.19	8.41
	死亡损失费	1.07	1.49	1.63	3.20	3.99	3.96	3.78	4.37	6.18	5.25
	技术服务费	0.14	—	—	—	—	—	—	—	—	—
	工具材料费	0.96	1.44	1.74	2.21	2.44	2.54	2.75	2.79	2.66	2.64
	修理维护费	0.65	0.72	0.56	0.90	1.00	1.37	1.53	1.53	1.45	1.54
	其他直接费用	—	—	—	—	1.40	—	—	—	—	—
	直接费用合计	226.96	233.29	302.08	426.49	478.28	501.63	460.34	386.80	384.61	438.11
间接费用	固定资产折旧	2.59	2.56	2.88	3.37	3.52	3.58	3.67	4.22	4.01	3.99
	保险费	—	—	—	—	—	—	—	—	—	—
	管理费	—	—	—	—	—	—	—	—	—	—
	财务费	—	—	—	—	—	—	—	—	—	—
	销售费	0.05	—	—	—	—	—	—	—	—	—
	间接费用合计	2.64	2.56	2.88	3.37	3.52	3.58	3.67	4.22	4.01	3.99
物质与服务费用合计		229.6	235.85	304.96	429.86	481.8	505.21	464.01	391.02	388.62	442.1

数据来源：《全国农产品成本收益资料汇编》。

由于直接费用占比较大，各年平均比重为99.08%。间接费用占比最高不到2%。所以下文着重对构成直接费用的各类项目进行详细分析。

直接费用共分为12个构成项目。从各项目占比情况来看，把2008—2019年构成直接费用的12个项目的各年比重通过汇总、计算和整理，可得到图4-4。

首先，占比最大的项目为仔畜费，十年的比重平均值为 61.43％。其次为与饲料费用相关的 3 个项目，占比合计达到 34.82％。而其余的 8 个项目占比合计为 3.75％。

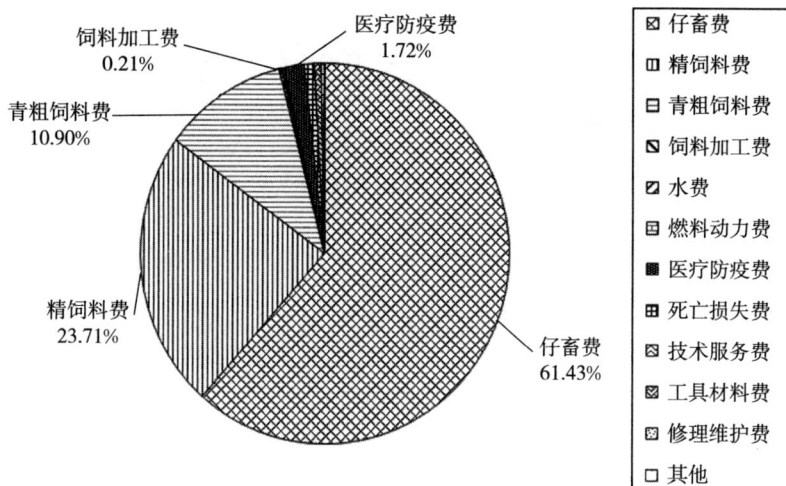

图 4-4 2008—2017 年河北省散养肉羊直接费用构成比重

从各项目波动情况来看，首先，仔畜费变动趋势与直接费用、物质服务费用的变动趋势最为接近，均为先上涨后下降再小幅上升。仔畜费 2008—2013 年，总体上涨额为 208.59 元/头，增长 1.58 倍，年均增长额 41.72 元/头，平均每年增长 11.03 个百分比；之后下降至 2016 年的 210.85 元/头，2017 年又上升至 267.46 元/头。其次，与饲料有关的费用，近十年来 3 个项目合计变动趋势为上升趋势并且趋于稳定，2008—2012 年前四年增长幅度较大，由 87.72 元/头上涨至 141.27 元/头，平均每年提高接近 13％；但 2012—2017 年最近六年来趋于稳定，平均水平为 148.07 元/头，在 140～155 元/头区间存在小幅连续上涨趋势。最后，其余 8 个占比较小的项目，总体趋势虽有较大波动，由于数值较小并且 8 个项目的合计数占比不足 4％，所以其变动对直接费用影响作用力度较小。

（三）人工成本变动及结构分析

河北省肉羊的养殖多以农户家庭为基础，雇用费用较少并且近十年来等于零，因此人工成本绝大部分来源于家庭用工折价。如表 4-4 和图 4-5 所示，数值上家庭用工折价等于人工成本。

一方面，家庭用工天数趋于稳定态势，2008—2017 年平均水平达到 5.56 日/头。另一方面，劳动日工价呈现逐年上涨后趋于平稳的趋势。十年来总体增长额为 61.5 元/日，上涨 2.85 倍，平均年增长额达到 6.83 元/日，平均每年增长 16.77 个百分点；2014 年后逐渐呈现平稳态势。可以看出，影响人工成本的主要因素为劳动日工价，前期由于劳动日工价的快速上涨，影响着人工成本的快速上涨。而后期劳动日工价呈现稳定趋势，使得最近 4 年人工成本变动不大。

表 4-4 2008—2017 年河北省散养肉羊人工成本构成

	项目	2008	2009	2010	2011	2012	2013	2014	2015	2016	2017
家庭用工折价	家庭用工天数（日/头）	6.48	5.81	5.51	5.48	5.46	5.57	5.64	5.29	5.19	5.20
	劳动日工价（元/日）	21.60	24.80	31.30	40.00	56.00	68.00	74.40	78.00	81.40	83.10
	家庭用工折价（元/头）	139.97	143.99	172.53	219.00	305.48	378.90	419.47	412.62	422.30	431.70
雇工成本合计（元/头）		—	—	—	—	—	—	—	—	—	—
人工成本合计（元/头）		139.97	143.99	172.53	219	305.48	378.9	419.47	412.62	422.3	431.70

数据来源：《全国农产品成本收益资料汇编》。

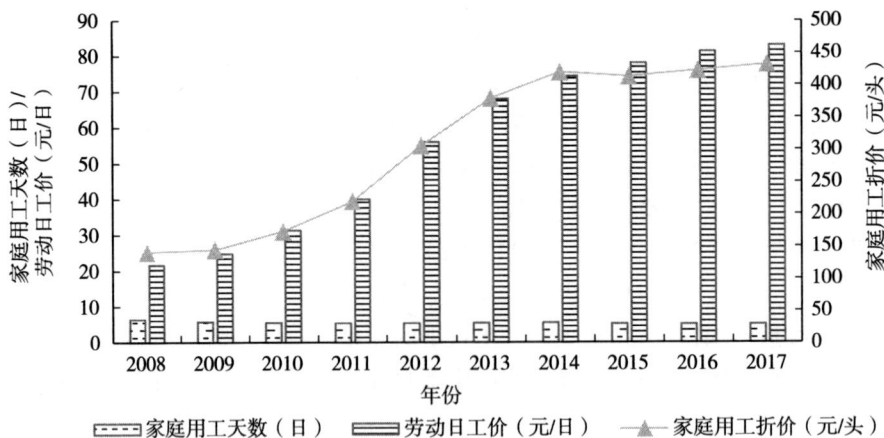

图 4-5 2008—2017 年河北省散养肉羊家庭用工折价

二、河北省肉羊养殖收益情况

养殖利润是表示养殖收益程度的关键指标，养殖收入是养殖利润的重要来源。因此，有关于河北省肉羊养殖收益问题研究，分别从养殖收入与养殖利润两个部分去分析。一方面，有关肉羊养殖收入，为养殖过程中的全部收入，一是运用多种途径销售主产品如羊肉，二是除去主产品之外的其他副产品产生的销售收入，因此，通过产值指标作为反映养殖收入的主要指标。另一方面，肉羊养殖净利润，等于在养殖收入基础上扣除所耗费的全部总成本。即养殖净利润等于养殖总产值减去养殖总成本。

（一）总产值变动及结构分析

如表4-5所示，分析河北省肉羊平均每头总产值及其构成情况。一方面，从总体波动情况上看。十年来总产值波动较大，呈现先上升后下降趋势，到2017年产值又有了较大幅度的提高。首先，从2008年523.28元/头增长到2013年的970.99元/头，六年内总体增长额447.71元/头，增长0.86倍，年均增长额达到89.54元/头，平均每年提高14.06个百分点。然后，下降到2016年的640.57元/头，较2013年相比总体下降了330.42元/头，每年平均下降110.14元/头，平均每年下降12.3%。到了2017年出现较大幅度上涨，达到947.13元/头，较2016年相比，一年内增长306.56元/头，增长率为47.86%。

表4-5 2008—2017年河北省散养肉羊总产值及构成

年份	产值合计（元/头）	主产品产值（元/头）	主产品产量（千克/头）	主产品产值占比（%）	副产品产值（元/头）	副产品产值占比（%）	平均出售价（元/50千克）
2008	523.28	511.21	35	97.69	12.07	2.31	730.3
2009	511.89	499.67	35.71	97.61	12.22	2.39	699.62
2010	626.47	615.98	37.23	98.33	10.49	1.67	827.26
2011	868.27	857.87	38.62	98.80	10.4	1.20	1 110.66
2012	921.61	911.06	39.24	98.86	10.55	1.14	1 160.88
2013	970.99	957.35	40.72	98.60	13.64	1.40	1 175.53
2014	874.22	862.06	41.36	98.61	12.16	1.39	1 042.14
2015	645.47	632.02	42.84	97.92	13.45	2.08	737.65
2016	640.57	629.31	42.64	98.24	11.26	1.76	737.93
2017	947.13	933.47	42.47	98.56	13.66	1.44	1 098.98

数据来源：《全国农产品成本收益资料汇编》。

另一方面，从总产值构成情况看。一是主产品产值，二是副产品产值。肉羊的主产品产值是养殖户销售的主产品的销售收入，一般主要包括销售羊肉的收入。相对来说，副产品产值指的是销售其他部分所得收入，如羊奶、羊毛、羊绒等其他副产品取得的销售收入。

从二者的变动趋势上分析，一方面，河北省肉羊平均每头主产品产值变动趋势与总产值变动趋势大致相同。先出现增长趋势，到2013年后明显减少，2017年又出现快速增长。由511.21元/头上涨至2013年957.35元/头，六年来总体上涨 446.14 元/头，平均增长额达到 89.23 元/头，平均每年提高 14.31％；之后下降到 2016 年 629.31 元/头，总体下降 328.04 元/头，平均每年减少 12.36％；2017 年出现快速增长，上涨到 933.47 元/头，相对于 2016 年增长了 48.33％。另一方面，副产品产值的变动趋势虽然有波动，但近十年内基本维持在 10～14 元/头区间内波动，平均水平为 11.99 元/头。

从二者所占比重上分析，河北省肉羊多年来呈现"肉为主、毛为辅"的产值结构。关于主产品产值占总产值的比重分析，虽有波动，但在 2008—2017 年期间都维持在 97％以上，最高达到了 98.86％，十年占比平均值为 98.32％。关于副产品产值占比分析，十年内最高占比为 2009 年 2.39％，最高占比不足 2.5％，平均水平为 1.68％。根据占比分析可以看出，主产品产值占比较大，显示出河北省肉羊产值占比是以"肉为主、毛为辅"的结构。

河北省肉羊主产品产值（元/头）等于主产品产量（千克/头）除以 50 再与平均出售价（元/50 千克）的乘积，如图 4-6 所示。一方面，在 2008—2017 年期间，平均出售价格的变动趋势与主产品产值增长趋势大致相同。首先，平均出售价格虽然在 2009 年有少许回落，但总体来看仍是上涨趋势，由 2008 年 730.3 元/50 千克上涨至 2013 年的 1 175.53 元/50 千克，六年内总共上涨 445.23 元/50 千克，增长 0.61 倍，年均增长金额为 89.05 元/50 千克，平均每年增长 10.82 个百分点；之后下降至 2016 年的 737.93 元/50 千克，共下降了 437.6 元/50 千克，平均年下降金额达到 145.87 元/50 千克，平均每年降低 13.51％；但是到了 2017 年又出现快速上升，平均出售价格从 2016 年 737.93 元/50 千克上升至 2017 年 1 098.98 元/50 千克，一年内上涨 361.05 元/

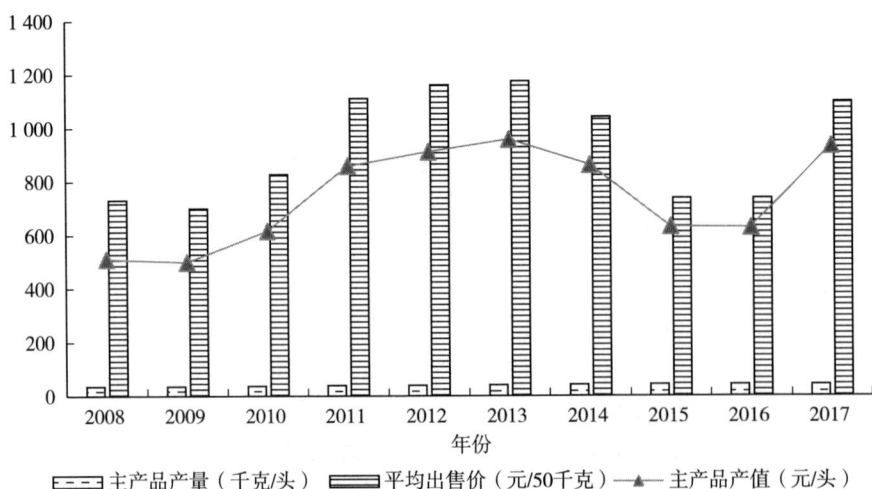

图 4-6　2008—2017 年河北省散养肉羊主产品产值

50 千克，增长了将近 0.5 倍。另一方面，主产品产量呈现上升但是波动较小的稳定趋势，平均水平为 39.58 千克/头，近十年来在 35～45 千克/头区间内稳定小幅增长。通过上述分析可以看出，2008—2014 年之间，主产品产值起伏较大，甚至出现负增长趋势。2015 年增长率为负（－26.68％），而增长率最高在 2017 年为 48.33％。这种情况的出现，主要由于平均出售价格波动影响了主产品产值。

（二）利润变动分析

从净利润与成本利润率两个方面分析，其中净利润反映出肉羊养殖投入成本后的净收益；成本利润率等于净利润所占总成本的比率，反映出肉羊养殖生产收益的盈利效果。详见表 4－6 与图 4－7 所示。

表 4－6　2008—2017 年河北省散养肉羊利润变动情况

单位：元/头

年份	产值合计	总成本	净利润	成本利润率（％）
2008	523.28	369.57	153.71	41.59
2009	511.89	379.84	132.05	34.76
2010	626.47	477.49	148.98	31.20
2011	868.27	648.86	219.41	33.81
2012	921.61	787.28	134.33	17.06
2013	970.99	884.11	86.88	9.83
2014	874.22	883.48	－9.26	－1.05
2015	645.47	803.64	－158.17	－19.68
2016	640.57	810.92	－170.35	－21.01
2017	947.13	873.8	73.33	8.39

数据来源：《全国农产品成本收益资料汇编》。

从净利润角度分析，2008—2017 年净利润波动较大。首先，在 2008—2011 年期间，在 2009 年稍有下降，但总体呈现上升趋势。四年期间总体上涨 65.7 元/头，平均年增长金额 21.90 元/头，平均每年提高 15.33％。其次，从 2011 年开始，净利润开始下降，甚至为负。2014 年、2015 年与 2016 年分别为－9.26 元/头、－158.17 元/头与－170.35 元/头。2011—2016 年期间，净利润下降 1.78 倍。尤其是 2014 年相比 2013 年减少了 148.91 元/头，下降了 16.08 倍。最后，2017 年净利润又出现较大幅度上涨，上升至 73.33 元/头，相较于 2016 年，一年内上涨 243.68 元/头，增长了 1.43 倍。

从成本利润率角度分析，在 2008—2016 年期间，除 2011 年略有上升外，九年间总体为下降趋势。从 41.59％下降到－21.01％，下降了 1.51 倍，其中连续三年的成本利润率为负值，2014 年、2015 年与 2016 年分别为−1.05％、−19.68％与−21.01％。到 2017 年，成本利润率又上涨到 8.39％，不仅回归正水平，而且相比于 2016 年增长了 29.4％。

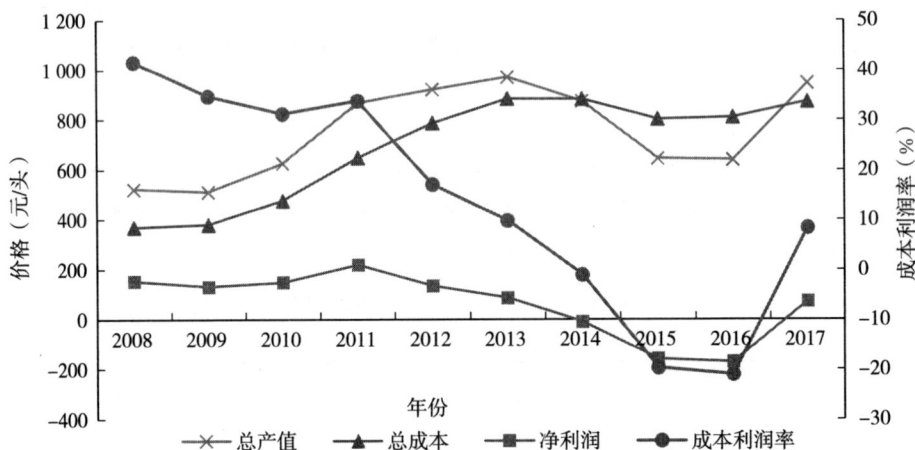

图 4-7　2008—2017 年河北省散养肉羊利润变动情况

以上分析表明，在 2008—2012 年期间总产值大于总成本，所以净利润为正，但是出现了总产值增速小于总成本增速，总产值逐渐下降，甚至 2014 年出现总产值连续三年跌落在总成本水平之下，主要受到小反刍疫病及市场行情的影响，平均利润为负。说明了，由于总成本居高不下，而总产值剧烈波动，使得净利润与成本利润率出现较大波动。

三、河北省肉羊养殖成本收益与全国水平比较分析

（一）河北省肉羊养殖成本与全国水平比较分析

在 2008—2017 年期间，河北省肉羊总成本同全国最高水平、全国平均水平相比，处于优势地位，详见表 4-7。一方面，与全国平均水平相比。总成本十年稳定且处于最低水平。2008—2017 年优势差距平均值为 180.92 元/头，其中 2016 年优势最显著，达到 206.11 元/头。从优势差距发展的趋势看，优势先是增加后保持稳定的趋势，近 5 年总体优势一直保持在 200 元/头左右。从图 4-8 中也可以看出，河北省与全国最低水平两条折线完全重合。

另一方面，与全国最高水平相比。河北省肉羊养殖总成本水平也具有优势。总成本全国最高的省份主要集中在新疆、山东与陕西，新疆占了 7 次，山东省与陕西省分别占了 2 次与 1 次。

表4-7　2008—2017年河北省散养肉羊总成本与全国水平比较

单位：元/头

年份	河北省	全国平均	全国最低	全国最高
2008	369.57	523.5	369.57（河北）	904.46（陕西）
2009	379.84	520.18	379.84（河北）	666.46（新疆）
2010	477.49	639.67	477.49（河北）	825.98（新疆）
2011	648.86	814.52	648.86（河北）	1 065.90（新疆）
2012	787.28	980.46	787.28（河北）	1 383.94（新疆）
2013	884.11	1 078.06	884.11（河北）	1 420.68（新疆）
2014	883.48	1 084.81	883.48（河北）	1 259.74（新疆）
2015	803.64	1 002.11	803.64（河北）	1 109.33（山东）
2016	810.92	1 017.03	810.92（河北）	1 154.78（新疆）
2017	873.80	1 067.85	873.80（河北）	1 211.98（山东）

数据来源：《全国农产品成本收益资料汇编》。

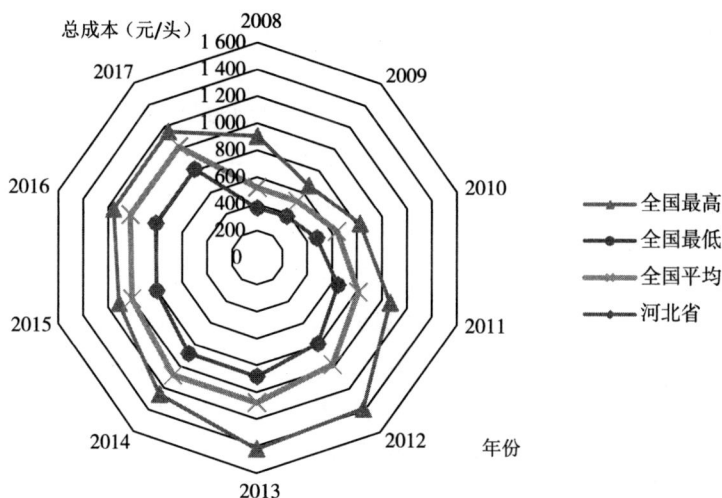

图4-8　2008—2017年河北省散养肉羊总成本与全国比较

以上可以分析得到，在2008—2017年期间，肉羊养殖的总成本与全国水平相比处于优势地位，由前文分析可得到，在无须承担土地费用的情况下，总成本等于生产成本。其次，构成生产成本各项目中，数值最大、占比最高的前三项再进一步分析，详见表4-8。

**表 4 - 8 2008—2017 年河北省散养肉羊生产成本
主要构成项目与全国平均水平比较**

单位：%

年份	2008	2009	2010	2011	2012	2013	2014	2015	2016	2017
人工成本	−16.05	−7.82	−12.10	−6.56	−6.28	−1.18	3.29	−2.30	−4.12	−3.75
仔畜费	−34.41	−38.50	−23.11	−20.19	−20.18	−22.98	−29.76	−36.06	−38.96	−30.68
饲料费	−34.60	−27.58	−39.58	−34.12	−36.20	−34.28	−34.89	−27.57	−23.40	−25.41

数据来源：《全国农产品成本收益资料汇编》。

运用相对成本变动幅度计算相对差距率。即相对差距率等于河北省肉羊养殖中某项目成本与该项目成本对应的全国平均水平之间的差额，占该项目对应的全国平均水平的百分比。若相对差距率大于 0，为正数，代表了该项目成本大于全国平均水平；若相对差距率小于 0，为负数，代表了该项目成本小于全国平均水平。例如 2017 年的饲料费相对差距率等于−25.41%。先用 2017 年河北省饲料费 150.95 元/头，减去当年饲料费全国平均水平 202.38 元/头，得到差额为−51.43 元/头，差距占全国水平的比例约等于−25.41%。代表了 2017 年饲料费用与全国平均水平相比所占优势程度。

可以看出，仔畜费与饲料费与全国平均水平相比，优势较为明显；人工成本有优势，但优势程度相对较弱。首先，河北省仔畜费连续近十年来低于全国平均水平，平均相对差距率为−29.48%，其中优势最明显的是 2016 年，相对差距率为−38.96%，优势最少的一年也达到了−20.18%。其次，饲料费也连续十年均低于全国平均水平，平均相对差距率为−31.76%，其中优势最明显的是 2010 年，相对差距率为−39.58%，优势最少的一年为 2016 年的−23.40%。最后，人工成本具有一定程度上的优势，但是优势程度没有前两者大，在 2008—2014 年间，优势差异在逐渐减弱，相对差距率由 2008 年的−16.05%变为 2014 年的 3.29%，在 2014 年人工成本水平大于全国平均水平。河北省肉羊养殖的人工成本与全国水平相比，优势水平不太明显，主要原因是华北地区劳动力价格偏高，就业范围和机会广，加大了人工成本控制难度。总之，河北省生产成本还是具有一定程度的优势，应继续保持和发挥具有优势地位的成本项目。

（二）河北省肉羊养殖收益与全国水平比较分析

由于收益的重要指标是总产值，影响总产值的主要因素是主产品平均出售价格与主产品产量，所以对于河北省肉羊养殖收益与全国比较，采用总产值指标进行分析。详见表 4-8 与图 4-9 总产值与全国水平的比较。总产值的进一步分析，主产品平均出售价格与产量的分析，详见表 4-10。

表 4-9　2008—2017 年河北省散养肉羊总产值与全国比较

单位：元/头

年份	河北	全国最低	全国平均	全国最高
2008	523.28	515.94（山东）	660.17	974.45（陕西）
2009	511.89	511.89（河北）	632.68	832.32（新疆）
2010	626.47	626.47（河北）	775.41	937.91（新疆）
2011	868.27	866.57（山东）	994.7	1 155.25（新疆）
2012	921.61	915.18（山东）	1 178.3	1 464.36（宁夏）
2013	970.99	970.99（河北）	1 245.57	1 466.34（陕西）
2014	874.22	874.22（河北）	1 123.72	1 414.33（陕西）
2015	645.47	645.47（河北）	936.08	1 215.36（新疆）
2016	640.57	640.57（河北）	949.07	1 234.67（陕西）
2017	947.13	947.13（河北）	1 102.2	1 265.81（新疆）

数据来源：《全国农产品成本收益资料汇编》。

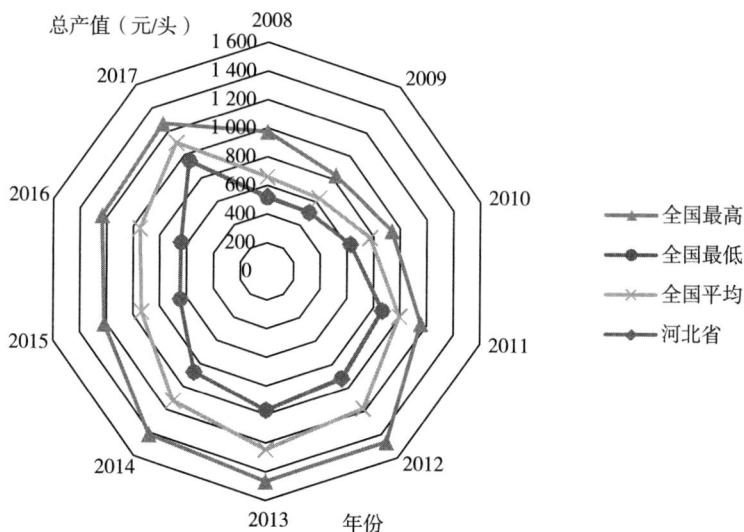

图 4-9　2008—2017 年河北省散养肉羊总产值与全国比较

通过河北省肉羊总产值与全国最低水平的比较，可以看出，最低水平的省份主要集中在河北省与山东省，在十年期间，河北省共 7 次排名最低，自从 2013 年开始连续五年，河北省总产值为全国最低水平。虽然在 2008 年、2011 年与 2012 年总产值不是全国最低水平，但是从表 4-10 可以看出，绝对数值高出的水平略小，这三年仅高出全国最低水平 7.34 元/头、1.7 元/头和 6.43

元/头。从图 4 - 9 中也可以看出，雷达图表示一共四条折线，但是由于河北省总产值水平有 7 年是全国最低水平，剩余 3 年高出全国最低水平微小，所以全国最低水平与河北省的总产值的两条折线，在图上所显示的效果是基本重合的。

表 4 - 10　2008—2017 年河北省散养肉羊主产品产量与
平均出售价格与全国水平比较

年份	主产品产量（千克/头）		平均出售价格（元/50 千克）	
	河北省	全国平均	河北省	全国平均
2008	35	39.8	730.3	795.52
2009	35.71	40.4	699.62	748.58
2010	37.23	41.39	827.26	903.71
2011	38.62	41.72	1 110.66	1 159.72
2012	39.24	42.88	1 160.88	1 340.01
2013	40.72	42.96	1 175.53	1 413.56
2014	41.36	42.43	1 042.14	1 287.17
2015	42.84	43.24	737.65	1 047.7
2016	42.64	43.05	737.93	1 069.06
2017	42.47	43.55	1 098.98	1 232.61

数据来源：《全国农产品成本收益资料汇编》。

河北省肉羊总产值较全国最高水平和平均水平相比不占优势。我国肉羊养殖总产值占优势省份为中西部地区，主要有新疆、宁夏、陕西三省为代表，在 2008—2017 年期间，总产值排名第一的省份，新疆占 5 次，陕西占 4 次，宁夏占 1 次。十年期间，河北省较全国最高水平差距较大，平均差距达到 443.09 元/头。尤其是 2016 年差距非常显著，比全国最高水平低 594.1 元/头，在 2011 年差距最小为 286.98 元/头。

从上述两个方面分析可以看出，河北省肉羊养殖总产值较低，肉羊总产值较全国最高水平和平均水平相比不占优势。与新疆、宁夏、陕西等优势省份相比，在总产值方面处于相对劣势地位。

对于总产值的比较进一步分析，不论是主产品产量还是平均出售价格，河北省均低于全国平均水平，处于相对劣势。如表 4 - 10 所示，一方面，从主产品产量上分析，河北省与全国平均水平相比，差距的平均值为 2.56 千克/头。其中差距最大年份为 2010 年的 4.69 千克/头，在 2015 年差距仅仅为 0.4 千克/头，可见主产品产量虽有差距，但是差距较小，且主产品产量差距在明显缩小，从 24.8 千克/头缩小至 1.08 千克/头，平均每年缩小差距 0.41 千克/头，共缩小了 0.78 倍。另一方面，从平均出售价格分析，在 2008—2016 年低于全国平均水平，且差距不断增大。

从这两方面的分析可以了解到，总产值与全国最高水平、全国最低水平差距较大的主要原因，是由于平均出售价格的差距在加大。相比来说，主产品产量与全国平均水平差距较小，并且差距在逐年缩小，主要原因是近年来河北省不断引进优良品种，提高良种繁育能力，减少了体质下降、品种混杂等不良情况。

第三节 河北省肉羊养殖收益影响因素实证分析

一、影响因素分析模型

（一）多元线性回归模型定义

回归模型分析的主要目的，在于研究一个变量（被解释变量）受其他多个方面变量（解释变量）的影响程度。设定一个变量或者设定一些变量。若设定一个解释变量，则为一元线性回归分析。在计量经济学中，多元线性回归分析是一元线性回归分析深化，它研究一些解释变量和被解释变量之间的线性关系。本章旨在运用多元线性回归模型，构建多元线性回归模型更深入地找出相关影响因素及其影响程度。通过实证研究得出相关结论，有针对性地寻找提高河北省肉羊养殖业收益的有效途径。

在计量经济学中，假设影响被解释变量（Y）的解释变量个数为 i（$i=1$，2，3，…，n），并且记为 X_1，X_2，X_3，…，X_i。则被解释变量（Y）与解释变量（X_1，X_2，X_3，…，X_i）多元回归模型可以表示为：

$$Y=\beta_0+\beta_1X_1+\beta_2X_2+\beta_3X_3+\cdots+\beta_iX_i+\delta \qquad （式 5-1）$$

为了回归表示的简便性，多元回归的矩阵形式为 $Y=\beta X+\delta$，即：

$$Y=\begin{Bmatrix} y_1 \\ y_2 \\ \vdots \\ y_n \end{Bmatrix},\ X=\begin{Bmatrix} 1, & x_{11}, & x_{12}, & \cdots, & x_{1i} \\ 1, & x_{21}, & x_{22}, & \cdots, & x_{2i} \\ \vdots & \cdots & \cdots & \cdots & \vdots \\ 1, & x_{n1}, & x_{n2}, & \cdots, & x_{ni} \end{Bmatrix},\ \beta=\begin{Bmatrix} \beta_1 \\ \beta_2 \\ \vdots \\ \beta_i \end{Bmatrix},\ \delta=\begin{Bmatrix} \delta_1 \\ \delta_2 \\ \vdots \\ \delta_i \end{Bmatrix}$$

其中 δ_i 是随机误差项，β_i（$i=1$，2，…，n）为参数模型。

（二）多元线性回归模型的基本假设

对随机误差项（δ_i）与解释变量（X_1，X_2，X_3，…，X_i）做一些假定。目的是为了寻找更有效、更合理的参数估计方式，以及对模型进行统计检验。基本假定有：

假设一：随机误差项（δ_i）的期望为零，即 E（δ_i）$=0$。

假设二：不同的随机误差项彼此独立。

假设三：随机误差项的方差与 k 不相关，且为常数。

假设四：随机误差项（δ_i）与解释变量（X_1，X_2，X_3，…，X_i）不相关。

假设五：随机误差项（δ_i）为服从正态分布。

假设六：解释变量（X_1，X_2，X_3，…，X_i）之间不存在多重共线性。

（三）多元线性回归模型的检验

模型的检验，包括回归模型的理论检验（即经济意义检验）、统计准则检验、计量经济学准则检验。理论检验（经济意义检验）就是依据经济理论来判断估计参数的正负号是否合理、大小是否适当。经济意义检验是第一位的，如果通过了经济意义的检验，则进行下一步的统计准则检验。统计准则检验就是根据统计学理论，确定参数估计值的统计可靠性。统计准则检验主要包括：回归方程标准差的评价、拟合优度检验（R^2 检验）、回归模型的总体显著性检验（F 检验）、回归系数的显著性检验（t 检验）。

（四）变量设定

为了更全面研究河北省肉羊成本收益各个因素的影响程度，依据前文对于河北省肉羊成本收益的分析，有针对性地选取了被解释变量与多个解释变量。反映成本收益情况的关键指标是净利润，因此，将肉羊养殖净利润作为被解释变量（Y）。从实际角度分析，影响净利润的因素众多，依据前文分析可以看出，肉羊养殖净利润等于总产值扣除总成本。所以可以从两方面去考虑。一方面，从总成本构成比重角度分析，在 2008—2017 年期间，占总成本各年平均比重前三项的依次是人工成本占比 42.76%，仔畜费占比 34.97%，与饲料有关的饲料费占比达到 19.66%，剩余其他 11 个小项目总比重为 2.61%。所以选取占比较大的前三个项目作为解释变量。另一方面，从总产值影响因素分析，其中主产品产值十年占比平均值为 98.32%，副产品产值较小。而主产品产值等于主产品产量与平均出售价格的乘积。所以选取这两个项目作为解释变量。

依据前文对河北省肉羊养殖成本收益的分析，最终选择五个项目作为变量设定。分别是仔畜费（X_1）、饲料费（X_2）、人工成本（X_3）、平均出售价格（X_4）与主产品产量（X_5）。其中饲料费指的是，与饲料相关的饲料加工费、青粗饲料费和精饲料费，是三个成本项目的合计数。

二、数据来源及处理方法

（一）数据来源

变量数据来源分别为：仔畜费（X_1）、饲料费（X_2）、人工成本（X_3）、平均出售价格（X_4）与主产品产量（X_5）与净利润（Y）。详见表 4 - 11。

表 4 - 11 河北省散养肉羊净利润及其主要影响因素

年份	净利润 (Y) （元/头）	仔畜费 (X_1) （元/头）	饲料费 (X_2) （元/头）	人工成本 (X_3) （元/头）	平均出售 价格（X_4） （元/50 千克）	主产品 产量（X_5） （千克/头）
2008	153.71	131.67	87.72	139.97	730.3	35
2009	132.05	126.06	98.98	143.99	699.62	35.71
2010	148.98	192.15	101.09	172.53	827.26	37.23
2011	219.41	285.8	128.15	219	1 110.66	38.62
2012	134.33	320.51	141.27	305.48	1 160.88	39.24
2013	86.88	340.26	145.65	378.9	1 175.53	40.72
2014	−9.26	295.83	147.77	419.47	1 042.14	41.36
2015	−158.17	219.22	149.44	412.62	737.65	42.84
2016	−170.35	210.85	153.35	422.3	737.93	42.64
2017	73.33	267.46	150.95	431.70	1 098.98	42.47

数据来源：《全国农产品成本收益资料汇编》。

对于上述选取净利润及 5 个主要影响因素的描述性统计。详见表 4 - 12。

表 4 - 12 描述性统计

年份	净利润 (Y) （元/头）	仔畜费 (X_1) （元/头）	饲料费 (X_2) （元/头）	人工成本 (X_3) （元/头）	平均出售 价格（X_4） （元/50 千克）	主产品 产量（X_5） （千克/头）
平均值	61.09	238.98	130.44	304.60	932.10	39.58
中值	109.47	243.34	143.46	342.19	934.70	39.98
最大值	219.41	340.26	153.35	431.70	1 175.53	42.84
最小值	−170.35	126.06	87.72	139.97	699.62	35.00
标准差	132.99	75.12	25.03	123.86	201.31	2.89
N	10	10	10	10	10	10

（二）处理方法

从被解释变量与各解释变量的单位可以看出，净利润、仔畜费、饲料费、人工成本的单位都为（元/头）。而平均出售价格单位为（元/50 千克），代表每 50 千克产品畜（活重）的平均出售价格；主产品产量单位为（千克/头），代表肉羊的主产品产量按肉羊活重计算的千克数。当原始数据不同维度上的特征尺度（单位）不一致时，需要进行数据的标准化处理。本章采用标准化的方法为：原始数据减去均值后，再除以标准差。经过标准化处理之后，原始数据中各指标处于同一数量级。标准化处理结果如表 4-13 所示。

表 4-13　数据标准化处理

年份	Y	X_1	X_2	X_3	X_4	X_5
2008	0.734 1	−1.505 9	−1.799 2	−1.401 1	−1.056 7	−1.669 9
2009	0.562 4	−1.584 6	−1.324 9	−1.366 9	−1.217 3	−1.411 2
2010	0.696 6	−0.657 2	−1.236 1	−1.124 0	−0.548 9	−0.857 3
2011	1.254 9	0.657 0	−0.096 3	−0.728 5	0.935 0	−0.350 9
2012	0.580 5	1.144 1	0.456 3	0.007 5	1.198 0	−0.125 0
2013	0.204 4	1.421 2	0.640 8	0.632 4	1.274 7	0.414 3
2014	−0.557 6	0.797 8	0.730 1	0.977 7	0.576 2	0.647 5
2015	−1.737 9	−0.277 3	0.800 4	0.919 4	−1.018 2	1.186 7
2016	−1.834 5	−0.394 8	0.965 1	1.001 7	−1.016 7	1.113 9
2017	0.097 0	0.399 6	0.864 0	1.081 7	0.873 9	1.519

三、模型估计结果

(一) 模型建立

基于前文模型定义中，依据选取的五个解释变量分别为仔畜费 (X_1)、饲料费 (X_2)、人工成本 (X_3)、平均出售价格 (X_4) 与主产品产量 (X_5) 与净利润 (Y)。数据进行标准化后，建立如下模型：

净利润 (Y) $=F$ {仔畜费 (X_1)、饲料费 (X_2)、人工成本 (X_3)、平均出售价格 (X_4)、主产品产量 (X_5)}

也可以表示为：

$$Y=\beta_0+\beta_1 X_1+\beta_2 X_2+\beta_3 X_3+\beta_4 X_4+\beta_5 X_5+\delta \quad （式 5-2）$$

其中，β_0 是回归方程的常数项；β_i 为敏感系数（$i=1, 2, 3, 4, 5$），表示当只有一个解释变量发生变化且其他解释变量保持不变时，受一个变量变化影响的净利润 (Y) 的平均变动；δ 表示随机误差，服从正态分布。

(二) 模型检验

样本观测值 Y_i 与估计值的残差反映了样本观测值与回归直线之间的偏离程度。而最小二乘法的原理就是让拟合的直线使得残差平方和达到最小，由此为准则确定 X 与 Y 之间的线性关系。这就是普通最小二乘法（Ordinary Least Square，OLS）。采用多元线性回归模型中的最小二乘法，使用 Eviews8.0 软件引入全部变量。多元线性回归模型 OLS 估计的回归结果见表 4-14。

表 4-14　模型回归结果

Variable	Coefficient	Std. Error	t-Statistic	Prob.
C	$-7.13E-11$	0.014 719	$-4.84E-09$	1.000 0
X_1	$-0.675 434$	0.066 322	$-10.184 17$	0.000 5
X_2	$-0.317 158$	0.087 497	$-3.624 794$	0.022 3
X_3	$-0.740 836$	0.068 184	$-10.865 23$	0.000 4
X_4	1.314 331	0.051 73	25.407 41	0.000 0
X_5	0.279 995	0.084 624	3.308 681	0.029 7
R-squared	0.999 133	Mean dependent var		$-6.94E-18$
Adjusted R-squared	0.998 05	S. D. dependent var		1.054 093
S. E. of regression	0.046 545	Akaike info criterion		$-3.013 103$
Sum squared resid	0.008 666	Schwarz criterion		$-2.831 552$
Log likelihood	21.065 52	Hannan-Quinn criter.		$-3.212 264$
F-statistic	922.391 3	Durbin-Watson stat		2.897 158
Prob (F-statistic)	0.000 003			

1. R^2检验-拟合优度检验

根据回归结果可以看出，拟合优度 R^2（R-squared）值为 0.999 133，调整后的 R^2（Adjusted R-squared）值为 0.998 05。说明该模型的拟合优度为 99.81%，数值较高，大于 0.8。该回归方程能够解释的变量部分越多，拟合优度越高，回归效果越明显。

2. F 检验-总体显著性检验

该模型回归结果中可以看出，F 统计量的相伴概率 p，即为 Prob（F-statistic）表示的值为 0.000 003。表示方程总体变量之间线性关系显著。

3. t 检验-回归系数显著性检验

从 Eviews8.0 软件输出的结果中看出，仔畜费（X_1）、饲料费（X_2）、人工成本（X_3）、平均出售价格（X_4）、主产品产量（X_5）这五个变量对应的 t 检验的概率分别为 0.000 5，0.022 3，0.000 4，0.000 0 和 0.029 7。检验概率都小于显著性水平 $\alpha=0.05$。表明这五个变量均通过了 t 检验，模型效果较理想。

（三）模型结果分析

通过上述检验分析可以看到，所有变量都通过了显著性检验，方程的显著性水平效果也较好，所以该模型通过了统计检验，可以从表 4-14 中得出回归方程：

$$Y=(-7.13\mathrm{E}-11)-0.675\,4X_1-0.317\,2X_2-$$
$$0.740\,8X_3+1.314\,3X_4+0.28X_5 \qquad (式\,5-3)$$

从回归模型分析结果来看，系数绝对数值代表了影响被解释变量净利润（Y）程度大小。对净利润（Y）影响程度由大到小依次为：平均出售价格（X_4）＞人工成本（X_3）＞仔畜费（X_1）＞饲料费（X_2）＞主产品产量（X_5）。

平均出售价格（X_4）对肉羊养殖净利润（Y）影响程度为 0.000 0 极其显著水平，平均出售价格系数为 1.314 3。这表明在其他解释变量不变的情况下，如果平均出售价格增加一个单位，净利润会增加 1.314 3 个单位。

人工成本（X_3）对于净利润（Y）影响程度，达到了 0.000 4 极显著的统计显著性水平，人工成本其系数为－0.740 8。这表明在其他解释变量不变的情况下，如果人工成本减少一个单位，净利润会升高 0.740 8 个单位。

仔畜费（X_1）对于净利润（Y）的影响也达到了 0.000 5 极显著水平，其系数为－0.675 4，反映出若仔畜费投入每增加一个单位，净利润会下降 0.675 4 个单位。

饲料费（X_2）显著性水平为 0.022 3，达到了比较显著水平，系数水平为－0.317 2，反映出饲料费降低一单位，净利润将会增加 0.317 2 个单位。

主产品产量（X_5）显著性水平为 0.029 7，系数为 0.28。反映出在其他解释变量不变的情况下，主产品产量提高一个单位，肉羊净利润将会提高 0.28 个单位。

四、主要结论

根据实证分析的结果，可以总结出以下相关结论：

首先，根据总成本分析，2008—2014 年河北省肉羊养殖总成本呈现先快速增长，后略有下降，在 2017 年呈现小幅上升的态势。在构成总成本项目中，人工成本占总成本平均比重最大，达到为 42.76%，其次是仔畜费占比 34.97%，最后与饲料有关的饲料费占比达到 19.66%。所以，关于总成本控制方面，要着重注重这三个成本项目对成本控制带来的影响。

根据本章对总产值的分析，河北省肉羊总产值呈现较大的波动。呈现先上升后下降趋势，而 2017 年又有了较大幅度的提高。一方面，主产品产值占比较大，而副产品产值占比较小。主产品产值平均占比达到 98.32%，副产品产值占 1.68%。所以，影响主产品产值的两个重要因素不容忽视。一是平均出售价格，二是主产品产量。另一方面，对于成本利润率与净利润的较大波动，是受到总成本与总产值综合产生影响的结果。

其次，将河北省肉羊养殖成本收益与全国水平进行比较分析。一方面，在总成本方面，河北省肉羊养殖总成本十年稳定处于全国总成本最低水平。其中，仔畜费、饲料费与全国水平相比，优势较为明显；人工成本有一定程度上优势，但优势程度相对较弱。另一方面，在总产值方面，十年内，河北省肉羊养殖的总产值有 7 次为全国最低水平。对于总产值的构成进一步比较分析，不论是主产品产量还是平均出售价格，河北省均低于全国平均水平，处于相对劣势地位。

最后，通过构建多元线性回归模型，得出研究结果，对净利润影响程度由大到小依次为：平均出售价格、人工成本、仔畜费、饲料费、主产品产量。

第四节　提高河北省肉羊养殖成本收益水平的对策建议

一、科学规范化养殖，降低肉羊生产成本

（一）广泛开发饲料资源，节约饲料成本

成本收益分析中，饲料费占总成本各年平均比重较大，为 19.66%；在与全国比较分析中得出，河北省肉羊养殖饲料费优势较为明显；影响程度排序中，饲料费降低一单位，净利润将会增加 0.317 2 个单位。进一步分析，由于受到豆粕价格波动不定的影响，应该因地制宜，整合并充分利用当地拥有的饲草与饲料资源。合理调配饲料，精确日料营养搭配比例、精粗饲料搭配比例以及不同发育阶段饲料搭配方法。通过降低饲料费支出，提高肉羊养殖业收益。有专家提出，采用"低蛋白质粮日料饲养技术"，在保障肉羊生长性能、羊肉品质基础上，能够有效减少豆粕用量，缓解豆粕供应紧张、价格高涨的影响。另外，借鉴一些肉羊养殖业发展较先进的国家，建立专门的羊饲料加工企业。在安全监测与保证饲料质量的基础上，运用大量的农作物副产品、食品工业下脚料，将其氨化、盐化、微贮处理后，转化变为饲料来源。一定程度上实现了资源的循环利用，能够节约饲料费用，增加肉羊养殖收益，

（二）引进优质品种，降低仔畜费成本

依据成本收益分析中的结论，仔畜费占总成本各年平均比重排名第二，占比为 34.97%；与全国比较分析中，河北省肉羊养殖仔畜费优势较为明显；在影响程度分析中，仔畜费投入每增加一个单位，净利润会下降 0.675 4 个单位。对于繁育仔畜的成本控制与肉羊品种密不可分。另外，在肉羊市场激烈的竞争中，羊肉品质是激烈市场竞争中生存的关键，其中影响肉羊质量与品质的关键因素也包括肉羊品种。所以，优化肉羊品种，在优化仔畜费和提升肉羊品质方面起到了重要作用。一是，可以引进优质肉羊品种，利用先进的杂交体系，进行品种优化。二是，维持河北省地方品种优良性。近些年，有些地区盲

目引进外地品种进行杂交，仅仅根据当年架子羊价格定购入量和养殖量，哪一种价格低，就购买和饲养哪一种，没有固定的养殖品种，导致了本地特色羊产品和种羊场逐渐萎缩。所以，引进或杂交的肉羊品种需适合当地自然环境与气候条件，维持河北省地方品种优良性。

（三）探索标准化养殖模式，提高养殖效率

根据成本收益分析结论，人工成本占总成本平均比重为 42.76%，占比最大；在与全国比较分析中，人工成本有优势，但优势程度相对较弱；在影响程度分析中，如果人工成本增加一个单位，净利润会下降 0.740 8 个单位；进一步分析，影响人工成本的主要影响因素为劳动日工价。现实情况中单户农民家庭缺乏专业养殖技术的指导，使得管理水平和生产效益较低，再加上随着工业化、城镇化程度加快，劳动力成本也不断加大。由于饲养肉羊的规模较小，抵御风险成本高压力大，养殖技术大部分凭个人经验，所以，探索肉羊标准化、规范化养殖模式势在必行。

二、保障食品安全，突出地方特色打造品牌，增加肉羊经济效益

（一）塑造品牌优势，强化品牌竞争力

在产量增加的过程中，营造品牌与提升销量、扩展销路密切相关。品牌是一个地区或一个企业综合实力的体现，提升羊肉品牌化对整个肉羊产业发展尤为重要。近年来，河北省羊肉品牌数量逐渐增多，但知名品牌较少，多为初加工产品，品牌附加值低。首先，应加强品牌羊肉自身的食品安全监管，提高品牌羊肉的品质，品牌的品质是传播品牌的有效途径，只有肉的品质有保障，品牌建设基础才牢稳。其次，开发品牌是一个循序渐进的过程，品牌建设需要选择合适的传播方式，利用现代化的手段，销售环节更要注重电子商务、互联网营销与冷链物流技术的结合，建立品牌知名度。最后，在打造和宣传知名度的同时，更要维护品牌。树立良好品牌形象，建立起个性鲜明的品牌文化价值，才能保证品牌长远稳定发展，进一步提高经济效益。

（二）保障食品卫生安全，加强安全检验

研究结果表明，主产品产量增加、扩展销售途径与净利润的提高密不可分。但是在肉羊产量提高、销量提升、净利润增加的同时，不能忽视肉类本身的食品质量安全。首先，在农户养殖过程中，要加强疾病防控，消毒防腐，清洁羊圈卫生，注重羊舍保温等。普及疫病的快速检测方法，相关技术手段的实施需要与生产进一步地结合，更加完善，易于操作，通过广泛应用到生产实践，以防控羊疫病的传播与蔓延。关注食品卫生安全，绿色食品是市场发展方向。另外，超量添加药物饲料添加剂、随意添加违法禁药、违法使用

"瘦肉精"等现象时有发生。政府要加强关于食品质量的监督与检验，充分运用监管手段，促进落实羊肉产品安全主体责任，加强质量检验保障肉类质量安全。

三、政府完善价格监控机制，加大财政资金与政策扶持力度

（一）完善价格监控机制，充分发挥价格预警作用

成本收益分析中，平均出售价格的波动直接影响了产品产值的大小；在与全国比较分析中，总产值与全国水平差距较大的主要原因，是由于平均出售价格的差距在加大；在影响程度分析中，如果平均出售价格增加一个单位，净利润会增加 1.314 3 个单位。虽然平均出售价格存在波动性与不确定因素影响，但是仍有规律可循，肉羊市场也存在淡季与旺季。在肉羊产业里，羊肉市场价格起着重要作用。平均出售价格直接影响了主产品产值大小，与净利润之间挂钩。前文分析中也提到，在 2014—2016 年期间，较低的市场价格使得河北省肉羊市场连续 3 年一直处于低迷亏损状态，养殖户开始减少养殖数量，抛售不养或转行，导致养羊总体数量呈现减少趋势。到了 2018 年，羊肉价格延续了上涨趋势，11 月、12 月的羊肉平均价格达到了近六年同期最高价格。虽然高涨的羊肉价格确实能够调动农户养羊的积极性，但是，由于羊肉消费季节性、市场信息传递差异等因素都会引起价格波动，价格较大幅度的波动往往直接导致净利润波动，甚至下降至负，给养殖户带来利益损害。

一方面，政府应准确把握肉羊市场淡季旺季价格波动趋势，及时完善肉羊价格数据的监控，加强肉羊价格市场动态监控和价格预警系统。加强信息平台建设，通过及时发布市场信息，合理引导养殖户生产行为，形成良好的价格环境，合理规避市场价格波动带来的风险。另一方面，政府应在保护价收购方面保护肉羊产品价格。即由于当前市场价格过低，防止羊肉价格暴跌会严重损害养殖户的收益。通过最低保护价，改善羊肉农产品交换的"剪刀差"，保障养殖户的利益，提高养羊的生产积极性。

（二）加大财政资金扶持力度，提供肉羊养殖技术支持

在肉羊养殖业发展过程中，政府还应加大财政资金扶持力度，提供科学专业养殖技术的支持，在这两方面发挥主导作用。政府应加大肉羊养殖的财政资金扶持力度。由于肉羊养殖户在肉羊养殖过程中投入较多，如外购种羊、外购羊羔、投入饲料费用、羊舍修建等，很多肉羊养殖户在扩大养殖规模、实行标准化过程中存在资金短缺与融资难等问题。政府应对其提供更多的财政支持，可以通过责任招商、政策招商等方式吸纳资金，使肉羊规模化养殖获得更多龙头企业的关注。拓宽融资渠道，努力解决农户资金难的问题，保证资金的合理使用，保障农户有多种筹资途径，获取充足的资金。

此外，为养殖户提供养殖技术支持，提高培训综合力度。相关部门要对养殖户进行实地调查，探寻羊养殖户已经掌握了哪些养殖技能，哪些方面的养殖技能存在短缺，需要提高哪些方面的养殖技能，以及养殖户培训意愿等。在摸底调查的结果上，综合当地肉羊养殖的实际特点，定期举办养殖技术培训。同时，也要通过肉羊养殖技术方面的科技创新。提高肉羊养殖业竞争力，重点支持科技创新，加大品种改良、良种培育与推广、饲料配比技术、疫病防治与预防、繁殖技术等研发力度。接受先进养殖技术是一个循序渐进的过程，引导肉羊养殖者逐渐接受并使用新的养殖技术，真正实现肉羊养殖收益的提升。

第五章　河北省羊产业竞争力分析

第一节　羊产业竞争力分析框架

一、羊产业竞争力分析框架

产业竞争力是比较优势和竞争优势共同作用的结果。比较优势反映一个区域内的要素禀赋程度，是构成产业竞争力的资源条件，处于产业竞争力的最底层，是构成产业竞争力的基本要素。竞争优势是一种策略或博弈行为，它对比较优势中所拥有的基础资源条件进行运用和组合构成产业竞争力，是产业竞争力的实质来源，处于产业竞争力体系的核心部位。竞争的目的是在与竞争对手的博弈过程中取得优势地位，具体表现为比竞争对手占据更大的市场份额，有更强的获利能力，即产业竞争力表现。结合河北省羊产业发展情况构建了肉羊产业竞争力分析框架，见图5-1。

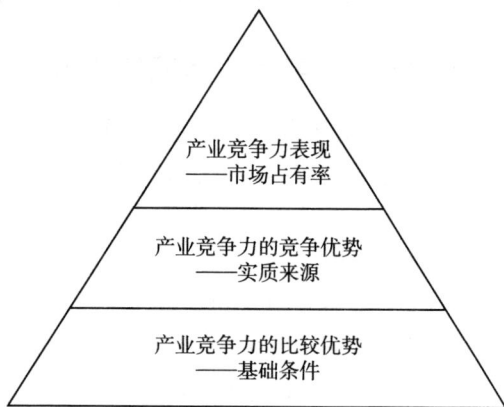

图5-1　产业竞争力分析框架

二、产业竞争力指标体系的构建

（一）产业竞争力比较优势指标构建

生产要素、需求条件和相关支持产业是产业形成的基础，也是构成产业竞争力的需求条件。生产要素方面，羊存栏量比较分析是生产要素投入的综合体现，在数量上具有可比性，选择羊存栏量比较作为生产要素比较分析指标。需求条件方面，选择人均肉羊需求量作为评价指标。相关支持产业主要指产前、产中、产后的相关行业，主要选择羊制品加工业进行比较分析。

（二）产业竞争优势指标构建

企业获得竞争优势通常采用成本领先战略、差异化战略和目标集聚战略，而无论企业采取何种市场战略，其最终都表现为以更低的成本生产出同种类型和效用的产品或者以同样的成本生产出效用更高、更适合市场需求的产品。在羊产业发展中，生产效率、技术进步和组织结构调整的结果最终会反映到肉羊单产和羊绒、羊毛产品数量和质量水平上，选取肉羊单产和羊绒、羊毛产量这两个指标对羊产业的竞争优势进行分析。

（三）产业竞争力表现指标构建

市场占有率是产业竞争力强弱的直接表现。不同于工业生产，肉羊养殖产品供应受自然规律限制，短期内不会出现大幅度增长现象，采用羊肉、羊绒和羊毛制品市场占有率衡量羊产业竞争力表现。产业竞争力不仅体现为与其他区域相同产业争夺市场的能力，也体现为与本区域内其他产业争夺资源的能力。借鉴显示性比较优势指数（RCA）方法对河北省羊产业的竞争力进行评价。

第二节　河北省羊产业竞争力分析

一、河北省羊产业比较优势分析

（一）肉羊主产省份羊存栏量比较

中国羊存栏量较高的省份主要包括内蒙古、新疆、甘肃、宁夏等草原牧区省份，地处农区的舍饲养羊大省主要是山东、河北、河南、四川。表 5 - 1 为八个肉羊主产省份 2010—2016 年羊存栏量比较，其中，存栏量最大的牧区前三位分别是内蒙古、新疆和甘肃。存栏量最大的农区前三位分别是山东、河南和四川。河北省 2010—2016 年羊存栏量总体相对稳定，2016 年河北省羊存栏

表 5 - 1　2010—2016 年 8 个肉羊主产省份羊存栏量情况

单位：万头

地区	2010	2011	2012	2013	2014	2015	2016
宁夏	473.1	479.45	506.4	570.11	612	587.8	580.7
河北	1 408.6	1 457.2	1 413.5	1 455.14	1 526.4	1 450.1	1 386.3
河南	1 895.4	1 865	1 827.7	1 830.3	1 886	1 926	1 856.6
四川	1 658.5	1 661.72	505.3	1 689.19	1 750.7	1 782.3	1 761.3
甘肃	1 749.3	1 757.12	1 788.7	1 825.44	1 960.5	1 939.5	1 877.4
山东	2 138.88	2 150.9	2 163.8	2 158.05	2 174.6	2 235.7	2 197.7
新疆	3 013.37	3 016.41	3 502	3 363.2	3 884	3 995.7	3 915.7
内蒙古	5 277.2	5 275.95	5 144.1	5 239.21	5 569.3	5 577.8	5 506.2

数据来源：《中国畜牧业统计年鉴》（2011—2017）。

量为 1 386.3 万头，排名全国第九。由于 2014—2016 年长期亏损，弃养增多，繁殖母羊大量淘汰，羊的产能受到影响。2017 年以来，随着市场对羊肉需求日增，羊肉价格猛涨，受效益拉动，养殖量呈现缓慢恢复趋势，到 2018 年 6 月底，产能逐渐恢复，全省肉羊存栏 1 470 万头，同比增长 3%；累计出栏肉羊 1 067 万头，同比增长 5%。

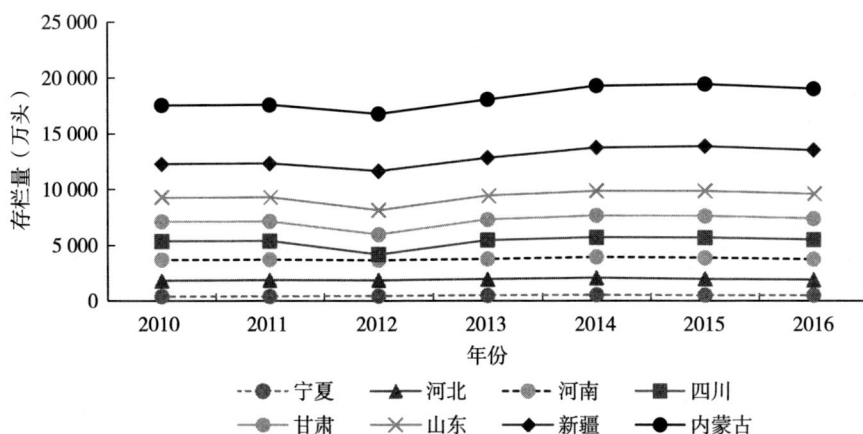

图 5-2 2010—2016 年 8 个肉羊主产省份羊存栏量对比

（二）需求条件分析

随着我国居民生活水平的提高和膳食结构的变化，羊肉的消费逐渐从过去的区域性、民族性和季节性转变为现在的全域性、全民族和全季节性消费，消费量大幅增长。2017 年，我国人均羊肉消费量超过 3 千克，羊肉消费占整个肉类消费比重的 5%。2010—2016 年中国羊肉消费量与人均消费量总体呈上升趋势。根据 FAO 数据测算，我国居民人均羊肉消费量从 2000 年的 2.12 千克上升至 2016 年的 3.47 千克，年均增长率 2.4%。2016 年我国羊肉消费量为 480.60 万吨，较 2010 年的 403.25 万吨相比，年均增长率为 2.97%。河北省是羊存栏量、出栏量、羊肉产量大省，近年来随着收入水平的提高，羊肉消费需求日益增加，2016 年，河北省城镇居民主要肉类人均消费量为 28.95 千克，其中羊肉消费量 0.8 千克；农村居民主要肉类人均消费量为 9.33 千克，其中羊肉消费量 0.19 千克。从羊肉消费占比来看，目前城镇和农村居民羊肉消费量占肉类消费总量比重不高，分别是 2.8% 和 2.03%。

（三）羊制品加工业比较

受肉羊养殖区域化的限制，羊肉加工企业分布具有一定的地域性，多分布在内蒙古、河北、甘肃、新疆等地。羊制品加工业包括羊肉、羊绒、羊毛加工企业。目前羊制品加工行业以小微企业为主，依据全国企业名录数据库，2016年，内蒙古、甘肃和新疆的羊制品加工企业都在 50 家以上，其中河北省共有36 家，在所有参照省里位居第四。

二、河北省羊产业竞争优势分析

（一）肉羊单产各省份比较分析

图 5 - 3 为 2010—2017 年河北省肉羊与相关省份肉羊单产对比。就肉羊单产来看，截至 2017 年，河北省肉羊单产低于全国平均水平，且低于黑龙江省，与山东省相比，河北省肉羊单产具有一定的比较优势。尽管 2010 年以来，每年河北省肉羊单产均低于全国平均水平，但从 2014 年开始，到 2017 年，河北省肉羊单产水平较全国平均水平的差距逐渐缩小，说明河北省近年来在肉羊育肥水平方面不断改进，在标准化养殖和架子羊育肥技术等方面不断努力，单产水平不断提升。

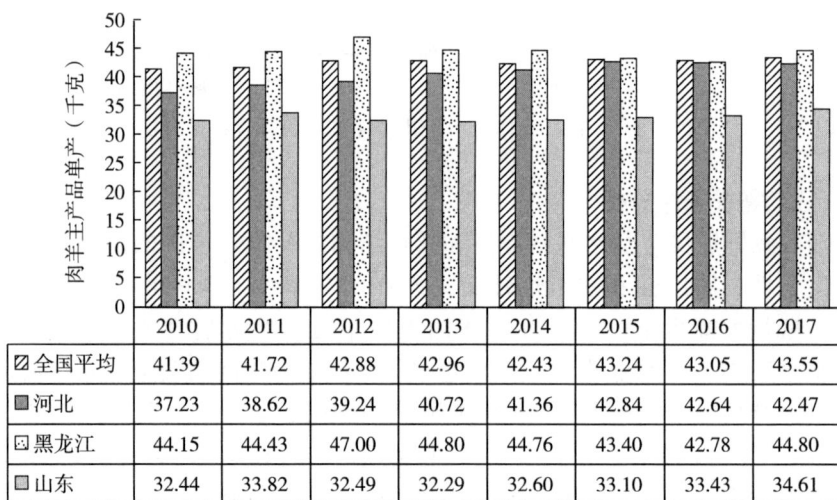

	2010	2011	2012	2013	2014	2015	2016	2017
全国平均	41.39	41.72	42.88	42.96	42.43	43.24	43.05	43.55
河北	37.23	38.62	39.24	40.72	41.36	42.84	42.64	42.47
黑龙江	44.15	44.43	47.00	44.80	44.76	43.40	42.78	44.80
山东	32.44	33.82	32.49	32.29	32.60	33.10	33.43	34.61

图 5 - 3　2010—2017 年河北省肉羊与相关省份肉羊单产对比

数据来源：《2017 年全国农产品成本收益资料汇编》。

（二）羊毛、羊绒产量各省份比较分析

图 5 - 4 为 2017 年 8 大肉羊主产省份羊绒羊毛产量对比。内蒙古在羊毛羊绒产量方面表现仍然很突出，位居第一，新疆的羊毛羊绒产量仅次于内蒙古。其他省份与内蒙古、新疆的差距较大。河北省的羊毛羊绒产量虽与内蒙古、新疆相差甚远，但也远超甘肃、山东、河南等省份，位列第三，说明河北省在羊毛羊绒产量方面，相对于内蒙古、新疆两个羊毛羊绒主产地来说缺乏竞争力，而相对于其他省份来说，竞争优势明显。

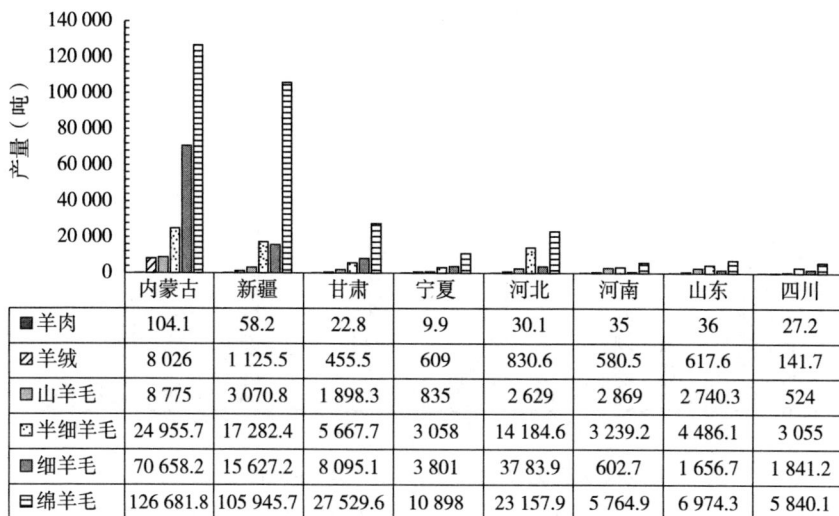

	内蒙古	新疆	甘肃	宁夏	河北	河南	山东	四川
■羊肉	104.1	58.2	22.8	9.9	30.1	35	36	27.2
▨羊绒	8 026	1 125.5	455.5	609	830.6	580.5	617.6	141.7
▨山羊毛	8 775	3 070.8	1 898.3	835	2 629	2 869	2 740.3	524
▨半细羊毛	24 955.7	17 282.4	5 667.7	3 058	14 184.6	3 239.2	4 486.1	3 055
■细羊毛	70 658.2	15 627.2	8 095.1	3 801	37 83.9	602.7	1 656.7	1 841.2
▢绵羊毛	126 681.8	105 945.7	27 529.6	10 898	23 157.9	5 764.9	6 974.3	5 840.1

图 5 - 4　2017 年 8 省份羊毛羊绒产量对比

三、河北省羊产业竞争力表现分析

(一)羊制品市场占有率分析

1. 羊肉市场占有率分析

根据《中国畜牧兽医统计年鉴》显示，2016 年，内蒙古、新疆、河北三省羊肉产量占全国总产量的 41.3%，在国内羊肉供应市场上占据绝对优势地位。河北省有良好的肉羊养殖业基础，羊肉产量稳居全国第四，但河北省的羊肉市场占有率却仅为 4.46%，而内蒙古羊肉市场占有率为 42.43%，是河北省的 9.5 倍(表 5 - 2，图 5 - 5)。

表 5 - 2　2011—2016 年 6 省份羊肉市场占有率对比

单位：%

地区	2011	2012	2013	2014	2015	2016
内蒙古	34.67	32.37	34.85	43.44	42.71	42.43
新疆	16.23	15.44	16.88	14.90	14.93	14.72
甘肃	4.50	6.22	6.67	5.86	5.87	6.19
宁夏	3.99	3.94	3.85	3.08	2.90	3.22
河北	2.69	2.82	2.89	2.76	4.20	4.46
四川	11.37	12.34	6.27	4.63	4.62	4.08

数据来源：《中国畜牧兽医统计年鉴》(2012—2017)。

从发展趋势上看，河北省羊肉市场占有率较低，反映出河北省肉羊养殖产业与国内其他省市相比竞争力优势不明显，尽管河北省的羊肉市场占有率低，但近些年呈现逐年增长的趋势。

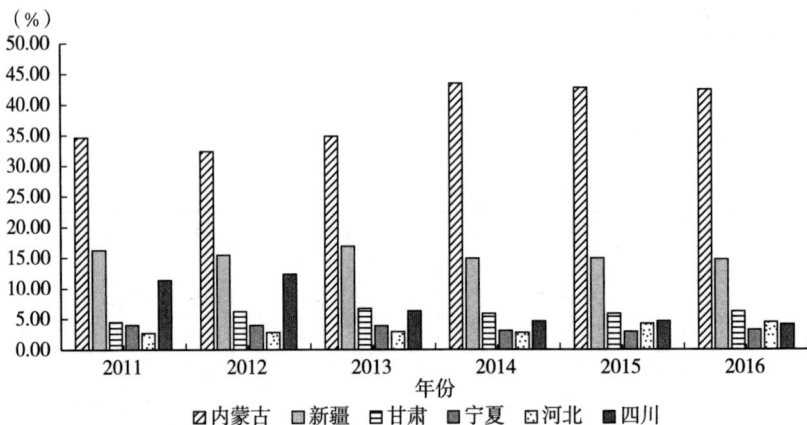

图 5-5　2011—2016 年 6 省份羊肉市场占有率对比

2. 羊绒市场占有率分析

2016 年河北省羊绒产量为 918 吨，位居全国第七，但 2016 年河北省羊绒市场占有率较低，仅为 0.32%，与内蒙古差距较大，且从 2011 年开始，河北省的羊绒市场占有率呈下降趋势（表 5-3，图 5-6）。

表 5-3　2011—2017 年 6 省份羊绒市场占有率对比

单位：%

地区	2011	2012	2013	2014	2015	2016
内蒙古	65.58	66.65	57.23	77.17	77.12	77.56
新疆	11.90	11.92	10.95	7.44	7.08	6.51
甘肃	4.70	5.54	3.83	2.60	2.68	3.68
宁夏	1.27	0.72	0.59	0.75	2.13	0.72
河北	2.70	0.72	0.69	0.47	0.34	0.32
四川	0.08	0.04	0.00	0.00	0.00	0.00

数据来源：《中国畜牧兽医统计年鉴》（2012—2017）。

3. 羊毛市场占有率分析

根据《中国畜牧兽医统计年鉴》显示，2016 年河北省羊毛产量为 38 360 吨，排名全国第三，在羊毛供应市场上占据绝对优势地位。羊毛市场占有率比较稳定保持在 6% 左右，竞争优势相对明显。但是与内蒙古、新疆相比仍然存在较大差距：2016 年内蒙古羊毛市场占有率为 46.65%，是河北省的 8 倍；新疆羊毛市场占有率远低于内蒙古，但也比河北省多出了 4.8 个百分点（表 5-4，图 5-7），说明河北省羊毛产业发展亟待加强。

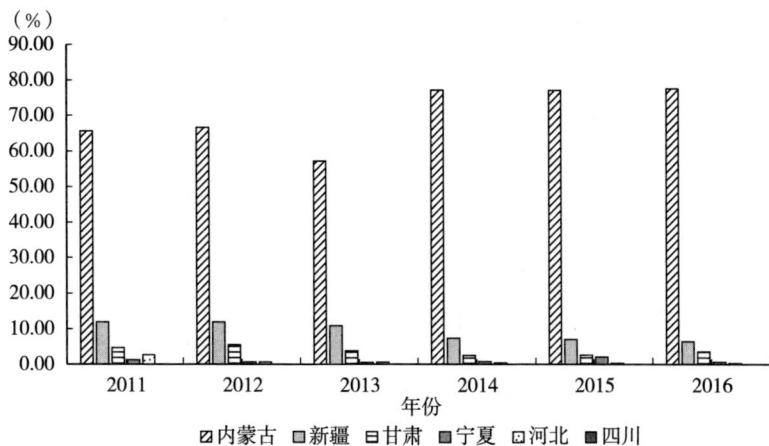

图 5 - 6 2011—2016 年 6 省份羊绒市场占有率对比

表 5 - 4 2011—2016 年 6 省份羊毛市场占有率对比

单位：%

地区	2011	2012	2013	2014	2015	2016
内蒙古	35.42	36.14	36.89	45.58	44.44	46.65
新疆	12.47	11.61	12.55	11.65	10.00	10.62
甘肃	5.73	5.94	5.67	4.75	4.86	5.58
宁夏	1.25	2.78	1.68	1.53	0.81	1.21
河北	4.95	5.31	4.96	5.06	7.42	5.86
四川	3.52	3.36	3.16	2.07	2.12	2.05

数据来源：《中国畜牧兽医统计年鉴》（2012—2017）。

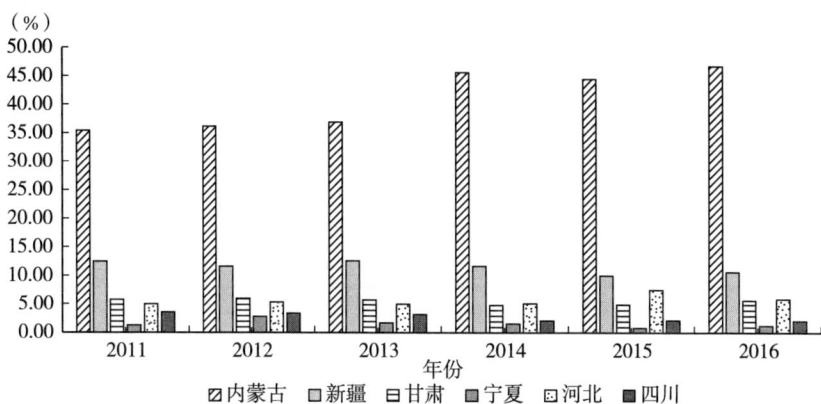

图 5 - 7 2011—2016 年 6 省份羊毛市场占有率对比

从全国发展趋势上看，河北省羊毛市场占有率较高，反映出河北省肉羊养殖产业与国内其他省份相比竞争力优势明显，但有两点值得关注：一是河北省与内蒙古、新疆仍然存在较大差距，而且与内蒙古的差距有继续拉开的趋势；二是随着甘肃市场占有率的逐渐提升，未来有可能对河北省的市场地位有一定的冲击。

（二）显示性比较优势分析

美国经济学家巴拉萨的显示性比较优势指数（RCA）方法通过该产业在该国出口中所占的份额与世界贸易中该产业占世界贸易总额的份额之比来表示。根据日本贸易振兴协会（JETRO）的标准，若 $0<RCA<1$，则表示某产业或产品具有比较劣势，其数值越是偏离 1 接近于 0，比较劣势越明显；若 RCA 值 ≈1，表示中性的相对比较利益，无所谓相对优势或劣势可言；若 $RCA>1$，则表示某产业或产品具有显示性比较优势，其数值越大，显示性比较优势越明显。若 $0.8<RCA<1.25$，则该行业具有较为平均的竞争优势；若 $1.25<RCA<2.5$，则具有较强的竞争优势；如果 $RCA>2.5$，则具有很强的竞争优势。

测算 8 个肉羊主产省份的 RCA 值，高于全国平均比较优势指数的省份依次为：内蒙古、新疆、甘肃、宁夏、河北。河北省显示性比较优势为 1.386，比全国平均水平略高；其余 4 个省市显示性比较优势指数都在 3.2 以上，说明这 4 个省市都具备发展肉羊养殖业的比较优势。河南省、山东省和四川省低于全国平均水平，显示性比较优势指数仅为 0.636、0.821 和 0.824（表 5-5），说明这三个省肉羊养殖产业竞争力较弱。

表 5-5　2016 年 8 个肉羊主产省份比较优势指数对比

地区	肉羊产品产值（亿元）	牧业产值（亿元）	比较优势指数	排序
全国	2 131.80	31 703.20	1	—
内蒙古	372.30	1 202.90	4.603	1
新疆	170.00	653.20	3.870	2
甘肃	69.00	299.70	3.424	3
宁夏	28.80	131.70	3.252	4
河北	180.70	1 939.20	1.386	5
四川	141.30	2 551.70	0.824	6
山东	140.20	2 540.80	0.821	7
河南	111.60	2 611.30	0.636	8

数据来源：《中国畜牧兽医统计年鉴》（2017）。

河北省的显示性比较优势指数为 1.386，虽然高于全国平均水平，具有较强的比较优势，但仅相当于内蒙古的 30.1%，说明河北省发展肉羊养殖产业的比较优势与内蒙古、新疆、甘肃、宁夏等省份还存在较大差距。因此，河北省今后在养殖方面的潜力不应在于存栏头数的增加，而应注重单产的提高；在羊制品加工和销售方面应加强。

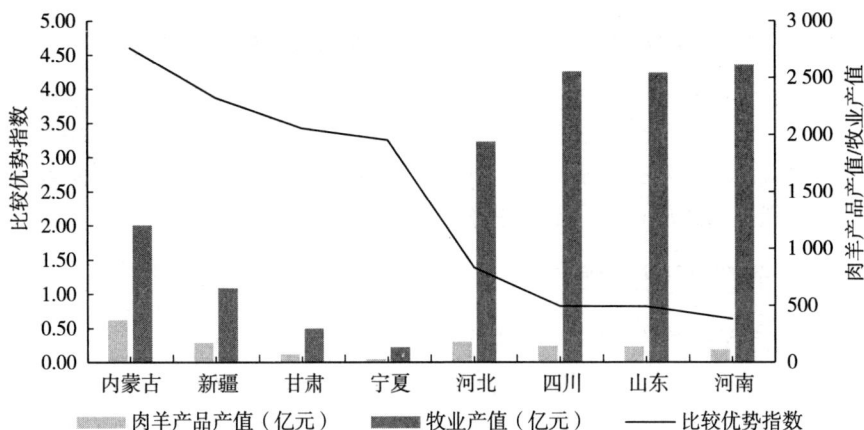

图 5-8　2016 年 8 个肉羊主产省份比较优势指数对比

第三节　提高河北省羊产业竞争力的对策建议

一、技术层面

（一）开展遗传评估，选择合理品种利用方式

肉用羊品种应选择经济早熟型、早期增长快、饲料报酬高、脂肪增长拐点晚、胴体优、繁殖效率高和适应性强的品种。引进品种遗传改良的重点是本地化和国产化，通过建立育种体系，开展统一、规范的遗传评估，推动种羊的持续选育，提高供种能力和质量，实现种源由依赖进口到以自主选育为主的转变。肉羊生产应充分利用现有品种开展杂交，借助多元杂交、亲本选优提纯、搞好配合力测定、创造适宜的饲养管理条件等方法，发挥更大的杂种优势。

（二）充分开发当地粗精饲料资源，保证羊各阶段营养水平供给

饲料、饲草开支占养殖成本 60％以上。羊只具有食性杂，耐粗饲的特点，羊饲料饲草原料来源广阔，所有牧草、作物秸秆、半灌木树枝树叶、农副产品及部分工业下脚料等，只要不发霉均可开发利用。所以要充分利用当地的饲料资源，合理调配，科学利用，降低养殖成本，提高养殖效益。加强调研掌握全省羊场饲喂草料种类、营养成分、利用情况及存在的问题，按照饲养标准科学配制饲料配方，对精粗饲料进行混合调配，满足不同饲养阶段羊只的营养需求，提高羊只采食量及饲料利用率，避免羊只挑食、抢食，减少饲料浪费。

（三）加强羊肉产品质量控制创新，增强市场竞争力

利用宰前管理、宰后成熟嫩化技术，提高羊肉品质，延长冷鲜羊肉货架期。利用滚揉、腌制、低温杀菌和包装技术，开发低温羊肉制品。通过对羊肉生产的宰前、加工和产品流通等整个过程中对产品的各种相关信息进行记录和

存储，建立可追溯产品的质量保障体系。

（四）加强对养殖户的养殖技术培训，提升养殖户精细化管理水平

加强对技术培训的人力、物力投入，并创新技术培训方式。通过调研走访，充分了解养殖户对养殖技术的需求情况，有针对性地开展实用养殖技术培训，并培育肉羊养殖技术示范户，突出养殖科技示范带动作用，通过提高养殖技术，增强羊肉品质，提高羊肉单产水平。

二、养殖管理层面

（一）选择科学合理的养殖结构

羊养殖出栏时间长，相应的资金回笼时间也长，所需的周转资金较多。因养殖母羊和羔羊成本高收益低，建议河北省以散养农户养殖母羊和幼畜为主，目前一些规模化养殖场以育肥为主，在目前羊肉价格上涨、羔羊短缺的情况下，应鼓励有条件的养殖场进行自繁自育。

（二）提高养殖业的综合服务能力

注重培养新型农牧民，引导羊养殖家庭牧场和专业合作社的发展以提高自我服务能力；鼓励规模化养殖企业和社会资本建立羊养殖小区以提高社会化服务能力；引导龙头企业延伸产业链条以提高一二三产融合能力；逐渐引导养殖户将放养改为圈养，可减少出栏时间进而提高经济效益。

三、市场建设层面

（一）培育龙头组织带动产业发展

大力培育羊生产新型经营主体和新型农牧民，引导羊养殖家庭牧场、养殖小区和专业合作社的发展和龙头企业延伸产业链条，发挥龙头组织对农户养殖的示范带动作用，完善新型经营主体与中小养殖户的利益联结机制，提高农户的组织化程度，促进羊产业标准化和规模化建设。

（二）加强屠宰加工环节和交易市场建设

在有一定规模的羊产业发展地区加强羊屠宰、加工、包装和冷链运输企业建设和改造升级，延长羊产业链条，通过加工业发展提高产品附加值；建设羊产品交易服务中心，组织农村经纪人、经销商创建分工明细的销售服务网络，实现产业化发展。

（三）打造品牌提高河北省羊肉知名度

打造几个河北省羊肉知名品牌加工企业。依托自然资源禀赋或者种质资源优势进行羊肉地理标志认证，生产中高端羊肉产品，以满足或者弥补京津冀和雄安新区的中高端羊肉的需求。

第六章 河北省羊肉价格波动分析

河北省是羊肉生产大省。近年来河北省羊肉价格波动频繁，羊肉市场运行不稳，不仅增加了肉羊养殖户、屠宰加工企业的生产经营风险，也影响到羊肉市场的稳定。本章基于中国畜牧业信息网 2000 年 1 月至 2018 年 9 月河北省羊肉价格的数据，主要分析河北省羊肉价格变化趋势，探究河北省羊肉价格波动的特征，提出稳定河北省羊肉价格波动的对策建议。

第一节 河北省羊肉价格变动分析

一、河北省羊肉价格总体趋势分析

2000 年以来，河北省羊肉价格总体呈波动上升的趋势，年均价格由 2000年的 13.80 元/千克增长至 2018 年的 60.56 元/千克，总增长率达 72.39%，年均增长率为 3.81%。同时也表现出比较明显的阶段性特征，大致可以分为以下六个阶段：①2000—2006 年，河北省羊肉市场价格运行平稳，没有明显波动，六年间羊肉价格由 2000 年 1 月的 13.74 元/千克上涨至 2006 年12 月的 17.50 元/千克，平均增长率仅为 0.36%；②2007 年受到生猪蓝耳病的影响，作为替代品的羊肉消费有所增加，需求的增加引致河北省羊肉价格迅速上涨，由 2007 年 1 月的 18.05 元/千克上涨至 2007 年 12 月的 27.88元/千克，年增长率为 54.46%；③2008—2009 年，羊肉价格上涨幅度较小，价格无明显波动，此阶段内羊肉价格由 28.46 元/千克增长至 30.04 元/千克；④2010—2014 年，河北省肉羊产业从过去三年的自然灾害中逐渐恢复生产，市场供需偏紧拉动了羊肉价格第二次大幅度的上升，在 2014 年 1 月达到历史最高值 62.54 元/千克；⑤2014—2015 年，小反刍疫病对河北省肉羊产业造成了较大的冲击，羊肉价格迅速下跌，在短时间内由 2014 年 1 月的历史最高值骤减至 2015 年 12 月的 48.98 元/千克，出现负增长，年均递减 0.90%；⑥2016—2018 年 9 月，经历了羊肉市场低迷期后，河北省羊肉价格重新回升，呈现波动上涨的趋势。随着经济的发展、物价上涨，加之受限于羊的生产能力，日益增长的羊肉需求使得正处于卖方市场的羊肉价格在 2017 年 7 月出现突然增长的波峰，当月的增长率达 10.96%，此时为河北省羊肉价格增长最快的时期（图6-1）。

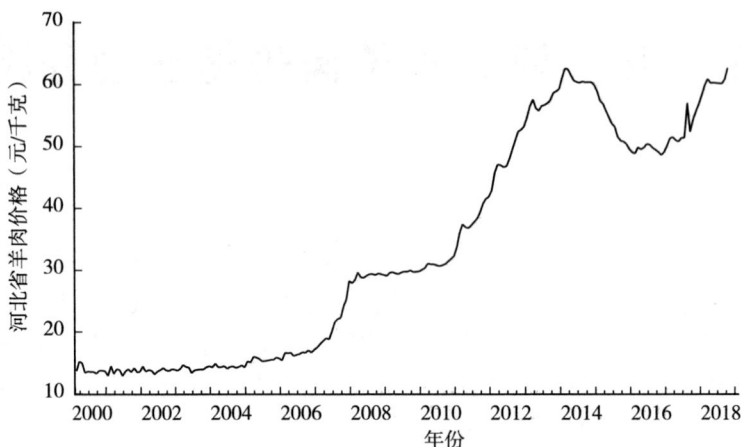

图 6-1　河北省 2000—2018 年羊肉月度价格走势图

数据来源：中国畜牧业信息网。

图 6-2 为河北省羊肉价格直方图，显示了不同月份羊肉价格在各个区间的频数，可用于观察河北省羊肉价格的分布情况。分析相关统计量各个数值有助于了解序列的分布特征，确定分布类型。由直方图结合相关统计量可知，2000—2018 年河北省羊肉月度价格以 12.5～15 元/千克居多。羊肉平均价格为 33.19 元/千克，历史最高价格和最低价格分别为 62.61 元/千克和 12.91元/千克。羊肉价格序列的偏度值为 0.285，呈现右偏特征，分布无正态性。该序列离散程度较强，数据分布较分散，说明羊肉价格序列的波动较大。

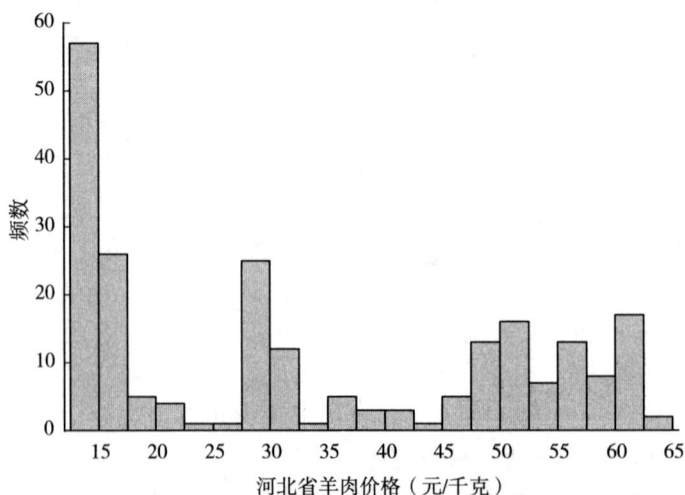

图 6-2　河北省羊肉价格序列直方图

二、河北省与全国优势肉羊产区羊肉价格比较分析

选取全国优势肉羊产区的内蒙古、新疆、山东、河南、四川五省份，以及全国羊肉均价与河北省羊肉价格分别进行对比，分析河北省羊肉价格的区域特征。从图 6-3 中可以看出，河北省与选取的全国优势肉羊产区各省份的羊肉价格走势基本一致，与全国羊肉均价的走势也具有高度相似性。与山东、河南、四川、全国均价相比，河北省羊肉价格较低，具有价格优势。与内蒙古、新疆相比，河北省羊肉价格偏高，不具有价格优势。

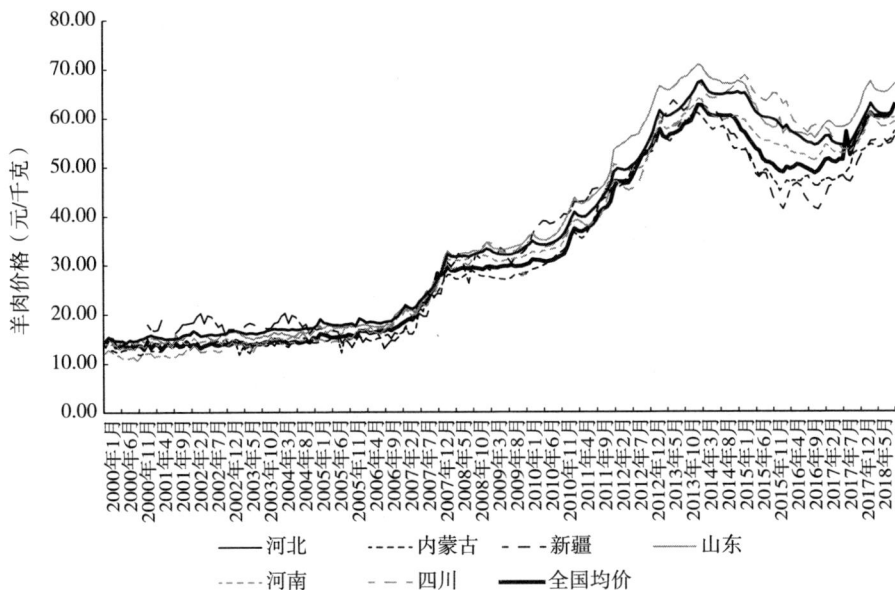

图 6-3　2000 年 1 月至 2018 年 9 月河北省与全国优势肉羊产区羊肉价格对比

数据来源：中国畜牧业信息网。

三、河北省羊肉价格变化周期

图 6-4 为河北省羊肉价格变化周期性波动特征图。总体来看，在一年中羊肉价格波动较大，存在季节周期性变化特征。在每年年底 11 月至次年的 1 月，表现为明显上涨趋势，在此期间到达价格增长率最高值；2—4 月、7—8 月、9—10 月为羊肉价格下降时期，全年最小值出现在 4 月；5—6 月、8—9 月价格轻微上升。在一年内羊肉价格波动季节性特征明显，集中在每年年底 9 月的深秋至年初 2 月份的冬季剧烈波动，在春夏季节 2—8 月波动减缓。每一整年的变动轨迹基本一致，可以看出河北省羊肉价格波动具有周期性。

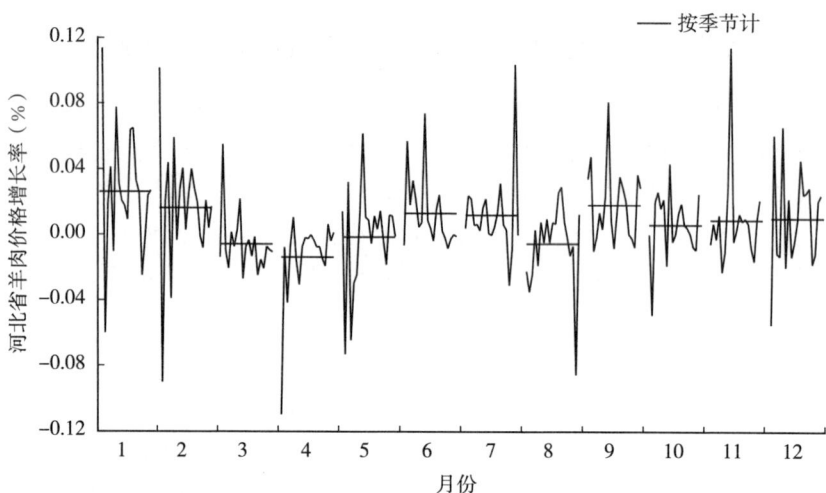

图 6-4　河北省羊肉价格季节周期性波动特征图

四、河北省羊肉价格波动现状

图 6-5 显示，相对于河北省羊肉价格的总体趋势，河北省羊肉价格月度增长率的波动更加频繁，且波动特征更加明显。从 2000 年 1 月至 2018 年 9 月的整体变动情况可以看出，2008 年之前，河北省羊肉价格增长率波动剧烈，2008 年之后波动幅度明显减小。最高值 0.114％同时出现在 2001 年 1 月和 2007 年 11 月，最低值－0.110％出现在 2000 年 4 月。2017 年 7 月至 8 月，河北省羊肉价格增长率出现剧烈变动，羊肉价格出现异常波动，由 0.104％骤减

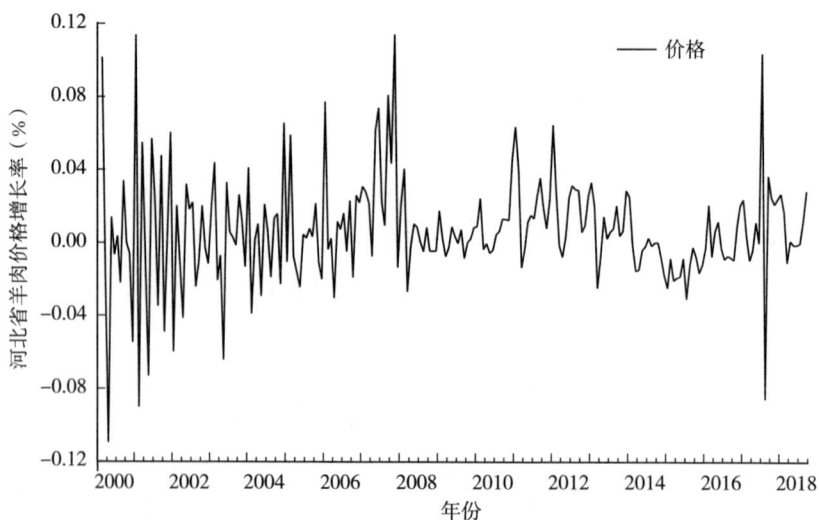

图 6-5　河北省羊肉价格增长率折线图

至−0.086％，9 月之后波动幅度回归正常。从不同阶段内的波动趋势来看，羊肉价格增长率的变动表现出显著的季节性特征：在每年年底至次年 2 月之前呈现出剧烈波动，存在明显上涨趋势；年内波动程度减缓。这种价格的周期性变动也印证了河北省城乡居民羊肉的消费习惯，即羊肉消费多集中在冬季，且在这段时间内传统节日较多，尤其是春节，节假日羊肉消费需求的增加拉动了羊肉价格的高涨。

第二节 河北省羊肉价格波动特征的实证分析

通过上文观察分析发现，河北省羊肉价格波动具有季节性周期性特征，总体呈波动上升趋势。基于此，对河北省羊肉价格波动特征进行实证分析。首先运用 Census X12 季节调整法分离河北省羊肉价格增长率时间序列中的季节因子，然后在此基础上分离出羊肉价格增长率中的趋势循环因子和不规则因子，再利用 H - P 滤波法将趋势循环因子进一步分解为趋势成分和循环成分。

一、基于 Census X12 季节调整法的羊肉价格波动特征

（一）Census X12 季节调整法

一般而言，传统的时间序列分析认为时间序列包含趋势变动（T）、季节波动（S）、循环波动（C）以及不规则变动（I）。其中，趋势变动（T）是时间序列在一段较长的时期内发生的总体变动趋势，反映了羊肉价格的长期趋势，一般是由收入提高、成本增加等因素引起，表现出趋势的上升、持平或下降；季节波动（S）是时间序列随着季节的变化规律而发生的相对固定的变动趋势，反映了羊肉价格在不同年份的同一季度或月份所呈现出的季节性波动；循环波动（C）是对时间序列周期性波动的归纳，也被称为周期波动，反映了羊肉价格有周期性的循环波动，一般是生产者与消费者相互影响及错误预期导致，侧重经济趋势是处于经济现象周期的上升阶段、下降阶段还是处于转折阶段，在经济现象的实际研究过程中，一般把趋势与循环因素放在一起分析而不进行区分。循环波动（C）与趋势变动（T）、季节波动（S）一起被称为确定性波动。不规则变动（I）是随机波动趋势，反映的是其他三项无法解释的误差或因为随机因素而发生的变化，一般包括经济活动主体在经济活动中由于得不到全部信息而做出的不稳定决策以及非正常的经济现象，如自然灾害和疫病等不可预期的因素。

有关时间序列的相关分析涉及的季度或月度数据呈现随着季节变动的规律，季节变动是经济时间序列变量因为受到了气候、季节、风俗习惯等因素的影响，使得序列发生了较为固定的周期性规律变动，其最突出的特点就是在每

个周期范围内固定地出现，且具有相似的波动幅度和相同的变化方向。季节变动要素和不规则变动要素通常掩盖了客观的经济变化，增加了对经济变动的分析难度，因此，为了更加准确客观地研究河北省羊肉价格、反映经济现象的本质，就需要对价格增长率的数据中有关季节性因素和不确定因素进行一定的消除和调整。因结合河北省羊肉价格基本变化趋势特征的分析发现，羊肉价格的变化必须要考虑对价格序列进行季节调整，把影响价格变化的季节性因素分离出来，有助于更加准确地把握河北省羊肉价格的变化规律。在时间序列的分析方法中，四种变动 T、S、C、I 和时间序列总波动 Y 的关系有两种假设：(1)加法模型：$Y=T+S+C+I$，即构成时间序列的各种变动因素组成部分具有的变动数值相互独立；(2)乘法模型：$Y=T\times S\times C\times I$，即构成时间序列的各种变动因素组成部分具有的变动数值相互依存。由于河北省羊肉价格的各组成部分相互关联，因此选用乘法模型。

比较常用的分离季节性波动的方法有美国联邦统计局使用的 X-11 与 X-12 程序。X-11 是通过对原时间序列使用移动平均法来实现对其的季节调整。X-12 是在 X-11 方法的基础上发展而来的，包括 X-11 季节调整方法的全部功能，并扩展了贸易日和节假日影响的调节功能，新增加了各个要素分解模型的选择功能和对结果的稳定性诊断功能，从而扩大了该方法的应用范围。

X-12 季节调整法的模型为：

$$Y_t=TC_t\times S_t\times I_t \qquad (式6-1)$$

其中，Y_t 表示河北省羊肉价格增长率的月度时间序列，TC_t 表示趋势循环要素，S_t 表示季节变动要素，I_t 表示不规则变动因素。该模型需要从时间序列 Y_t 中剔除季节变动要素 S_t 和不规则变动要素 I_t，从而显示出隐藏的趋势循环要素 TC_t。

具体计算分为以下四个阶段：

①用移动平均法平滑序列，所得结果为趋势循环分量 TC_t。

该方法是求原序列的一个 k 项平均数序列，用 k 项平均数组成的新序列抑制和削弱了原序列中的波动性，把原序列分离成 TC_t 和 $S_t\times I_t$

$$TC_t=\frac{y_t+y_{t+1}+\cdots+y_{t+k-1}}{k} \quad t=1,2,\cdots,t \quad (式6-2)$$

一般 k 值的选择与循环波动的周期相一致，可以有效地抑制循环变化。

②通过用趋势循环分量 TC_t 对时间 t 回归，求长期趋势 T。

$$T=\hat{TC_t}=\hat{\beta}_0+\hat{\beta}_1 t \qquad (式6-3)$$

用 T 除 TC_t，求出循环分量 C，从而把 TC_t 分离成 T 和 C。

$$C=\frac{TC_t}{T} \qquad (式6-4)$$

③确定季节分量 S_t。

求出移动平均序列 TC_t 后，用 TC_t 除序列值 Y_t，得出季节不规则分量

$$\frac{Y_t}{TC_t}=S_t \times I_t \qquad\qquad (式 6-5)$$

季节因子序列常用来评价一个具体时期与平均水平的差别，因此用季节不规则分量相同期的全部值求平均数。

④求不规则成分 I_t。

$$\frac{SI_t}{S_t} \qquad\qquad (式 6-6)$$

（二）实证结果

1. 季节波动

时间序列月度观测值通常会显示出月度的循环波动，而季节波动掩盖了经济发展的客观规律，为了更加准确地把握河北省羊肉价格变动的季节与长期变动趋势，在进行分析之前需要对时间序列进行季节调整。在 EVIEWS 8.0 中采用 X-12 季节分解乘法模型对 2000 年 1 月至 2018 年 9 月的河北省羊肉价格增长率序列展开分析。

图 6-6 中显示的是河北省羊肉价格增长率原序列 PRICER 与最终趋势——循环序列 PRICER_TC 作为对比，可以看到剥离出季节因素和随机波动因素后的趋势——循环序列虽仍存在波动性且具有轻微上升趋势，但相对于原序列，季节调整后的序列要更加平滑、稳定。这说明了河北省羊肉价格波动具有较大的季节性，受到季节因素的影响较大。

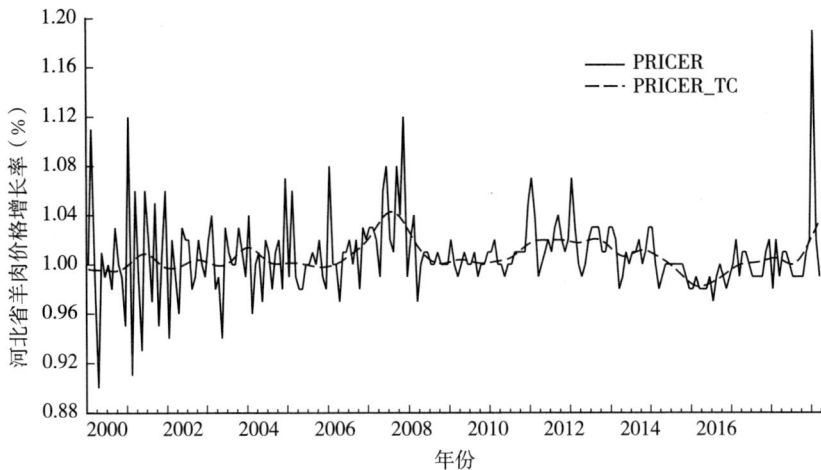

图 6-6　季节调整前后河北省羊肉价格增长率对比

在季节变动趋势方面，河北省羊肉价格增长率的变动具有显著的季节性

(图 6-7)，体现为羊肉价格在春夏两季较低而秋冬季节较高。羊肉价格增长率在一年内完成完整的周期变动，每年的 1—2 月达到最大值之后下降；每年的 3—4 月出现最低值，而后逐月上涨至次年 2 月达到下一个高峰。从长期来看，季节因子的变动情况有逐渐减弱的趋势，表明河北省羊肉价格的季节性变动正在逐年变小。2008 年之前序列波动剧烈，2001 年 2 月出现最高值达1.029，最低值在 2000 年 12 月为 0.975，波动幅度 2.7%；2008 年之后序列波动幅度减小，最高值 1.018，最小值 0.981，降幅 1.85%。

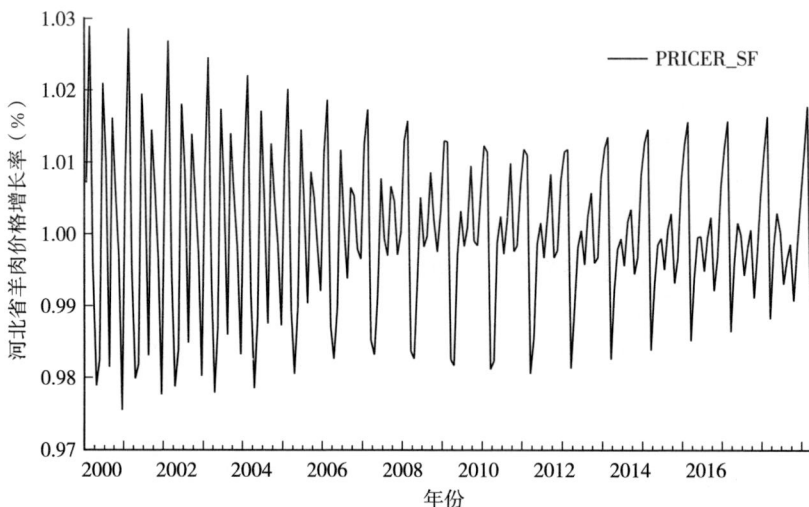

图 6-7　河北省羊肉价格增长率季节因子变动情况

河北省羊肉价格出现季节性波动的原因可能在于：在冬季，由于羊肉性温、可暖身御风寒的特性，适宜在寒冷时节食用，且最重要的传统节日春节处在此时，消费需求在一定程度上刺激了价格，直接表现为价格的高涨，并在此期间羊肉价格达到一年中的最高峰。春节过后，3—4 月天气回暖，气候干燥，使人们减少羊肉消费，而春秋季节是肉羊育肥的最佳时段，羊出栏量及羊肉产量小，在需求和供给的共同作用下，羊肉价格开始下降。5—6 月温暖干燥的天气使人们外出旅游增加了户外羊肉消费量，引致价格上涨。7—8 月的高温让羊的疫病发生率增加，因此许多养殖户在夏季会减少肉羊饲养量以降低风险，同时炎热的气候也减少了人们对羊肉的需求，羊肉消费远低于天气寒冷的冬季，有效需求不足，羊肉价格偏低。9—10 月节假日多，假期带动了羊肉消费，因此羊肉价格出现回升。由于肉羊饲养周期一般为 3～7 个月，所以 9 月肉羊供给量相应较少，而进入秋冬季节天气逐渐转凉，羊肉消费有所增加，引致羊肉价格逐渐高涨。

从整体波动情况来看，河北省羊肉价格增长率季节因子变动幅度逐渐减小，表明河北省羊肉价格的波动受季节因素的影响在逐渐减少。其原因可能在于：随着经济的发展，人们的收入水平和消费能力提高，消费结构也随之发生改变，羊肉因其高营养的特性受到消费者青睐，市场需求量逐渐上涨，羊肉消费不再受季节因素限制；2008年之后居民消费价格指数快速增长，通货膨胀引致物价上涨，提高了生产成本，直接体现在价格的增长上，受到其他因素影响的综合作用下羊肉价格发生波动，因此受季节因素的影响在逐渐减小。

2. 不规则变动

在不规则成分波动情况方面，河北省羊肉价格增长率的不规则成分波动具有一定的阶段性特征。从整体波动情况来看，2000—2008年，河北省羊肉价格随机趋势波动剧烈，受外部环境影响较大；2008年之后，羊肉价格随机变动趋势显著缩小，可以看出河北省羊肉价格进入了一个自我调整的阶段，受外界环境的影响变小（图6-8）。出现这种阶段性波动的主要原因可能在于：虽然短期内随机性因素对价格波动的冲击频繁且作用明显，但影响范围较小、持续时间较短，如2008—2010年自然灾害的发生，使短期内羊肉价格快速上升，对价格的冲击是正常现象。但由于其他肉类的替代作用、市场的自我调节或政府的调控作用，羊肉价格又会逐渐恢复平稳。

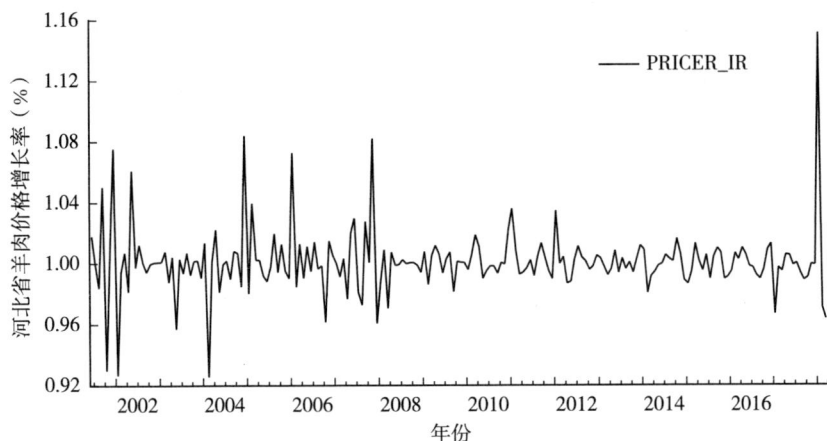

图6-8　河北省羊肉价格增长率不规则成分变动情况

不规则波动通常带有一定的偶然性和随机性，一般表现为突发事件，如疫病、自然灾害等。会导致河北省羊肉价格出现几次明显不规则性波动原因主要有：2002—2003年，为保护草原生态环境，河北省禁牧政策的实施，降低了肉羊饲养量，羊源供给减少，羊肉价格逐渐上涨；2006—2007年，由于生猪蓝耳病的发生，人们对羊肉需求的突然增加抬高了羊肉价格，羊肉价格在这段时期出现了大幅度上涨；2008—2010年发生严重自然灾害，加之肉羊生产能力较低，供需关系的不稳定冲击了羊肉价格，使其出现无序波动的情况；2014

年，受到小反刍疫病的影响，肉羊养殖、流通及消费市场受到了较大的冲击，造成羊肉价格频繁波动。这些突然出现的随机性因素对羊肉市场造成了一定的冲击，导致市场价格自我调控短暂失灵，引致羊肉价格波动在短期内呈现出异常波动，稳定性差。

二、基于 H-P 滤波法的河北省羊肉价格波动特征分析

（一）H-P 滤波法

季节分解后，河北省羊肉价格增长率原序列中剔除了季节成分和随机波动成分，保留了趋势变动成分和循环成分。周期分解是进一步将趋势变动成分和循环成分进行分离，从而划分出变动周期。时间序列具有的周期性，表现为在一个较长时间内涨落起伏的波动。趋势周期分解主要有 H-P 滤波法和 B-N 分解法，但 H-P 滤波法运用方便更加灵活，不拘于经济周期峰谷的确定，拟合效果更好，因此在进行趋势周期分解时比较常用的是 H-P 滤波法。H-P 滤波法是将价格周期成分从时间序列长期趋势中分解出来，把研究的周期作为宏观经济对时间序列中某一条缓慢波动序列的偏离，由于该波动序列是单调变化着的，因此可以将其当作趋势看待。H-P 滤波法增大了经济周期的频率，使周期波动幅度变缓，进而可以较好地将趋势成分和周期成分从经济时间序列中分离出来，刻画序列的波动特征，从而更好地分析序列。用此方法处理剔除了季节因子与不规则因子的河北省羊肉价格的最终趋势循环序列，用来分析羊肉价格波动的长期趋势并划分其波动周期。

H-P 滤波方法的原理如下：

设 Y_t 是含有趋势成分和波动成分的经济时间序列，Y_t^T 是其中含有的趋势成分，Y_t^c 是波动成分。则

$$Y_t = Y_t^T + Y_t^c, \quad t=1, 2, \cdots, T \quad T=1, 2, \cdots, T$$

（式 6-7）

计算 H-P 滤波将 Y_t^T 和 Y_t^c 从 Y_t 中分离出来。一般地，时间序列 Y_t 中可观测部分趋势 Y_t^T 常被定义为最小化问题的解：

$$\min \sum_{t=1}^{T} \{(Y_t - Y_t^T)^2 + \lambda[c(L)Y_t^T]^2\} \quad \text{（式 6-8）}$$

其中，$c(L)$ 是滞后算子多项式

$$c(L) = (L^{-1}-1) - (1-L) \quad \text{（式 6-9）}$$

将公式 6-9 代入公式 6-8 中，则 H-P 滤波的问题就是最小化下的损失函数，即：

$$\min \sum_{t=1}^{T} \{(Y_t - Y_t^T)^2 + \lambda \sum_{t=1}^{T} [(Y_{t=1}^T - Y_t^T) - (Y_{t-1}^T)]^2\}$$

（式 6-10）

最小化问题用 $[c(L)Y_t^T]^2$ 来调整趋势的变化，并随着 λ 的增大而增大。在公式中，λ 是对趋势光滑程度和对原数据拟合程度的一个权衡参数。当 $\lambda=0$ 时，满足最小化问题的趋势序列为 Y_t；随着 λ 值的增大，趋势序列越加光滑。λ 趋于无穷大时，趋势序列将无限接近线性函数。H-P 滤波依赖于参数 λ 的确定，该参数需要先给定。此处取一般经验值 $\lambda=14\ 400$。

（二）实证结果

1. 长期趋势分解

通过 H-P 滤波法对 2000 年 1 月至 2018 年 9 月的河北省羊肉月度价格增长率进行趋势分解后，反映了剔除季节因子和不规则因子后羊肉价格变动的真实经济规律。借助 Eviews8.0 得到图 6-9 的结果。图中 PRICER_TC 是原有的消除季节因子后的趋势循环序列，Trend 为长期趋势序列，Cycle 表示循环要素序列。

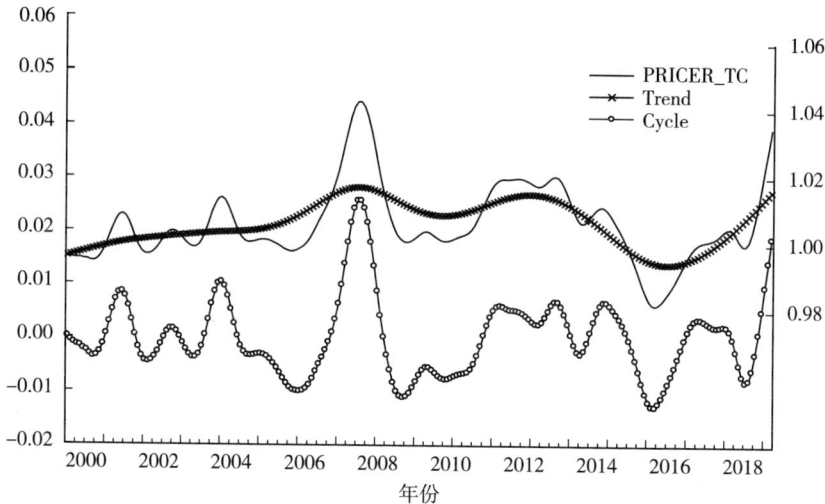

图 6-9　河北省羊肉价格月度增长率时间序列 H-P 滤波分解

从长期趋势来看，随着时间的推移，河北省羊肉价格存在轻微上升趋势，但波动较为平稳，变化不明显。可见，随着社会经济的不断发展、人们生活质量的提高，羊肉的需求量会不断增加，因此必然会推动羊肉价格的小幅度上升。剥离出的长期趋势序列（Trend）呈现平稳波动，与 X-12 季节调整后的最终趋势序列（PRICER_TC）相比更加平滑，说明 H-P 滤波对季节因子与不规则因子的剔除效果更好。价格增长率序列的阶段性变动特征更加突出：2000—2006 年是价格相对平稳的变动期；2007—2012 年间价格出现了轻微下降后又上升的变动；2013—2015 年，河北省羊肉价格增长率进入下行轨道，与增长率原始序列变动趋势一致，但相比而言，分离后的增长率长期趋势序列运行更加平滑。

2. 波动周期划分

从周期来看，周期走势变化与最终趋势变化大体一致，说明羊肉价格周期性波动特征明显。为了对河北省羊肉价格增长率波动作出较为准确的判断，确定了波动区间的划分标准。一是基本形态：即一个完整的周期波动需要有明显的"波谷—波峰—波谷"形态；二是波幅差距，每次周期波动的波峰到波谷的差距要明显，即波幅要大于 0.30%；三是时间标准，完整的循环波动周期要有一定的跨度，一般不少于 12 个月。

由于获取数据的局限性，2000 年 1—9 月、2017 年 8 月至 2018 年 9 月或许不是一个完整的周期，在此不划入周期划分范围之内。根据以上划分标准，并结合图 6-9 中的曲线形态，可将河北省羊肉价格增长率划分为八个波动周期（表 6-1）。其中第五个周期时间最长，为期 39 个月；周期时间最短的为第二、第六个周期，时间长度为 15 个月，平均周期为 25.25 个月。因此，横向观察得出，河北省羊肉价格增长率波动属于长期波动，波动持续时间较长。根据整理得出的波动振幅数据来看，河北省羊肉价格增长率循环波动的振幅在0.35%~1.85% 之间，其中第四周期的振幅最大，达到 1.85%，波峰值为0.026%，波谷值为 -0.011%；第二周期的波动幅度最小，最小为 0.35%。五个周期的平均振幅为 0.928%。从纵向角度来看，在一个完整周期内，河北省羊肉价格增长率的波动属于较强的波动，稳定性较差，容易受到其他因素影响。

表 6-1　河北省羊肉价格增长率波动周期划分

周期序号	起止时间	周期	波峰值（%）	波谷值（%）	波动幅度（%）
1	2000 年 9 月至 2002 年 2 月	18	0.008	-0.005	0.65
2	2002 年 3 月至 2003 年 5 月	15	0.002	-0.005	0.35
3	2003 年 6 月至 2006 年 2 月	32	0.010	-0.010	1.00
4	2006 年 3 月至 2008 年 9 月	31	0.026	-0.011	1.85
5	2008 年 10 月至 2012 年 1 月	39	0.006	-0.011	0.85
6	2012 年 2 月至 2013 年 4 月	15	0.007	-0.003	0.50
7	2013 年 5 月至 2015 年 3 月	23	0.007	-0.013	1.00
8	2015 年 4 月至 2017 年 8 月	29	0.004	-0.012	0.80

注：波动幅度=（波峰-波谷）/2。

数据来源：根据中国畜牧业信息网数据整理得出。

从整体上看，河北省羊肉价格波动趋于稳定，同时有轻微上升趋势，时间跨度不均，短期波动普遍较大。出现这种波动情况的原因主要在于：前期市场信息不完善，供需调整较慢，羊肉价格受供求、季节和突发事件等影响较大。2008 年之后随经济不断发展，羊肉市场逐渐自我完善，此时羊肉价格持续上升的趋势在一定程度上抑制了外界环境的影响，逐渐达到一个可以进行自我调节的平稳阶段。因此，在政府制定相关政策时需要参考羊肉价格波动规律进行宏观调控，同时需注意市场内部自我调节的力量。

三、波动特征分析结果

运用 Census X12 季节调整法和 H－P 滤波法对河北省羊肉月度价格增长率序列进行趋势性、周期性、季节性和随机性分解，结果对比分析发现，H－P 滤波法对序列的处理更加细致，序列长期趋势更加明显，且划分出了周期范围。Census X12 季节调整法和 H－P 滤波法结果基本一致，因此可以得出，河北省羊肉价格长期趋势、季节性变动是其价格波动的主要特征。长期趋势仍存在轻微波动，最终呈现上涨态势，运行平稳，羊肉市场逐渐取得了稳定的发展。羊肉价格的波动具有周期性，平均波动周期为 25 个月。价格波动受不规则因素的影响随时间推移逐渐减小。虽然价格的某个异常波动会在短期内对羊肉生产和消费市场造成影响，但不会改变羊肉价格本质上轻微上升、波动缓慢的长期趋势，因此，不规则波动的外部因素对河北省羊肉价格的冲击是偶然的、随机的正常现象。

第三节　稳定河北省羊肉价格波动的对策建议

一、加大肉羊养殖补贴力度，提升肉羊生产能力

肉羊养殖成本费用的增加与肉羊生产能力不足，使得羊肉价格出现波动。自政府实施禁牧政策以来，肉羊养殖方式逐渐由放养向舍饲养殖方式转变，饲舍日常运营与维护、饲料、疫病防治、劳动力等各项费用的叠加压缩了养殖户的利润空间，使肉羊养殖收益下降，而养殖成本不断增加。目前，河北省肉羊养殖规模较小，养殖场能繁母羊的存栏数量较少，产仔数量不多，肉羊生产能力较弱，无法实现市场有效供给。因此，为保障生产经营者利益，提高肉羊养殖综合效益，提升肉羊生产能力，政府一方面需加大对养殖小区、专业育肥大户、养殖合作社、龙头加工企业等新型经营主体的政策支持力度，并适当给予其资金、土地、技术等方面的支持照顾；另一方面，应加强对能繁母羊的保护和资金补贴，保持能繁母羊的合理数量是保证羊肉产量的前提，有利于提高肉羊出栏率、稳定生产，实现河北省肉羊产业的可持续发展。

二、完善羊肉市场价格监管，构建信息交流平台

价格的变动及其走势等信息能够较可靠地反映市场情况，但养殖户由于自身知识水平有限，缺乏掌握准确市场信息的途径，现实中信息的不及时反馈、信息与现实不匹配等影响了养殖户的正确决策，同时，在肉羊买卖交易的过程中容易出现不合理的加价、压价买卖行为，致使养殖户利益受损。因此，加强对羊肉价格波动规律的研究与掌握，建立健全羊肉市场的价格监管尤为重要。政府可以基于羊肉价格波动规律，组织生产和调控市场，不断推进优质优价机制的建立，规范不合理的买卖行为，避免囤积居奇的不良现象发生。在此基础上，构建羊肉供求和价格信息发布平台，做好信息的汇集和发布，及时提供正确的市场信息。养殖户可以及时、准确地在平台上获取有效信息，从而合理调整生产行为，科学制定生产决策。

三、建立应急储备肉体系，平抑过高羊肉价格

羊肉价格受到随机事件的影响在短期内容易发生异常波动。出现羊肉价格过高的情况时，供给量严重不足，增加了市场的不稳定性，加上羊肉市场自我调节作用反馈不及时，因此，需要政府及时建立应急储备肉体系，发挥蓄水池作用，在供需偏紧的情况出现时能够及时调整供应量，以稳定价格波动。在肉羊出栏量较多的时期，大量收购活羊和冷冻羊肉，同时适当提高收购价格，可以增加养殖户收入。在出栏淡季或消费旺季，及时将储备羊肉投放市场，满足消费需求，平衡市场供求关系，以间接达到调整价格的作用。虽然目前河北省乃至全国活羊和羊肉供给量不能满足消费需求，但是从长期看建立应急储备肉体系是非常有必要的。

四、发展适度规模化养殖，保障羊肉有效供给

供求矛盾已成为价格波动的主要影响因素，同时，羊肉价格的波动会在不同程度上影响肉羊产业的生产和经营。为平衡市场供需，保障羊肉供给，应推广适度规模化养殖，提升养殖场标准化生产经营水平。在现有的肉羊养殖基础上，发展适度规模养殖，有计划、有组织地扶持养殖户加入或建立肉羊专业合作社，鼓励龙头企业建立一批标准化程度较高的肉羊养殖基地或养殖小区，充分发挥其示范带头作用，实现品种和养殖管理的标准化、降低疫情风险、提高肉羊优良品种成活率，以保证羊肉产品质量，保障肉羊存栏规模和羊肉的稳定供给。

五、完善肉羊产业链建设，提高产业竞争力

羊肉价格波动是产业链不同环节价格变动的最终体现。为保障河北省羊肉

市场及价格的平稳运行，应完善产业链条，把控好产业链中各个环节，提升运行效率。首先，应发挥优势区域集聚作用，引导饲料加工、肉羊饲养、屠宰加工以及其他相关产业向肉羊优势区域集中，充分发挥集聚经济效应。如实行专业化育肥的唐县，规模化舍饲养殖引致饲料、兽药等上游产业，养殖、屠宰、加工、销售等产业链关键环节和社会化服务环节的集聚效应，降低了生产成本。其次，加强市场流通建设，推进肉羊产、加、销一体化。支持新型流通组织进入肉羊产业链，重点扶持龙头企业进入流通环节；推进现代电子商务等交易方式与肉羊产业链融合，扩大交易市场；完善肉羊产业链中储藏、加工、运输、销售等物流设施的建设。通过完善肉羊产业链建设，提高肉羊产业市场的抗冲击能力，进而提高肉羊产业竞争力，以确保羊肉市场及价格稳定运行。

六、提高养殖生产技术，控制饲养成本

传统的肉羊饲养方式存在舍饲管理方式不科学、饲料配比不合理、生产资源利用率低等弊端，导致养殖成本长期居高不下，因此应注重提高养殖生产技术。首先，加强对肉羊养殖设施的科学建设与改造。做好科学选址、羊舍设计、环境绿化等，以有效降低舍饲运营与维护的日常费用。其次，加强对养殖户饲料科学配比的技术培训。通过调整饲料配方与饲喂量，提高饲料的利用效率，从而保障肉羊育肥过程中的营养需求，控制饲养成本，加大养殖利润空间。最后，加强对养殖人员管理技能的培训。运用科学的管理方法管理羊舍，能够有效地提高肉羊良种化程度和生产效率，控制饲养成本。

第七章　河北省羊肉流通模式效率研究

第一节　相关概念界定及研究综述

一、相关概念界定

（一）农产品流通

《财经大辞典》中认为农产品中的商品部分，通过买卖的形式实现从农业生产领域到消费领域转移的一种经济活动就是农产品流通。农产品流通是整个农产品产业与市场中一个不可或缺的部分，联结着农产品生产商、加工商和零售商，是商品与消费者之间的运输者。农产品流通的发展推动了我国农业现代化的步伐，因此，农产品流通一直是我国产业发展的重点，也深受农产品生产者与经营者的关注。

（二）流通模式

"模式"存在于生产的各个环节，是对不同行为主体的优化组合。关于流通模式的定义，国内不同学者对流通模式有着不一样的理解，但其在本质上大致相同。贾履让等（1997）认为流通模式是商品在流通过程中由于受到了各种因素的影响而形成的内在机制。张鳞龙（1999）认为在农产品流通过程中，不同的市场主体为了达到更高的经济效益而自发组合成的组织形式就是流通模式。本章对流通模式定义采用《流通经济学》一书中的定义，即商品流通模式是指在商品流通过程中由流通主体、流通渠道、流通环节以特定的组合来完成商品商流、物流、信息流的转移，从而最终完成商品交换的方式。

（三）流通效率

在经济学中，效率是指投入与产出的比率，如商品生产过程中资金、技术的投入与销售额、净利润等产出物之间的比率。流通是商品从生产者生产到消费者买到商品的全过程，流通是一个综合体系，是由各个不同的流通主体通过不同的方式完成自己所在节点的任务的系统。对流通效率的界定，不管是国内还是国外的专家学者并未达成一致的意见。由于流通效率的评价方法和参考依据具有多样性，各学者对流通效率研究的侧重点不同，对流通效率的研究在评价方法的选择上也存在很大的差异性。

本研究中的羊肉流通效率特指羊肉流通模式的效率，是指肉羊经过屠宰后由不同的流通主体组合形成的流通模式的投入产出比较。在羊肉流通过程中影响因素纷繁复杂，而我国目前还没有对羊肉流通过程中所产生的相关数据进行全国范围的统计，这使得羊肉流通过程中的相关数据较难获知。所以，很难用单一指标对羊肉流通效率进行具体评价，本章从不同的角度选取了一组相对科学的指标体系，对河北省羊肉流通模式间接地进行评价。

二、国内外研究现状综述

（一）国外研究现状

1. 关于中国早期食品消费变化方面的研究

在西方国家，许多农业研究人员和国际食品分析学家研究了中国的食品消费变化。RenJ 等（2011）在 "Chinese dietary culture influences consumers' intention to use imported soy-based dietary supplements: an application of the theory of planned behavior" 报告中说，随着居民收入的增加，中国人民对更多营养和健康食品的需求也在不断增加。Hovhannisyan V 和 Gould BW（2014）利用需求系统的 AIDS 模型测试中国食品需求的结构变化，发现在2005 年至 2010 年期间，中国城市居民对肉类产品的偏好发生了结构性变化。除了鸡蛋之外，分析中所包含的所有食品类别没有因为价格的上升而对需求产生影响，水果和肉类的变化更为明显，这表明它们在中国城市饮食中的重要性日益上升。他们还发现肉类和谷物已经变得更富有弹性，这可能是由于中国各类食品供应的增加，使居民的饮食逐渐从粗粮转变为细粮。

Chen J、Lobo A 和 Rajendran N（2014）研究发现，随着生活水平的提高，高收入家庭越来越倾向于高质量的食品，如有机食品。中国消费者普遍认为有机食品相对于其他食品来说更安全，而且营养价值更高。然而，Zhuang R 和 Abbott P（2007）在《中国主要农产品的价格弹性》一文中指出，这些先前的研究通常关注的是更广泛的食品消费，并没有对每一种肉类产品的消费模式进行评估。此外，早期的研究通常使用国家调查数据，不能确定某些肉类项目的零支出。因此，在某些情况下，一项全国性调查的数据质量可能存在问题，并不能准确说明问题。

2. 关于农产品流通效率影响因素的研究

文图拉等（2000）对意大利农村地区的牛肉经销商进行了研究，发现其与农场的合作增强了市场占有率，从而实现了牛肉从生产到流通再到销售的产销一体化，这种合作降低了农场屠宰商店牛肉的生产成本，还对当地的牛肉市场起到了保护作用。印度的库马、汉森等（2004）通过对影响大宗农作物产量的因素进行的具体分析，发现湿度与气温等环境因素对产量起着决定性作用。马塞尔等（2008）以印度为例，分析了农副产品质量对产品流通的重要性。Andrew W. Shepherd（2007）指出交通条件、交易者之间的信任程度、产品的包装盒认证、对生产的基础设施的投资力度、交易费用的高低和契约的灵活性等因素影响了农产品流通模式的时效，从而影响农户对不同流通模式的选择。Reardon T（2010）指出应通过现代信息技术的应用，减少超市的农产品消耗损耗，从而提高农产品的市场竞争力。Milan Sachan（2015）以分销渠道为主要研究对象，把农产品分为 6 个流通模式进行研究，最后得出流通效率最佳的模式为第三方物流主导的流通模式。Singh S（2016）认为提高农产品效率，首先要在基础设施建设和流通渠道方面下功夫。Trostle B（2016）认为标准且集中化的农产品生产可以减少流通时间，提高农产品流通效率。Bukhori S（2017）认为农产品企业可以通过整合资源并对货物信息进行及时跟踪的方式了解产品的缺货状况，及时进行补货，以此来提高流通效率。Brylap（2018）认为农产品的规模是影响农产品效率的主要原因。

（二）国内研究现状

1. 关于农产品流通模式的研究

罗芳琴（2010）通过对我国南方几个主要农产品生产省市流通模式的实地调研，总结分析了水果、蔬菜、鸡蛋、水产及肉类食品的流通模式，并对其存在的问题提出合理的对策建议。席海翔（2010）以涟水县的浅水藕为例，对其各个流通模式进行比较分析，从中得出制约涟水县浅水藕流通模式发展的主要原因是流通组织的基础设施不完善、产业结构和市场运行机制还没有达到最优。李琳（2011）研究了鲜活农产品的流通模式和效率，分析其模式演变的影响因素，对我国鲜活农产品的流通模式效率的提高提出了合理化建议。王潇芳（2012）认为农民是我国农产品交易的主体，要想对农产品流通模式有更好的发展，就要重视对农民的培训。吴小林（2013）认为应从建立产品流通合作联盟、构建流通主体合作伙伴关系以及优化产品物流途径三个方面来发展鲜果流通模式。

2. 关于农产品流通组织的研究

陈淑祥（2005）认为我国农畜产品存在多种流通组织，主要有农贸市场、批发市场和连锁超市等。向香云（2007）提出了运用分离均衡和缓冲两项技术对我国农产品流通进行改善。这两种方法需要从政府和企业两方面入手，流通企业需要改进企业流通效率，政府也要对企业进行政策支持。唐柳（2007）从西藏特色的地理环境入手，对西藏农畜产品的流通市场进行了详细分析，提出了西藏应大力建设农畜产品流通圈和注重三级市场发展的建议。许亚萍，孟繁宾（2009）提出政府要加强对各种禽畜产品的扶持力度，对其中介组织进行政策与资金支持。迪娜·帕夏尔汗（2013）通过对新疆羊肉市场现状进行考察，对羊肉流通主体、流通渠道以及流通物流等方面进行详细分析，发现新疆畜产品的流通虽然依托政府的扶持有着飞跃的发展，但养殖户增产不增收、产品附加值低等问题仍然没有解决，畜产品小生产与大市场之间没能很好地衔接。包阿优喜（2016）对我国现阶段农畜产品的流通环节进行分析，提出应在全产业链角度观察问题，我国应建立完善的农畜产品流通组织体系，为农畜产品从生产到采购再到销售的各个流通环节保驾护航，提高我国的农产品流通水平。

3. 关于农产品流通效率的研究

罗必良、王玉荣、王京安（2000）认为农产品流通组织的效率主要受组织中的产权结构、组织对其成员的报酬以及流通和市场的交易环境特性等影响。黄福华、蒋雪林（2017）利用灰色关联模型对长沙生鲜农产品的物流效率进行了影响因素分析。郭恒、孙蕾、祁春节（2008）对湖北省脐橙的流通效率进行了实证研究，结果表明交易主体的个数是影响流通效率的直接原因，应通过减少交易主体的个数来提高脐橙的流通效率。王彬等（2008）利用数据包络分析法，从不同角度构建投入产出指标体系，以此来研究农产品的流通效率。欧阳小迅、黄福华（2011）归纳整理了我国 28 个省份从 2000 年到 2009 年的相关数据，对我国各农村地区的农产品流通进行具体分析，结果发现位于我国东部地区的省份农产品流通效率普遍较高，而西部地区省份的农产品流通效率较东部地区还有待进一步提升。从 28 各省份的总体效率来看，虽然我国农村地区农产品的流通效率还普遍低下，但却保持着波动上升的趋势，东西部差距虽然较为明显，但差距范围也在逐渐缩小。

目前，国内学者对于河北省羊肉流通的研究还没有涉及，我国对于羊肉流通的研究大部分集中在新疆、内蒙古等传统牧区。这些地区关于羊肉流通模式的研究也只停留在描述总结阶段，对于流通效率的研究还没有出现，因此，本章对于河北省羊肉不同流通模式效率的分析对提高河北省羊肉流通效率甚至是肉羊产业发展都具有重要意义。

（三）国内外研究述评

目前，国内各专家学者对农产品流通的研究已经有了一定的成果，这为本章的研究奠定了一定的基础，但不管是国外学者还是国内专家，对于羊肉的研究都是集中于产业发展现状方面，对于畜产品流通研究也主要集中在生猪和禽类等市场需求更大的产品，对河北省羊肉流通的分析较少，流通效率的研究更是罕见，因此，本章对丰富羊肉流通的研究具有重要意义。

第二节　河北省羊肉流通模式现状分析

一、河北省羊肉流通主体现状

流通主体是流通活动的直接参与者，各个流通主题在不同的流通环节组合并构成了整个流通链条。各个流通主体间存在着不同程度的合作依赖关系，他们彼此间的交易行为也会对流通效率产生不同影响。羊肉的流通主体包括肉羊养殖者、羊肉中间商、羊肉消费者和市场监管机构等。

（一）肉羊养殖者

从总量上看，2007—2015 年间，河北省年出栏量为 500 头以下的养殖主体数量最多，而年出栏量为 500 头以上的养殖主体数量相对较少，尤其是年出栏量为 1 000 头以上的养殖主体数量最少，可见河北省肉羊养殖目前仍主要以小规模养殖户为主。

从增长速度上看，河北省肉羊年出栏 100 头以下的养殖主体数量呈现逐年递减趋势，年出栏为 30 头以下的养殖主体数量更是为负增长，其中年出栏 1～29 头的养殖主体年均减幅 9.19％，年出栏 30～99 头的养殖主体年均减幅 2.05％；而年出栏量在 100 头以上（"100～499 头"、"500～999 头"、"1 000 头以上"）的养殖主体数量呈递增趋势，其中年出栏头数在 1 000 头以上的养殖主体数量涨幅最大，年均增长 61.99 个百分点。由此也可以看出河北省肉羊规模化养殖增长趋势明显（表 7－1）。

表 7－1　河北省 2007—2015 年各规模下肉羊饲养规模场（户）数与年均增长率

单位：户

年份	1～29 头		30～99 头		100～499 头		500～999 头		1 000 头以上	
	数量	增长率	数量	增长率	数量	增长率	数量	增长率	数量	增长率
2007	1 188 201	—	148 339	—	10 069	—	682	—	62	—
2008	791 730	−33.37％	113 325	−23.60％	8 645	−14.14％	677	−0.73％	130	109.68％
2009	778 290	−1.70％	120 155	6.03％	9 232	6.79％	780	15.21％	523	302.31％
2010	748 517	−3.83％	114 439	−4.76％	10 501	13.75％	932	19.49％	588	12.43％
2011	702 096	−6.20％	113 711	−0.64％	11 069	5.41％	952	2.15％	646	9.86％
2012	573 419	−18.33％	137 477	20.90％	12 689	14.64％	1 265	32.88％	837	29.57％
2013	503 093	−12.26％	131 884	−4.07％	14 133	11.38％	1 935	52.96％	1 015	21.27％
2014	525 774	4.51％	127 976	−2.96％	15 365	8.72％	2 182	12.76％	1 148	13.10％
2015	513 639	−2.31％	118 652	−7.29％	20 809	35.43％	2 368	8.52％	1 122	−2.26％
年均增长率	—	−9.19％		−2.05％		10.25％		17.91％		61.99％

数据来源：Wind 经济数据库。

（二）羊肉中间商

羊肉中间商是在羊肉流通活动中连接生产者和消费者的中介组织，根据其所承担的不同职能可以划分为羊肉屠宰加工企业、羊肉批发商和羊肉零售商等。河北省羊肉中间商的具体情况如下：

（1）受肉羊养殖区域化的限制，羊肉屠宰加工企业分布具有一定的地域性，我国羊肉屠宰加工企业多分布在内蒙古、河北、甘肃、新疆等地。羊制品加工业包括羊毛、羊绒、羊肉加工企业。目前羊制品加工行业以小微企业为主，依据全国企业名录数据库，2016 年，内蒙古、甘肃和新疆的羊制品加工企业都在 50 家以上，其中河北省共有 36 家，在所有参照省里位居第四。

（2）羊肉批发商一般存在于批发市场中，在肉羊产业发展较好地区，也有批发商脱离市场进行自行设点销售。根据实地调研情况可知，河北省羊肉批发商是分布最广、数量最多的中间商组织。保定市每个批发市场平均批发商数量为 4～5 个，日均羊肉批发数量为 6 000 千克。迁安市建昌营镇为回民聚居区，肉羊产业发展较好，当地羊肉批发商多为大规模肉羊养殖户，通过屠宰加工将羊胴体批发至内蒙古和周边市区，平均次交易量达 24 000 千克。

（3）目前，河北省的羊肉零售商多为小规模养殖户和小型羊肉经销商。养殖户通过育肥屠宰，在早市或固定摊位贩卖羊肉。小型羊肉经销商则通过购买养殖户的育肥羊，到定点屠宰场屠宰后进行售卖。这种形式多产生于乡镇地区，如张家口市的各地农村，因其优越的地理位置，每年吸引大量游客到此游览消费，一部分养殖户和羊肉经销商便在自家或固定摊位进行羊肉售卖。

（三）羊肉消费者

羊肉消费者是羊肉流通活动的终点，消费者对羊肉的需求是推动羊肉流通产业发展的重要因素之一。河北省当前羊肉流通市场中的羊肉大多是由中间商流向消费者，这使得消费者对中间商产生了一定的依赖性。

在河北省，羊肉的消费主体主要有家庭、小餐馆、火锅店、酒店、烧烤摊点和农贸市场摊点。因受"滋补观念"的影响，我国的羊肉消费一直具有季节性特征，冬季羊肉需求高于夏季，价格也自然存在差异，但这种差异性随着居民消费多样性的发展而在逐步缩短。因烧烤业在全国范围内的快速发展，夏季也成了羊肉消费的主要季节之一。

河北省近几年羊肉消费量及结构变化趋势具有如下特征[①]：

第一，消费量增长主要由人均消费拉动。从羊肉消费总量来看，河北省居民年消费量 2013 年到 2017 年增长了 80.72%，年均增长率为 15.94%，而河北省人均消费量年均增长率为 14.21%。河北省居民羊肉消费总量增长主要在于人均消费的拉动。河北省在全国居民消费总量中占比呈现逐年增加的趋势。

---

① 居民消费总量只包括户内消费数量，户外消费数量未做统计。

2013—2017 年，河北省羊肉消费总量增速与年均增长率分别较全国高 29.86 个百分点与 5.12 个百分点。河北省居民羊肉消费量占全国消费量比例由 4.85% 增加到 5.81%，消费份额逐渐增大。

第二，人均消费量呈现先抑后扬的增长态势。从近几年消费来看，河北省居民人均羊肉消费呈现先抑后扬的增长态势。2013—2014 年，人均消费量增速为 12.20%；而 2014—2017 年，人均消费量增速为 52.18%，较 2013—2014 年增速高 39.98 个百分点。与全国羊肉人均消费水平相比，从 2015 年开始，其人均消费量高于全国平均水平，呈现较快的增长势头。

第三，城镇人均消费差距呈现逐步扩大的趋势。2013—2017 年，城镇羊肉人均消费数量虽高于农村，人均消费量年均增速较低于农村。但二者之间差距仍呈现逐步扩大的趋势。河北省城镇年人均消费量由 2013 年的 1.16 千克/人增加至 2017 年的 1.90 千克/人，年均增速为 13.12%；而农村由 0.51 千克/人增加至 0.90 千克/人，年均增速为 15.25%。

第四，农村羊肉消费量在肉类结构中占比低于城镇。羊肉在城镇人均肉类消费结构中占比高于农村，二者差距呈现缩小—扩大的趋势。就具体差距来看，2013 年二者差距最小，为 2.0 个百分点；之后差距开始扩大，至 2017 年，差距逐渐增加至 3.11 个百分点。差距逐渐扩大，但趋势较缓慢。

(四) 市场监管机构

2010 年末，河北省就已经建成了林果、畜产品、水产品等 7 个省级检测机构、31 个市级以及 49 个县级质检中心，初步形成了省、市、县三级农产品质量检验检测体系。河北省食品质量安全检验研究院于 2009 年 4 月 28 日正式成立。顺利通过该院试验认可的项目高达 1 476 项，涉及植物油、面制品、肉制品、乳制品等农副产品的检验，自此，河北省的食品安全有了更高的科学技术保障。

在羊肉流通市场中，动物卫生监督机构是法定的畜产品质量安全监管组织，但就我国的市场现状来看，关于羊肉的检疫和监测，各地动物监督机构还没有对其进行有效监管。对保定唐县调研显示，唐县的活羊大多由内蒙古和东北运输而来，活羊免疫与感染的背景不清楚，加之长途运输活羊的应激反应，到养殖场后活羊发病情况较多，也有一定的死亡率。同时，每年也有大概 10 000 头活羊运输到新疆。这样就带来一个问题，即如果对大量跨区调运的活羊检疫和监测不到位，会导致活羊疫病的传播与蔓延。因此在整个羊肉流通领域中，河北省羊肉流通市场的质量监督与管理仍是一个相对薄弱的环节。

二、羊肉流通环节现状

农产品的流通环节，就是农产品的流通过程，既是农产品的价值流通过程与实物流通过程的统一，又是农产品从生产者开始经过各个流通环节，最终进入到消费者手中的运动过程。羊肉及其制品主要以鲜肉的形式出售，在河北省，羊肉流通环节主要有批发环节、零售环节以及仓储环节。

（一）批发环节

2016 年课题组进行的河北省农产品市场体系市场调研显示，河北省现有田头市场 201 家，批发市场 125 家。在羊肉流通环节中，批发环节主要由批发市场主导。批发市场主要存在于大中城市或者经济较发达地区，石家庄设有 3 个肉类批发市场，这些批发市场以猪肉批发为主，羊肉所占份额并不大。保定市羊肉批发市场的平均摊位的日均交易量在 6 000 千克左右，批发意义上的羊肉交易量很低，大多是"零售交易"，每次的交易量也非常少。对批发市场经营主体的访谈可知，批发市场的购买者有：家庭（占 10%）、小餐馆和酒店（占 40%）、烧烤摊点和农贸市场摊点（占 50%）。羊肉批发商所销售的基本为低档羊肉，主要来自于各地的屠宰加工企业和个体养殖户，但其具有价格低廉的优势。

（二）零售环节

羊肉的零售环节主要由早市、农贸市场和超市构成。农贸市场是个体养殖户、其他零售商同消费者进行直接交易的场所。我国居民尤其是老年居民一直有逛早市的习惯。在早市上进行羊肉销售的主体一般为个体养殖户或零售商，早市由工商部门进行监督与管理，但不涉及畜产品的检疫，畜产品的检疫工作一般由相关检疫部门在产品进入流通阶段执行。在早市上，羊肉销售者向工商局缴纳其所规定营业额的 1%～2% 的管理费。

农贸市场的前一环节是批发市场，在早市、批发市场和农贸市场销售羊肉的成本，远远低于羊肉品牌连锁店或大型超市，因此早市和农贸市场销售的羊肉价格也低。但该销售方式却存在着监管不到位的现象。大型超市已经成为羊肉销售的重要渠道。在大型超市出售的羊肉通常是采用真空包装的知名品牌羊肉和羊肉冷冻分割品，这些产品通常放置于冷藏柜中进行销售，其质量要远远高于早市、农贸市场和批发市场所销售的羊肉，但价格相应的也较高。

（三）仓储环节

因羊肉的易腐特性，其仓储环节相比其他农产品对仓储条件的要求要高。羊肉在流通过程中，需全程的冷链运输才能保证肉质的鲜嫩。但冷链运输的费用与要求较高，羊肉流通中只有一部分环节能保证冷链设施的配备，这就对羊肉质量保障提出了挑战。经实地走访可知，河北省各地大型批发市场的批发商都配备了冷库存储羊肉，农贸市场、超市及早市的羊肉经销商，一般用冷藏柜存储羊肉。且在运输过程中，各流通主体一般运用冷藏车进行运输，冷藏车的温度控制由流通主体调节。

三、羊肉流通模式发展现状

参考相关文献资料，并结合实地走访情况，河北省目前主要存在以下 4 种羊肉流通模式：养殖户"自产自销"模式、以"农贸市场"为核心、以"批发市场"为核心和以"龙头企业"为核心的流通模式。

（一）养殖户"自产自销"模式

养殖户"自产自销"模式是指肉羊养殖户直接销售羊肉，省去了流通的中间环节，降低了流通成本，加快了流通速度。此模式可以根据市场变化及时调整，便捷自由，但存在经营风险较大、收益不稳定的现象。

该模式以迁安市建昌营镇为典型案例。迁安市建昌营镇为回民聚居区域，回族群众居多，并为该镇最具代表性的少数民族，共有 3 700 余人，约占全镇人口的 8.82%。因宗教习俗问题，当地羊肉销售经销商 90% 都为回族，并有 1/4 采用自产自销模式。养殖户在定点屠宰场进行肉羊屠宰后，在自家附近的集贸市场或摊点聚集地摆设摊点销售羊肉。在旅游旺季，有些地区的部分养殖户不经过定点屠宰场屠宰肉羊，直接自己屠宰后进行贩卖。这种模式自由灵活，减少了流通成本，价格可以根据不同情况进行定价，具有比较大的弹性。"养殖户＋消费者"的直销模式不需要承担大量的费用，成本相对较小。养殖户"自产自销"模式见图 7-1。

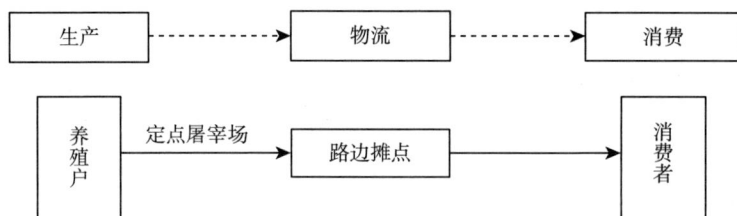

图 7-1 养殖户"自产自销"模式

（二）以"农贸市场"为核心的流通模式

农贸市场是目前河北省城乡居民购买羊肉的主要途径。农贸市场因其低廉的价格吸引着众多消费者，该流通模式运作流程如图 7-2 所示：

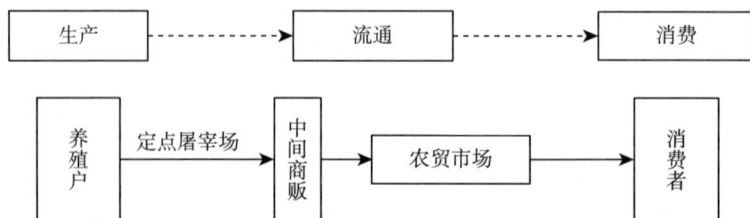

图 7-2 以"农贸市场"为核心的流通模式

此种模式主要为"养殖户十中间商贩＋农贸市场"模式。此种模式是一种传统的流通模式，专门从事羊肉贩卖的中间商贩在小规模养殖户手中购买已经育肥的肉羊，经过屠宰后直接在农贸市场摆摊出售。这样中间商的羊肉价格可以随行就市，并减少了肉羊育肥的时间和成本。因此，在这种模式下，羊肉价格的制定空间相对宽泛，消费者可以对羊肉进行讨价还价，给消费者提供更好的购物体验。但农贸市场技术设施建设落后，市场环境杂乱无章，有时还会面临严重的卫生问题，这些也是制约农贸市场发展的原因。

（三）以"批发市场"为核心的流通模式

目前河北省羊肉最主要的流通模式还是以批发市场为主导的。批发市场对接大型连锁超市、羊肉专卖店、农贸市场、餐饮公司以及机关、学校食堂等，承担着约80％的肉类流通任务。批发市场的流通商包括收购商、运销商、经纪人、批发商和零售商等，其中羊肉大规模流通主要由批发商完成。

在以"批发市场"为核心的流通模式中，"养殖户＋经纪人＋中间环节＋消费者"模式是河北省羊肉养殖户选择最多的模式。在调研走访中发现，养殖户将肉羊直接出售给经纪人或收购商，再由经纪人或收购商完成接下来的流通环节。由于经纪人或收购商承担了肉羊的屠宰与运输等工作，减少了养殖户生产与深加工步骤，产生了规模经济效应。但经纪人或收购商拥有养殖户所不具备的资金和管理方面的优势，使双方信息不对称，经纪人或收购商拥有较高的话语权。以批发市场为核心的流通模式见图7-3。

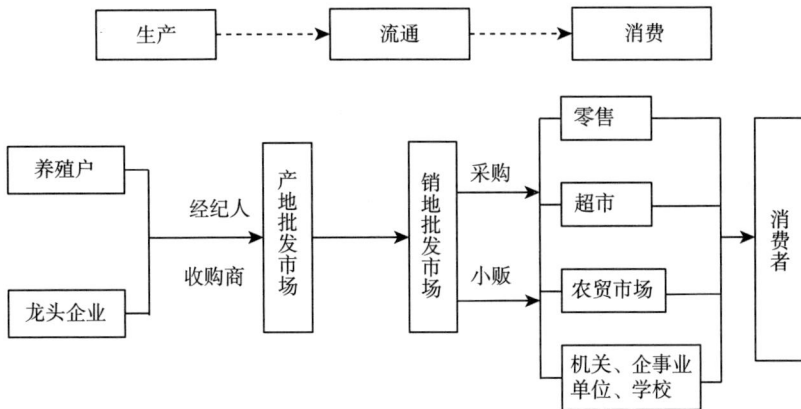

图7-3　以"批发市场"为核心的流通模式

（四）以"龙头企业"为核心的流通模式

此模式是指以较有实力的羊肉加工企业为核心，通过建立肉羊养殖小区或是在自有养殖场的基础上，进行肉羊屠宰加工，再延伸到餐饮销售等环节，实现羊肉的产供销一体化模式。调研中主要表现为以下两种模式：

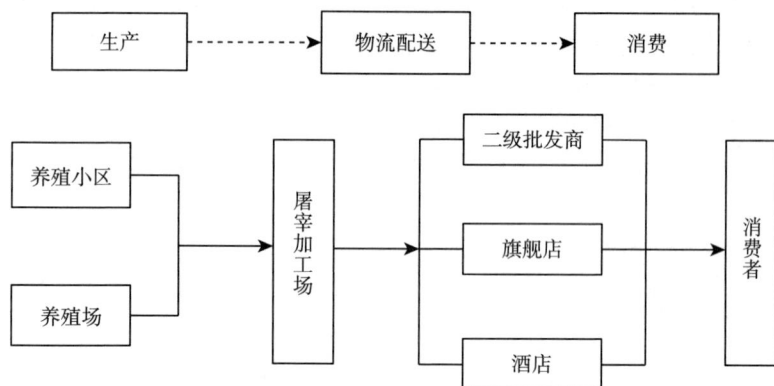

图 7-4 以"龙头企业"为核心的流通模式

1. "养殖小区＋屠宰加工场＋销售"模式

该模式以河北省保定市唐县为代表。为了解决环境污染问题，唐县县委县政府规划了羊养殖小区，将分散的养殖户集中在一定区域饲养，形成了以葛堡村为中心的短期舍饲育肥的养殖模式。共涉及 3 700 多个养殖户，7 个乡镇。目前唐县已经有三个规模较大的肉羊屠宰厂——国富唐尧肉食品有限公司、瑞丽食品、振宏食品加工有限公司。他们的活羊来源主要是新疆、内蒙古、东北等地区和河北沧州青县、曲阳县、阜平县和望都县，胴体销往沈阳、南京、武汉、北京、天津、上海等地区各大酒店或二级批发商。

屠宰加工企业是畜牧业发展的大势所趋，但目前河北省羊肉加工尤其是深加工滞后，绝大多数肉羊都是以传统的胴体方式进入市场，唐县肉羊屠宰加工建设尚处在粗加工阶段，精深加工水平低，大量粗加工羊肉产品在唐县集散发往外省进一步深加工，其产品附加值低，品牌效应低。

2. "养殖场＋屠宰加工场＋旗舰店"模式

以张家口宣化区的兰海畜牧业养殖有限公司为例。公司位于张家口宣化区贾家营镇西深沟村，成立于 2014 年，是一家以种羊选育、繁殖、肉羊育肥为一体的现代化农牧企业。公司舍饲养殖条件良好，且当地农民一直从事肉羊饲养，有着丰富的生产经验。公司建设了种羊生产基地，包括种肉羊育肥区、羊生产区、饲草料加工储存区、羊粪储存区、集中式光伏发电中心、粪污处理中心。通过"公司＋基地＋农户"，带动周边农户积极实行舍饲圈养。同时，公司打造高端羊肉品牌，建设了兰海奥祥羊肉旗舰店，产品主要包括排酸冷鲜肉和精选冻肉。

四、羊肉流通模式存在的问题

目前来看，河北省羊肉流通发展势头是好的，但存在着一些亟须解决的问题。

（一）河北省羊肉流通主体问题

1. 经营规模较小，养殖主体以散户为主

从养殖户"自产自销"模式来看，养殖户绝大多数是分散的农民，大都不具备法人资格，生产随意性较大，在肉羊养殖上存在着盲目性。他们经营规模小，经济实力弱，缺乏专门的经营知识，生产的羊肉品质不高，缺乏创新性，难以满足消费者对羊肉标准化、品牌化、安全性的需要。

2. 农贸市场发展不规范

从以"农贸市场"为核心的流通模式来看，农贸市场卫生设施不完善，存在着食品质量难以保证、市场基础设施陈旧、市场布局不合理等问题。

3. 批发市场物流经营分散，规模小

从以"批发市场"为核心的流通模式来看，河北省各地大型批发市场的羊肉批发商都配备了冷藏库进行羊肉储藏，但批发商自行安装冷藏库，不仅成本高，冷藏水平也存在高低差异。除此之外，批发市场羊肉批发商分散在市场的各个方位，经营分散，难以形成规模。

4. 龙头企业冷链物流基础设施欠缺

从以"龙头企业"为核心的流通模式来看，河北省的各大屠宰加工厂规模较小，基础设施不完善，没有独立的冷链物流进行运输。虽然能做到胴体销售，但对于羊肉分割品还少有涉及。

（二）羊肉品牌建设和产品质量问题

1. 缺乏具有河北省地域特征的、辨识力较高的羊肉品牌

经调研显示，唐县有3个屠宰公司有其自己的羊肉注册商标，但知名度较低，不为消费者所熟知，与内蒙古和新疆的著名羊肉品牌相比差距较大。

2. 没有统一的质量标准

羊肉进入市场，大多以肉羊品种划分价格，对于羊肉的质量标准，没有科学合理的监测标准与统一的划分依据。

3. 标准化程度较低

经调研显示，河北省肉羊来源为新疆、内蒙古和东北地区，活羊来源复杂，且杂交现象严重，很难实现活羊品种和饲养的标准化。

4. 羊肉产品附加值低

目前，河北省羊肉多以胴体形式进入市场，羊肉屠宰加工企业还没涉及羊肉深加工产品的生产，使得羊肉产品附加值低。

（三）羊肉流通市场管理问题

1. 相关政策扶持不到位

近年来河北省出台了不少对农产品市场的扶持政策，但没有羊肉流通市场的政策。现有的财政政策多是针对肉羊养殖阶段，还未制定屠宰加工企业、农贸市场和批发市场的具体政策。

2. 农畜产品的物流建设不健全

目前，河北省羊肉流通主要靠流通主体自己完成，小规模主体购置冷藏车，大规模主体安装冷藏库。政府应加大扶持力度，对流通主体进行资金补贴，加快对基础物流的建设工作。

3. 缺少完善的羊肉检疫制度

在畜产品流通领域，目前河北省有关于猪肉的完整检疫体系，羊肉的流通尚未形成完善的检验检疫制度。

第三节　河北省不同羊肉流通模式的效率评价

为了分析河北省不同羊肉流通渠道的流通效率，本章从流通效率角度对其进行量化处理。基于 DEA 评价方法的科学性以及实用性，站在羊肉流通角度，从投入和产出两个方面构建了关于河北省羊肉流通渠道效率的 DEA 评价指标体系。

一、流通模式效率评价指标体系的构建

羊肉流通模式效率评价指标体系是一个具有结构性和层次性的有机整体，在这个指标体系中，各指标相互联系，互为补充。这些指标既要反映子系统的特征又要对子系统各部分进行说明，所以其包含广泛，不仅要在原始数据里选取还要结合各主体的基本数据。要选择在不同方面对模式产生不同影响的指标，选择既能对模式产生内部影响的指标，又能对模式的外部环境产生关系的指标。本章采用数据包络分析方法对河北省不同羊肉流通模式的效率进行评价，基于数据包络分析方法（DEA）的指标体系选取应当重点注意以下问题：投入和产出指标的选取，可以依照所选指标对决策单元的影响力度，以及对 DMU 的控制力度，也可以依照定量或定性因素来选取相应的指标。但不宜选取太多的指标，因为过多的指标会模糊 DMU 之间各影响因素之间的差异，导致过多的 DMU 显示为有效，失去分析的意义。因此本章在选取指标时，遵循指标的代表性原则，用最少的指标来反映出决策单元最多的信息。因羊肉流通过程的复杂性，指标获取较困难，本章选取在整个流通过程中起主导作用的主体作为研究对象，并对其流通过程中产生的投入产出进行总结整理，以此为依

据对河北省羊肉流通模式效率进行评价。

（一）评价指标体系构建原则

（1）目的性原则。本章所选取的相关指标要围绕"不同羊肉流通模式的效率对比"为中心，在对具体流通主体进行调研与访谈中，要对相关数据进行适当舍弃，抓住对流通效率起关键作用的数据即可。

（2）科学性原则。主要是指选取指标应遵循科学统计方法的最基本的原则，要真实客观，并在科学的基础上能够对河北省当前不同羊肉流通模式的现状进行客观评价。

（3）可操作性原则。羊肉流通模式效率评价的研究数据必须拥有明确的定义，数据信息要完整规范，数据获取应具备客观可操作性。

（二）指标体系构建

基于羊肉流通的特点，羊肉流通效率的可控变量主要包括羊肉来源、物流成本、仓储成本和流通管理等，不同流通模式综合反映了各类变量的不同组合，并最终通过投入产量和产出产量来体现。参考以上原则并考虑到指标的可获取性，本章最终选取"成本"（$A1$）、"提前期"（$A2$）作为投入指标，选取"财务状况"（$A3$）作为产出指标构建效率评价体系，详见表 7-2。

表 7-2　羊肉流通模式效率评价指标体系

	一级指标	二级指标	三级指标
投入	成本 $A1$	物流成本 $B1$	运输成本 $C1$
			仓储成本 $C2$
		交易成本 $B2$	采购费用 $C3$
			销售费用 $C4$
			信息处理费用 $C5$
		人力资源成本 $B3$	员工个数 $C6$
	提前期 $A2$	流通时间 $B4$	从采购到产品开始销售的时间 $C7$
产出	财务状况 $A3$	销售额 $B5$	零售企业 销售额 $C8$
		净利润 $B6$	零售企业净利润 $C9$

（1）成本。羊肉流通成本是指在羊肉流通过程中，各流通主体花费的总和，包括物流成本（$B1$）、交易成本（$B2$）和人力资源成本（$B3$）。物流成本具体是指羊肉在流通过程中，为保证羊肉顺利流通所产生的费用总和。此外，羊肉流通模式是一个流通过程中各流通主体不同形式的组合，需要考虑各主体与上下级之间的交易成本，如采购成本、销售费用等。交易成本包括

所有流通主体在实现羊肉上下级流通时所有活动所产生的费用，这些成本随着流通主体间的相互关系而发生作用。人力资源是羊肉顺利流通的关键因素之一，流通主体间的合作配合可大大减少羊肉在流通中所花费的时间，提高流通组织效率。

（2）提前期。在流通问题研究中，提前期一般用流通时间（B4）表示，羊肉的易腐性决定了羊肉从屠宰加工开始到最后到消费者手中不能超过羊肉腐烂的时间值，整个过程价值实现存在一定的时间上限。因此，对于羊肉经营主体来说，如何在最短的时间内完成羊肉流通，以此保持羊肉的鲜活度是目前亟须解决的问题。

（3）财务状况。羊肉流通模式的财务状况可以用销售额（B5）和净利润（B6）两个指标来反映。销售额和净利润是最直观的财务状况指标，销售额的多少可以显示出羊肉流通模式的规模，而净利润额也可以从侧面反映出流通效率的高低。所以，选取销售额和净利润作为产出指标，具有较强的代表性。

二、数据包络分析方法的选择

（一）DEA 模型的简介

数据包络分析方法（Data Envelopment Analysis，简称 DEA）是 1978 年由 Charnes、Cooper 与 Rhodes 三名美国经济学家提出的，其综合运用了运筹学、数理经济学、管理学等学科的研究思想。DEA 研究方法是典型的非参数分析方法之一，它对生产函数没有具体的形式要求，是通过线性规划的方法对决策单元之间的相同效率进行分析的。数据包络分析方法能够对相对复杂的系统通过数据转化为简单的评价分析，适合羊肉流通模式的研究，因羊肉流通过程中影响因素过多，且相关数据获取困难，所以很难对其进行效率研究，而 DEA 分析方法很好地解决了这一难题。

（二）DEA 的基本模型 CCR

DEA 模型中应用最广泛的是 CCR 模型，CCR 模型可以对评价对象的技术效率和规模效率进行评价，它的前提假设为规模报酬不变。CCR 模型假设存在 n 个决策单元（DMU），每个决策单元的输入变量和输出变量为相同个数，输入变量和输出变量分别表示为 $x_j = (x_{1j}, x_{2j}, x_{3j}, \cdots, x_{pj})T > 0$，$j = 1$，$2$，$3$，$\cdots$，$n$ 和 $y_j = (y_{1j}, y_{2j}, y_{3j}, \cdots, y_{qj})T > 0$，$j = 1$，$2$，$3$，$\cdots$，$n$。其中 x_{ij} 表示第 j 个 DMU 中第 i 个输入变量的值，y_{rj} 表示第 j 个 DMU 中第 r 个输出变量的值，x_{ij} 和 y_{rj} 均为已知数据。其中，每一个决策单元 DMU_j 都有一个与之相对应的效率评价指数：

$$h_j = \frac{\sum\limits_{r=1}^{n} u_r y_{rj}}{\sum\limits_{i=1}^{m} v_i x_{ij}}, j = 1, 2, \cdots, n \qquad (\text{式} 7-1)$$

总可以适当地取权系数 v 和 u，使得 $h_j \leqslant 1$，$j=1$，2，$\cdots$，n。

当对第 j_0 个决策单元进行效率评价时，h_{j0} 的大小直接影响 DMU_{j0} 的输入输出。当 h_{j0} 越大时，DMU_{j0} 的输入越小，输出越大。这样当对 DMU_{j0} 进行评价时，想要研究 DMU 的最优性，就可以考虑对输入输出值进行相应的调整，使得 h_{j0} 的值最大我们对所有决策单元的效率指数为约束时，就构造了如下的 CCR 模型：

$$\max h_{j0} = \frac{\sum\limits_{r=1}^{s} u_r y_{rj0}}{\sum\limits_{i=1}^{m} v_i x_{ij0}} u \geqslant 0, v \geqslant 0 \qquad (\text{式} 7-2)$$

$$\text{s. t. } \frac{\sum\limits_{r=1}^{s} u_r y_{rj}}{\sum\limits_{i=1}^{m} v_i x_{ij}} \leqslant 1, j = 1, 2, \cdots, n \qquad (\text{式} 7-3)$$

使用 Charnes—Cooper 变化，对 CCR 模型进行分式规划，可以得到如下的线性规划 P。

$$\max h_{j0} = \mu^T y_0$$
$$\text{s. t. } w^T x_j - \mu^T y_j \geqslant 0, \quad j = 1, 2, \cdots, n \qquad (\text{式} 7-4)$$
$$w^T x_0 = 1$$
$$w \geqslant 0, \quad \mu \geqslant 0$$

线性规划（P）所运用的是线性规划的对偶理论，通过对偶理论可以建立对偶模型，对研究对象进行理论和经济的更深刻的分析。为了讨论和计算的方便，进一步引入松弛变量和剩余变量，将对偶规划的不等式约束变为等式约束，可变成规划（D）：

$$\min \theta$$
$$\text{s. t. } \sum_{j=1}^{n} \lambda_j x_j + s^+ = \theta x_0$$
$$\sum_{j=1}^{n} \lambda_j y_j - s^- = \theta y_0$$
$$\lambda_j \geqslant 0, \quad j = 1, 2, \cdots, n \qquad (\text{式} 7-5)$$
$$\theta \text{无约束}, s^+ \geqslant 0, s^- \leqslant 0$$

将上述规划（D）直接定义为规划（P）的对偶规划，则有以下定理：

定理 1：线性规划（P）和对偶规划（D）均存在最优解，则为整体最优。假设它们的最优值分别为 h_{j0}^* 和 θ^*，则有 $h_{j0}^* = \theta^*$；

定理 2：DMU_{j0} 为弱 DEA 有效的充分必要条件是线性规划（D）的最优值 $\theta^* = 1$。

CCR 模型判定的是研究的经济活动是否同时达到了技术有效和规模有效：

$\theta^* = 1$，且 $s^{*+} = 0$，$s^{*-} = 0$，则决策单元 j_0 为 DEA 有效，此时的经济活动技术效率和规模都达到了有效状态；

$\theta^* = 1$，则决策单元 j_0 为弱 DEA 有效，此时的经济活动技术效率规模没有共同达到最佳；

$\theta^* < 1$，决策单元 j_0 没有达到 DEA 有效，此种经济活动既不是规模最佳，更不是技术效率最佳。

CCR 模型中的 λ_j 可以用来判断 DMU 的规模收益情况：

如果存在 λ_j^*（$j = 1, 2, \cdots, n$）使得 $\sum \lambda_1^* = 1$，则 DMU 为规模收益不变；

如果不存在 λ_j^*（$j = 1, 2, \cdots, n$）使得 $\sum \lambda_1^* = 1$，若 $\sum \lambda_j^* < 1$，则 DMU 为规模收益递增；

如果不存在 λ_j^*（$j = 1, 2, \cdots, n$）使得 $\sum \lambda_1^* = 1$，若 $\sum \lambda_j^* > 1$，则 DMU 为规模收益递减。

三、不同羊肉流通模式效率的实证分析

本研究运用实地调查法和访谈法，对河北省羊肉流通主体进行了详细调研，为本章的实证分析提供了必要的数据支持。河北省下辖 11 个地级市，由于人力等方面的限制不可能对河北省的各个市区进行详细的调研分析，因此本章针对保定市、唐山市进行了重点调查。由于两市在河北省肉羊生产中占据主要优势，因此对其研究对河北省的羊肉流通来说具有代表性。

通过前文的分析表明，目前河北省羊肉流通主要存在 4 种不同模式，本章选取每种流通主体中的典型企业作为代表，并从整体上分析评价不同流通模式的流通效率，为了研究的便捷性和数据的可获取性，本章从横向比较的角度，对不同流通模式进行效率分析。

（一）不同羊肉流通模式效率评价

各选取四种流通模式下具有代表性的 3 个主导流通主体作为此次评价的对象。本章选取的 12 个调研对象分别为：

养殖户"自产自销"模式：位于迁安市建昌营镇的三家路边固定摊点，命名为 DMU1、DMU2、DMU3；

以农贸市场为核心的流通模式：杨记肉铺 DMU4、士征清真羊肉 DMU5、金家肉铺 DMU6；

以"批发市场"为核心的流通模式：农大科技市场 DMU7、长城大街牛羊肉零售市场 DMU8、清真市场 DMU9；

以"屠宰加工企业"为核心的流通模式下的振宏食品加工有限公司 DMU10、保定瑞丽肉食品有限公司 DMU11、国富唐尧肉食品加工有限公司 DMU12。

1. 不同羊肉流通模式的流通效率

据建立的羊肉流通效率"投入—产出"评价体系，表 7-3 为 12 家流通主体 2017 年的各项数据统计。

表 7-3　河北省羊肉不同流通模式各流通主体投入产出指标数据

决策单元	物流成本（万元）	交易成本（万元）	人力资源成本（个）	流通时间（天）	销售额（万元）	净利润（万元）
DMU1	10.4	3	2	2	94.25	15
DMU2	11.2	6	1	3	86	12
DMU3	12	5	2	3	109.5	32
DMU4	15	6	3	3	132	53
DMU5	12	5	2	2	116	50
DMU6	14	5	2	2	90	35
DMU7	144	95	8	5	4 526	146
DMU8	180	124	9	7	5 657	294
DMU9	90	80	5	6	3 394	90
DMU10	230	180	188	10	9 636	720
DMU11	245	216	346	9	10 670	842
DMU12	260	190	210	11	8 485	601

数据来源：根据调研和访谈数据整理而得。

将表 7-3 中的数据带入 DEAP2.1 模型，计算出河北省羊肉不同流通模式流通效率值，数据处理结果见表 7-4 所示。

表 7-4　河北省羊肉不同流通模式流通效率值及其分解（投入导向）

决策单元	综合效率	技术效率	规模效率	规模收益
DMU1	0.788	1	0.788	递增

（续）

决策单元	综合效率	技术效率	规模效率	规模收益
DMU2	0.438	1	0.438	递增
DMU3	0.760	0.838	0.908	递增
DMU4	0.904	0.987	0.916	递减
DMU5	1	1	1	不变
DMU6	0.730	0.776	0.941	递增
DMU7	1	1	1	不变
DMU8	1	1	1	不变
DMU9	1	1	1	不变
DMU10	1	1	1	不变
DMU11	1	1	1	不变
DMU12	0.834	0.855	0.976	递减
均值	0.871	0.985 5	0.914	—

数据来源：由 DEAP2.1 计算而得。

由表 7-4 的测量结果可知，在 12 个样本中有 5、7、8、9、10、11 这 6 个决策单元的综合效率值为 1，规模效率均有效。说明这 6 个流通模式的流通主体对其在流通过程中所投入的各个要素做到了充分利用，没有资源要素的浪费。剩余决策单元综合效率都小于 1，说明综合效率为无效。除了 3、4、6、12 以外，其余决策单元的技术效率是有效的。

从表中的规模收益数据可知，河北省 4 种流通模式的羊肉生产规模情况存在较大差异，养殖户自产自销模式的规模效率偏低，但规模收益呈递增趋势；以"农贸市场"为核心的羊肉流通模式的规模效率其中两组数据值偏低，没有达到规模收益不变；以"龙头企业"为核心的羊肉流通模式的规模效率其中一组数据值偏低，且规模收益呈递减趋势；以"批发市场"为核心的羊肉流通模式三组数据均为规模收益不变。

综上所述，可以得出以下结论：

（1）以"批发市场"为核心的流通模式技术效率和规模效率均值最高。主要原因如下：

第一，批发市场有经营区的划分，相同产品的经销商都会在一片区域内，市场集聚效应明显，具有资源整合优势；

第二，批发市场的经营主体大多有较强的经济实力，有能力应对羊肉市场中供需波动带来的风险；

第三，更容易得到政府和相关部门的财政补贴及其他政策扶持。

（2）以"龙头企业"为核心的羊肉流通模式规模效率和技术效率均值排在第二位，主要原因为：

第一，具有资金聚集优势，可以购买先进的屠宰与加工设备；

第二，羊肉屠宰加工企业有畅通的市场销售渠道，创立了自有羊肉品牌，延伸了产业链，提高了产品增加值；

第三，具备完备的生产和人员管理制度，生产过程标准化、技术规范标准化。

（3）以"农贸市场"为核心的流通模式和养殖户"自产自销"模式的技术效率均值和规模效率均值较前两种模式相比较为低下，主要原因为：

第一，二者经营规模小，生产条件有限，不能实现规模效率；

第二，不具备批发市场和龙头企业的管理实力和技术优势，养殖户"自产自销"模式和农贸市场中的零售商不存在人员雇佣管理问题，工作人员也多为家庭成员。羊肉销售也大多为胴体直接销售，不涉及羊肉加工。

2. 不同羊肉流通模式的投入冗余

对于羊肉流通模式效率的评价，投入冗余也是一项重要评价指标，河北省不同羊肉流通模式的投入冗余如表7-5所示。

表7-5　2017年河北省羊肉流通模式投入冗余一览表

决策单元	效率值	物流成本	交易成本	人工成本	流通时间
DMU3	0.760	0	-0.113	0	-0.952
DMU4	0.904	-1.744	0	0	-0.955
DMU6	0.730	-2	0	0	0
DMU12	0.834	-25.833	0	-6.444	-1.278

表7-5显示了规模收益的结果，结果表明2017年河北省4种不同羊肉流通模式中，除了以"批发市场"为核心的流通模式外，其余3种流通模式均为规模无效状态，即存在不同程度的生产要素投入冗余。

从投入项目来看，物流成本、交易成本、人工成本和流通时间4项指标均存在不同程度的投入冗余。其中，物流成本的投入冗余最大，主要原因为：一是物流成本中的运输成本占羊肉流通成本的比重很大，约占60%；二是羊肉的运输需要冷藏车，运输成本比一般农产品的成本高；三是羊肉的仓储需要冷鲜装置。

养殖户"自产自销"模式、以"农贸市场"为核心和以"龙头企业"为核心的流通模式中，流通时间具有投入冗余，主要原因为：肉羊产业的冷链物流发展不完善，流通主体之间没有完整的冷链物流链。养殖户"自产自销"模式中，交易成本存在投入冗余，主要原因为养殖户本身交易信息滞后，存在生产盲目性。以"龙头企业"为核心的流通模式中，人工成本存在投入冗余，说明企业存在人力资源浪费现象。

（二）不同羊肉流通模式效率评价结果分析

综上所述得出结论见表 7-6。

表 7-6　河北省羊肉流通模式效率分析数据

流通模式	流通综合有效比例（%）	流通技术有效比例（%）	流通规模有效比例（%）	流通综合效率	流通技术效率	流通规模效率	规模报酬（个）		
							不变	递增	递减
养殖户"自产自销"	0	66.667	0	0.662	0.946	0.711	0	3	0
以"农贸市场"为核心	33.334	33.334	33.334	0.878	0.921	0.952	1	1	1
以"批发市场"为核心	100	100	100	1	1	1	3	0	0
以"龙头企业"为核心	66.667	66.667	66.667	0.945	0.952	0.992	2	0	1

通过对表 7-6 的分析得出以下结论：

（1）流通效率相对为 1 的模型占全部样本的 50%。通过构建规模报酬可变的 DEA 模型对河北省不同羊肉流通模式的流通效率进行测算，得出各个模式的流通效率虽达到了整体有效，但仍存在无效率项。其中，以"批发市场"为核心的流通模式测算结果为 1，说明综合效率最高；以"龙头企业"为核心的流通模式技术效率偏低，导致其综合效率偏低；以"农贸市场"为核心的流通模式和养殖户"自产自销"模式的综合效率偏低是因其规模效率和技术效率均偏低导致的。

（2）物流成本、流通时间存在较高松弛值。通过对不同流通模式的投入存在的松弛变量的分析，可以得出物流成本、流通时间投入存在较高的冗余，即存在应减少的投入。物流成本、流通时间投入的增加同流通效率增加呈反向相关，说明羊肉流通中，因物流设施的不完善造成了时间和成本的浪费。

（3）不同模式中存在不同成本的投入冗余。在 4 种不同的羊肉流通模式中，养殖户"自产自销"模式中存在交易成本的投入冗余，以"龙头企业"为核心的流通模式中人力成本存在投入冗余。部分养殖户生产随意性较大，处理市场信息能力不足，存在生产经营的盲目性；部分龙头企业没有充分利用企业的人力资源成本达到规模有效。

河北省不同羊肉流通模式中，除了以"批发市场"为核心的流通模式技术效率和规模效率都为完全有效外，其他 3 种流通模式都存在不同程度的问题。说明这 3 种流通模式都没有达到规模和技术有效，需要扩大规模并提升技术水平，使其最终达到综合效率的有效性。

第四节　提高河北省羊肉流通效率的对策建议

一、提高养殖户"自产自销"流通模式效率

(一)建立规模化、标准化的肉羊养殖基地

由于河北省肉羊养殖以养殖户散养为主,规模小,出栏和产量增长缓慢,养殖效益低导致羊肉产量低。因此应大力扶植规模化和标准化的肉羊养殖基地,制定适用的、简化高效的标准化养殖技术规范。各地相关部门可通过组织肉羊养殖专家科技下乡、技术培训和现场指导等多种方式,免费提供给广大养殖场户,引导和帮助广大养羊场(户)树立科学养羊意识,注重优选良种,注重提升养殖技术水平,逐步实现饲养标准化、防疫规范化、产品优质化,全面提升河北省养羊技术水平,提高养羊户规模化、标准化程度,提高羊肉质量。

在河北省养羊优势生产区,建立标准化、规范化羊养殖示范基地,建设羊养殖场、青贮池、运动场、饲料库房、干草棚、消毒室、兽医室、药浴池、堆肥池等。养殖场内安装自动饮水、自动喂料和自动清粪系统,实现养羊全程的机械化和信息化。建立多元化投资融资体制,通过政府积极引导,大力推行"龙头企业(或合作社)+基地+养殖户"的运营模式,增强羊养殖业的行业竞争实力和讨价还价能力。通过示范基地带动周边羊养殖户的标准化、规模化建设,促进河北省羊产业发展的提档升级。

(二)重视良种繁育,加快羊肉标准化建设

首先,应加大对肉羊良种繁育的推广力度,培育并选用优质地方品种,开展良种登记、遗传评估、性能测定等育种工作,推进良种羊的杂交改良,提高良种化的养殖水平。其次,对改良的肉羊品种进行全省推广,推进肉羊养殖的标准化进程。肉羊养殖的标准化可以有效解决羊肉流通市场的羊肉质量问题,统一的优良肉羊品种,能够帮助养殖户更快的占领羊肉市场,提高市场竞争力。羊肉的标准化进程还将有利于羊肉的检疫与监管,对河北省羊肉市场健康有序发展有着重要的推动作用。

二、提高以"农贸市场"为核心的流通模式效率

(一)加强冷链物流网络建设,降低物流成本

以"农贸市场"为核心的流通模式中物流成本和流通时间成本投入过高。因此加强农村地区的公路建设和发展冷链物流是提高羊肉流通效率的关键。具体措施为发展冷链物流,完善冷藏库、运输中心等物流配套设施建设,合理规划和建立畜产品物流网点和畜产品配送中心。

(二) 建设羊肉流通渠道的信息平台，创新物流体系

调研得知，目前羊肉市场没有信息服务平台，产销信息不完善，使得经销商不能及时获得市场信息，对市场的预判存在偏差。因此有必要在现有农产品信息服务平台中增加羊肉价格信息，及时公开价格、数量等信息。

三、提高以"批发市场"为核心的流通模式效率

(一) 构建和完善高效率的流通模式

在河北省当前的羊肉流通模式中，以"批发市场"为核心的流通模式效率最高，因此各级政府应加大对当地各级批发市场的监督与管理，合理规划批发市场布局，依据产品类别划分经营区域，做到羊肉批发商的集中经营。各级政府还应积极搭建批发市场服务平台，完善物流产品追溯制度，做到为羊肉流通服务。大力扶持当地批发市场经销商，提供相应的政策与适度的资金支持，鼓励批发市场经销商加大技术投入与物流投入，为羊肉流通提供更好的政策保障。

(二) 加强批发市场监管，完善农产品法律制度的建设

河北省羊肉农批市场模式流通效率较高，但目前河北省各地区间都存在差异，各地区的批发市场在羊肉流通领域有着标准缺失、市场繁多且发展不一、基础设施落后、市场结构不合理等诸多问题。今后应进一步完善行政执法、舆论监督、行业自律、群众参与相结合的批发市场监管体系。发达国家对农产品市场交易的发展极为重视，如日本政府通过颁布了《批发市场法》，从经营规模、市场规划和交易行为等方面对各市场主体进行了规范。因此，我国政府及相关组织机构应重视农产品交易市场的发展，制定相应的法律法规，使农产品流通主体能得到有效的制度保障，流通市场也可以正常运转。

四、提高以"龙头企业"为核心的流通模式效率

(一) 支持发展羊肉龙头企业

羊肉龙头企业一般指羊肉屠宰加工企业。通过羊肉龙头企业的带头作用，能对具有资源优势的羊肉生产地区进行资源整合，加快产业的科学化、技术化发展，形成聚集效应，带动羊肉产业又好又快发展。应大力提倡养殖户、养殖小区与羊肉龙头企业合作，形成相互促进的良性互动关系。同时应加大政府对羊肉龙头企业的财政支持力度，实行贷款优惠政策和税收减免政策，为羊肉龙头企业的发展保驾护航，促进肉羊产业的良好有序发展。

(二) 促进一二三产融合，打造知名品牌

推动大中型羊屠宰、羊肉深加工和销售基地的建设，以及与养殖户"互惠互利、风险共担"的利益共同体的建设，实行订单养殖，对价格进行有效保

护，既能降低养殖户的经营风险，也能有效解决龙头企业的优质羊产品来源。最后，建立统一的销售网络，通过良种养殖、基地建设、羊肉分割、冷链物流、羊肉深加工等，将养殖、加工和流通等环节有机连接起来，创建优势产品和特色品牌，构建完整高效的羊产业链条及商业营销运行体系，提高羊产品附加值，推行品牌化经营。

河北省羊肉屠宰加工企业对于羊肉大多进行胴体销售以及简单的冻品分割销售，产品附加值低。消费者消费能力与饮食习惯的差异，使得他们对于羊肉也有着不同的需求，针对不同的消费群体，企业应该提供不同的羊肉产品。肉羊不同部位有着不同的口感与质感，企业还可以根据羊肉的这种特性对其进行合理定价。例如，可以把羊肉分为前腿部位、头尾部位和腹背部位等。前腿部位由于羊的行走习惯使其皮多肉少，可用来酱、扒、煮等；前腿部位肉质鲜嫩，可用烤、炖；腹背部位纤维呈斜型，且脊背带筋，可用来涮、煎、炒等。

五、发展现代化流通模式，发挥政府宏观调控职能

（一）发展"龙头企业＋旗舰店"的流通模式

"龙头企业＋旗舰店"模式减少了不必要的流通环节，使羊肉产品通过屠宰加工后直接销售给消费者的过程，不仅减少了羊肉流通过程中的成本，还节省了流通时间，提高羊肉流通效率。目前张家口宣化区兰海畜牧业养殖有限公司已开始了此模式的探索，该公司通过自繁自育，按月批次出栏月批次屠宰，自己分割并销售，当月分割的羊肉产品基本都能卖完，没有库存压力。这种流通模式最大程度地保证羊肉的新鲜度，使羊肉在流通中的损耗降到最低，不仅保障了羊肉龙头企业的销路，还为消费者提供更高质量的羊肉，同时降低了羊肉的购买成本。由于这种模式的羊肉有龙头企业的品牌作保障，羊肉产品更安全更放心，将成为未来羊肉流通模式发展的趋势。

（二）建立政策补贴机制，增加流通主体资金和技术支持力度

目前河北省各羊肉流通主体众多，但经营规模参差不齐且分布散乱，而河北省羊肉需求量非常大，出现了本地市羊肉产量无法满足消费需求的状况。因此，规划发展好河北省各羊肉流通主体，对稳定河北省羊肉价格，提高羊肉流通效率具有重要作用。

首先，建立羊肉流通主体政策补贴和保险机制。对各流通主体给予资金补贴，对养殖户给予良种补贴，鼓励其进行品种改良，提高品种质量；对农批市场和龙头企业实行税收减免政策，鼓励其扩大规模，提高流通效率。其次，增加河北省羊肉各流通主体的资金投入力度。据了解，由于养殖户和龙头企业投入在买羊、设备等过程中的资金较多，周期较长，大部分养殖户和龙头企业存在资金短缺问题，应对有意向建立规模化、标准化养殖场的养殖户及龙头企业

提供贷款优惠，借助于羊产业技术体系创新团队和省、市、县畜牧科技人员，为养殖户和龙头企业分别提供养殖技术和屠宰加工技术支持，定期举办技术培训，避免养殖风险、经营风险发生。

通过以上几点措施，河北省羊肉流通模式定将向更好的方向发展，流通效率也将有更大的提高，羊肉流通效率的提高，为提升河北省羊肉质量，保证畜产品安全做出更大贡献。

第八章 河北省羊肉消费市场分析及未来展望

随着居民生活水平的不断提高，绿色消费观念的形成及 90 后、00 后等新兴消费群体的出现，绿色、健康、低脂的羊肉产品逐渐受到消费者的青睐且羊肉需求呈现出质量并举、多样化等新特征；自 2000 年以来河北省羊肉消费总量增速加快，人均消费量逐渐走高。本章通过对近几年河北省羊肉消费量、消费结构及 2018 年羊肉消费者行为特征进行分析并预测，对肉羊产业发展提出建议，以期为推动河北省乃至全国肉羊产业的转型升级贡献绵薄之力。

第一节 羊肉消费量及结构变化趋势[①]

随着居民消费观念的转变，肉类消费结构发生变化。近几年来河北省羊肉消费总量及人均消费量呈现增长趋势，羊肉在肉类消费结构中占比处于缓慢增加状态，城乡消费差距明显。

一、羊肉消费量变化特征

（一）消费量增长主要由人均消费拉动

从羊肉消费总量来看，河北省居民年消费量从 2013 年的 6.03 万吨增加到了 2017 年的 10.90 万吨，增长了 80.72%，年均增长率为 15.94%，而河北省人均消费量年均增长率为 14.21%。由此可知，河北省居民羊肉消费总量增长主要在于人均消费的拉动[②]。

与全国羊肉消费水平相比，河北省居民消费总量增速高于全国，其在全国居民消费总量中占比呈现逐年增加的趋势。从统计数据来看，2013 年至 2017 年，全国居民羊肉消费总量从 124.49 万吨增加到 187.62 万吨，增长了 50.86%，年均增长率为 10.82%。河北省消费总量增速较全国高 29.86 个百分点；年均增长率较全国高 5.12 个百分点。从河北省居民羊肉消费总量占全

---

① 由于消费统计数据的限制，本部分的消费总量、人均消费量分析存在年限不统一的情况。

② 居民消费总量只包括户内消费数量，户外消费数量未做统计，下同。

国居民消费总量比例来看，其比例由 4.85% 增加到 5.81%，消费份额逐渐增大，河北省羊肉消费市场发展迅速（图 8-1）。

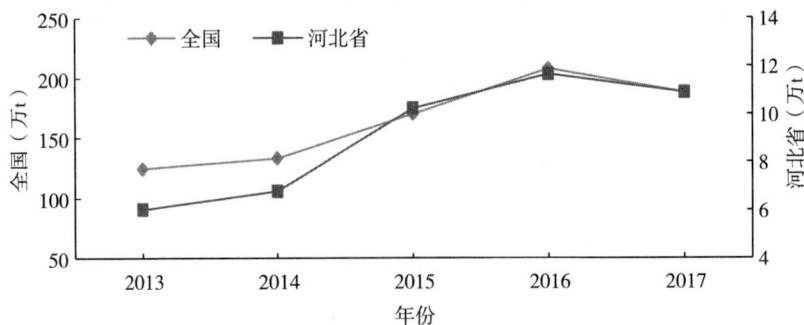

图 8-1 2013—2017 年河北省与全国年羊肉消费总量对比图
数据来源：历年《中国统计年鉴》与《河北经济年鉴》，经计算所得，下同。

（二）人均消费量呈现先抑后扬的增长态势

从近几年消费来看，河北省居民人均羊肉消费呈现先抑后扬的增长态势。2013—2014 年，人均消费量由 0.82 千克增加到 0.92 千克，增速为 12.20%；而从 2014—2017 年，人均消费由 0.92 千克增加为 1.30 千克，增速为 52.18%，较 2013—2014 年增速高 39.98 个百分点。

与全国羊肉人均消费水平相比，2013—2017 年，河北省人均消费量年均增长率为 14.21%。较全国人均消费量年均增长率高 4.58 个百分点。从具体年份来看，2013—2014 年河北省羊肉人均消费水平低于全国；从 2015 年开始，其人均消费量高于全国平均水平，呈现较快的增长势头（图 8-2）。

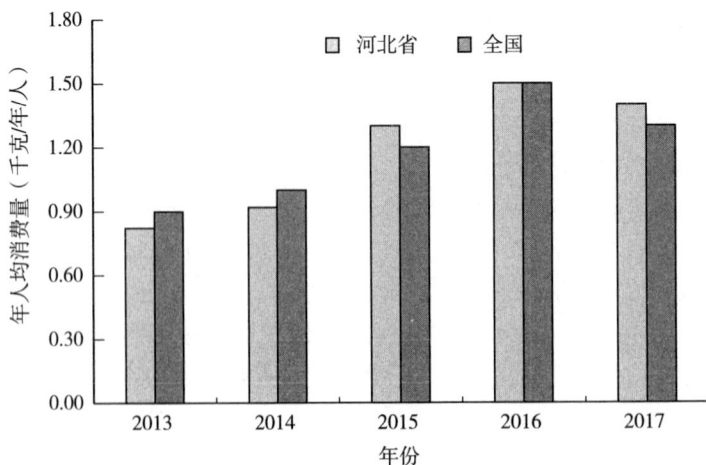

图 8-2 2013—2017 年河北省与全国羊肉年人均消费量对比图

二、城乡消费变化特征

（一）城镇居民消费总量呈现阶梯式上涨

自 2013—2017 年，河北省城镇居民消费总量由 4.09 万吨增加到 7.86 万吨，年均增长 17.70%，总增长 92.00%，在居民消费总量中占比较高。其增长的主要原因在于城镇居民生活水平的提高及城镇人口的拉动。

与全国城镇居民消费总量对比，全国 2013—2017 年消费总量由 80.42 万吨增加到 130.16 万吨，河北省城镇居民消费总量占其比例由 5.08% 增加到 6.04%，消费份额逐渐增大；从变化趋势看，河北省与全国城镇居民消费总量基本呈现一致的变化趋势；从增长率来看，2013—2017 年全国城镇居民年均增长 12.79%，总增长 61.84%；河北省城镇居民消费总量增长平均增速高于全国城镇 4.91 个百分点，总增长率高于全国 30.16 个百分点（图 8 - 3）。

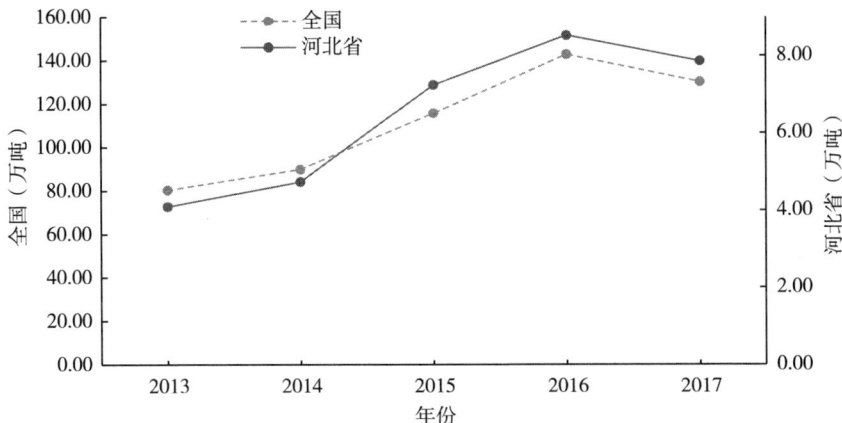

图 8 - 3　2013—2017 年河北省与全国城镇居民羊肉消费总量对比图

（二）由人均消费拉升的农村消费总量呈现增速放缓的趋势

随着农村居民生活水平的提高，由人均消费羊肉量拉升的农村居民消费总量增长比例远远高于全国平均水平。2000—2017 年，河北省农村居民消费总量由 0.94 万吨增加到 3.04 万吨，总增速为 224.84%，平均增速为 7.17%；与全国相比，河北省较全国农村居民消费总量增速高两倍；平均增速较全国高 6.50 个百分点，较全国增速快。其主要原因在于农村羊肉人均消费量的拉动。但近两年呈现增速放缓的趋势，尤以 2015—2017 年较显著（图 8 - 4）。

与全国平均水平相比，河北省农村居民消费总量占全国农村居民消费总量比例呈现先增后减的趋势。2000—2015 年该比例由 1.81% 增加到 5.52%，增速较快；2016 年短暂下降后又回升至 5.28%，其原因在于河北省农村人均羊肉消费增长速度高于全国（图 8 - 4）。

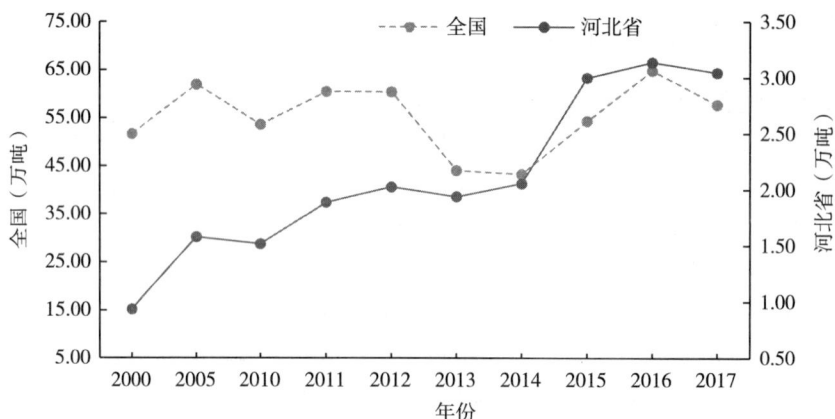

图 8-4　2000—2017 年河北省与全国农村羊肉消费量对比图

（三）城乡人均消费差距呈现逐步扩大的趋势

河北省城镇人均消费量大致呈现增长的趋势，高于全国城镇人均消费水平。河北省城镇人均消费量 2014—2016 年年增长率分别为 12.07%、46.15%、12.63%，2017 年出现下降。与全国城镇人均消费量相比，河北省人均消费量高于全国，且从 2015 年开始呈现逐步扩大的趋势（图 8-5）。

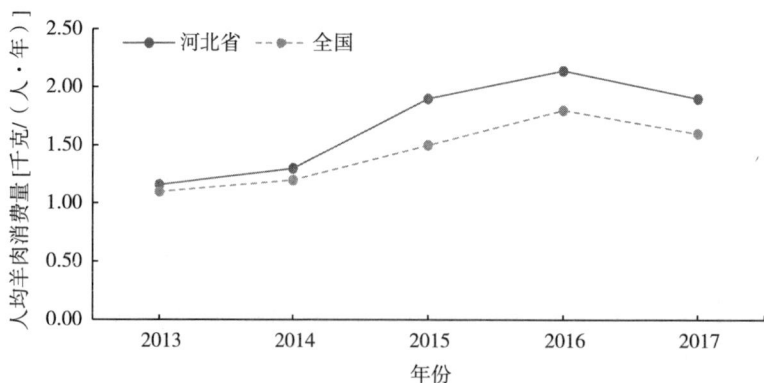

图 8-5　2013—2017 年河北省与全国城镇人均消费羊肉对比图

河北省农村人均消费量呈 2000—2017 年呈现逐步上升的趋势，低于全国农村人均消费量。河北省农村人均消费量从 2000 年的 0.19 千克/人上升至 2017 年的 0.90 千克/人，呈现逐步上升趋势。与全国农村羊肉人均消费量相比，2000—2012 年人均消费差距较大。自 2013 年起差距逐渐缩小（图 8-6）。

河北省城镇与农村人均消费量差距呈现逐步扩大的趋势。其主要表现在：2005—2017 年期间，城镇羊肉人均消费基本呈现上升趋势，较农村人均消费增长快，因而二者之间差距呈现逐步扩大的趋势（图 8-7）。

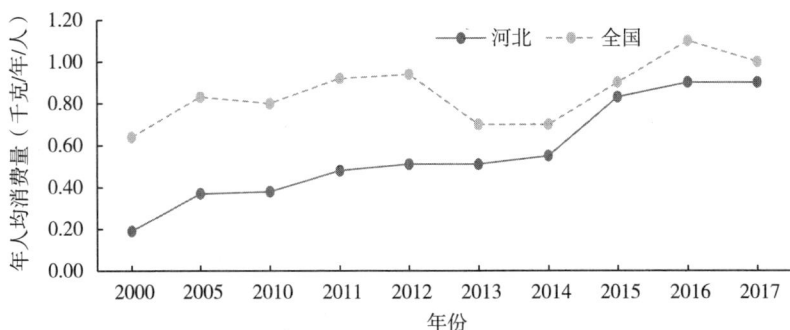

图 8 - 6　2000—2017 年河北省与全国农村羊肉人均消费量对比图

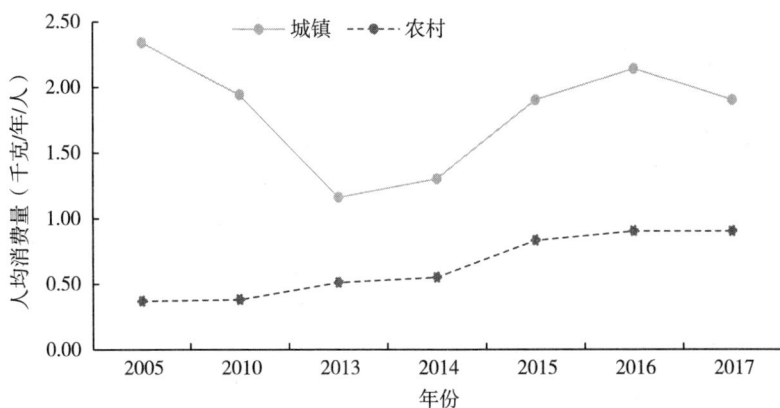

图 8 - 7　2005—2017 年河北省城镇与农村年人均消费量对比图

三、羊肉消费结构变化特征

（一）羊肉在城镇肉类结构中占比呈现 U 形变化趋势

就河北省城镇消费情况来看，2005—2017 年，羊肉在居民肉类消费中占比呈现 U 形变化趋势，2014 年为转折点，与家禽、牛肉人均消费占比大致呈现相同的变化趋势，但其所占比例较低，与牛肉占比变化趋势大致相同，与猪肉呈现相反的变化趋势。此种趋势的出现与居民消费观念转变紧密相关（图 8 - 8）。

与全国城镇居民肉类消费结构相比，近几年河北省城镇羊肉人均消费量在肉类结构中占比高于全国城镇平均水平。2013—2017 年，全国肉类人均消费中羊肉占比从 3.46％增加至 4.64％，而河北省从 5.86％增加至 8.23％，高于全国平均水平。从变化趋势看，2013—2014 年，河北省与全国变化趋势基本一致；自 2015 年其增速加快，高于全国城镇羊肉人均消费量占比增速（图 8 - 9）。

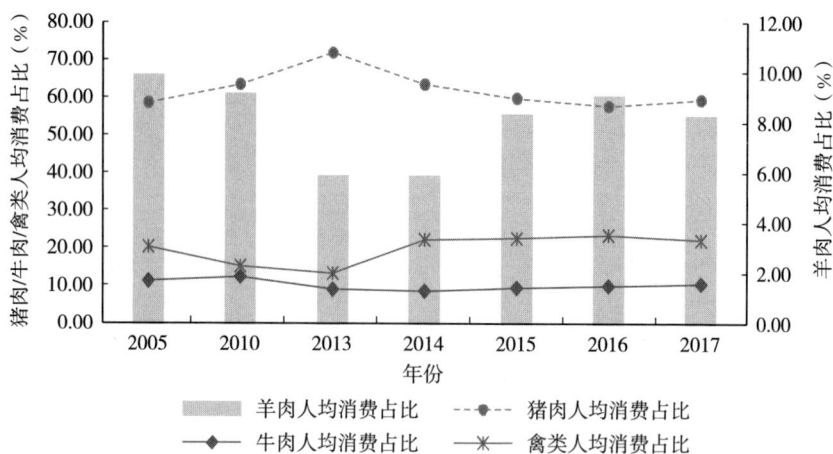

图 8-8　2005—2017 年河北省城镇肉类消费结构图

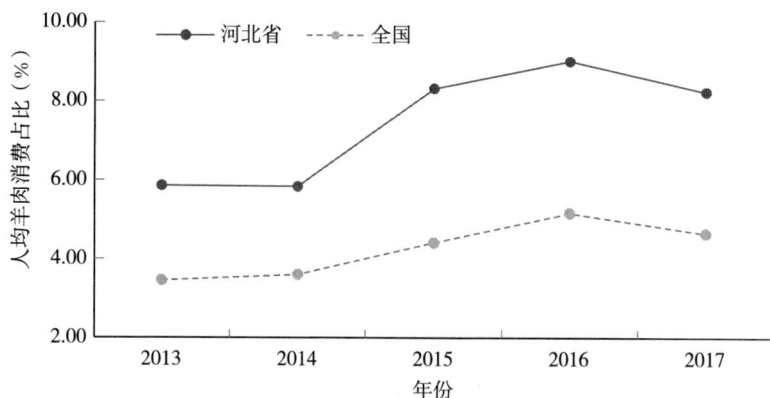

图 8-9　2013—2017 年河北省与全国城镇人均羊肉消费占比对比图

（二）羊肉在农村肉类消费结构中占比呈现波浪式上升

就河北省农村消费情况而言，2000—2017 年，在猪牛羊、家禽等肉类占比中，羊肉消费量占比呈现波浪形上升趋势，2014 以来羊肉消费量占比增加趋势明显；羊肉占比总体高于牛肉，低于猪肉及禽类占比（图 8-10）。

河北省农村人均羊肉消费量在肉类结构占比高于全国农村平均水平。与全国农村羊肉消费量在肉类结构占比相比，河北省与全国曲线形状接近一致，但自 2013 年后，河北省农村羊肉人均消费量占比远远高于全国平均水平。2013—2017 年，河北省人均羊肉消费量在肉类结构中占比从 3.86% 上升至 5.11%；而全国羊肉消费占比从 2.61% 上升至 3.07%，河北省分别高于全国 1.25 个百分点与 2.04 个百分点（图 8-11）。

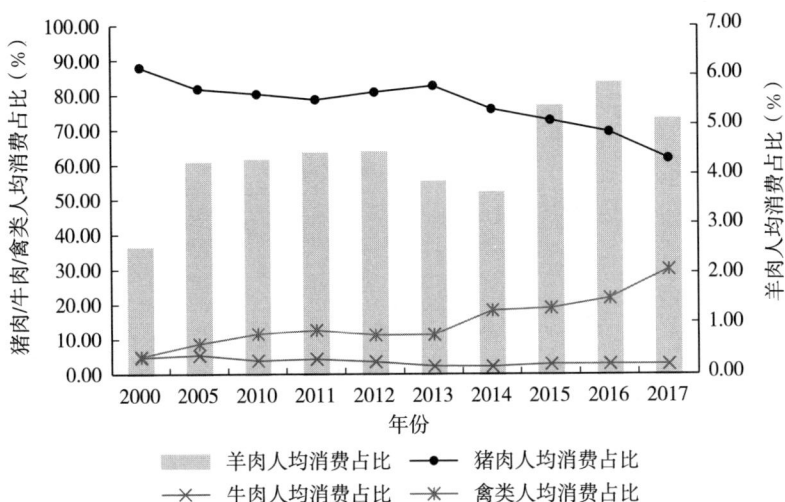

图 8-10　2000—2017 年河北省农村肉类人均消费量占比图

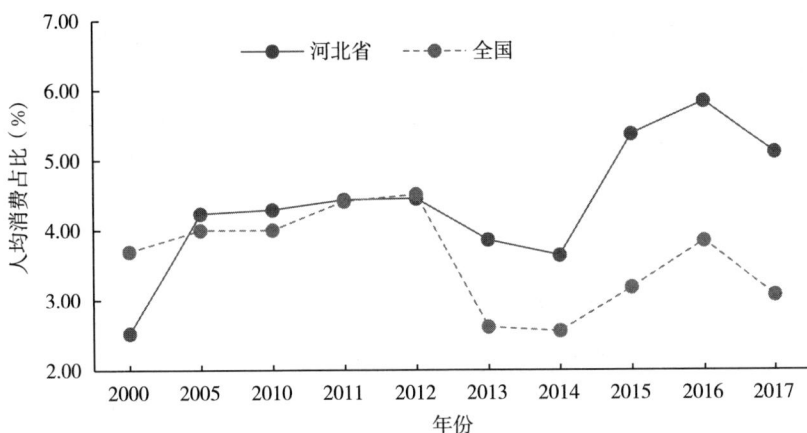

图 8-11　2000—2017 年河北省与全国农村羊肉人均消费占比对比图

（三）农村羊肉消费量在肉类结构中占比低于城镇

从城乡人均羊肉消费量占比来看（图 8-12），2005—2016 年，城镇与农村羊肉消费在肉类消费中占比基本呈现相同的变化趋势，但农村羊肉消费占比变化较城镇缓慢。

羊肉在城镇人均肉类消费结构中占比高于农村，二者差距呈现缩小—扩大的趋势。就具体差距来看，2005 年，城镇羊肉占比为 9.88%，农村为 4.23%，二者相差为 5.65%；2013 年二者差距最小，为 2.0 个百分点；之后差距开始扩大，至 2017 年，差距逐渐增加至 3.11 个百分点。差距逐渐扩大，但趋势较缓慢。

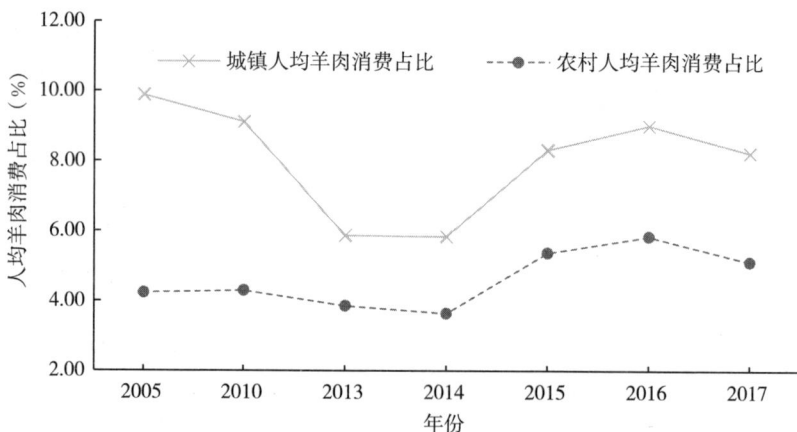

图 8-12 2005—2017 年城乡居民人均羊肉消费占比对比图

第二节 2018 年河北省居民羊肉消费行为特征

在对河北省羊肉消费量与消费结构分析的基础上，本部分就 2018 年河北省居民地区消费①、城乡消费、户外消费等行为特征进行剖析，以利于养殖、屠宰加工等环节构建以消费者为导向的产品供给体系。本部分以河北省肉羊产业体系经济岗于 2018 年 10—11 月进行的实地与网络调查为基础进行分析。本次调查共收集 778 份有效问卷，有效度为 97.98%，问卷分布于全省 11 个市，在一定程度上可以反映河北省消费者羊肉消费行为与产品需求特征。

一、居民消费总体特征

（一）口味与营养是消费决策的首要影响因素

1. 消费者对羊肉口味、营养、脂肪含量、绿色安全具有偏好一致特征

结合不同地区来看，喜欢食用羊肉的原因中，北部地区，口味、营养与脂肪含量分别占到了 64.02%、51.4% 与 34.58%；在中部地区分别占到了 56.5%、55.44% 与 33.67%，南部地区为 58.04%、57.14% 与 36.61%，口味、营养及脂肪含量均排到了前三位，绿色安全均排到了第四位。不同地区对羊肉的选择具有偏好一致性特征。

从城乡角度看，城镇消费者喜欢食用羊肉的原因，排在前四位的为口味、营养、脂肪含量及绿色安全，其比例分别为 58.89%、54.74%、37.55% 及

---

① 地区划分按照地理位置将河北省分为北部、中部和南部地区。北部地区包括张家口、承德、秦皇岛、唐山；中部地区包括保定、石家庄、廊坊、沧州、衡水；南部地区包括邢台、邯郸。北部、中部、南部地区有效问卷份数为 239 份、419 份、120 份；城镇有效问卷 551 份，农村有效问卷 227 份。

15.81％；农村与城镇消费者主要选择原因一致，其比例分别为59.39％、53.81％、34.01％与14.72％。

2. 肉羊品种不是消费者选择的关键

在北、中与南部地区，不能对食用羊肉品类有效辨别的消费者分别占喜欢食用羊肉消费者中的比例为40.19％、48.80％及45.54％，占比最高；而喜食绵羊肉消费者比例在三个地区的比例分别为14.49％、8.53％、29.17％，喜食山羊肉的比例在三个地区占比分别为16.82％、14.4％与22.20％。

从城乡角度看，不能对食用羊肉品类有效辨别的消费者占喜欢食用羊肉消费者的比例在城镇与农村的比例分别为44.47％与48.22％，在城乡中占比最高；而喜食绵羊肉的消费者在城镇与农村所占比例为11.46％与7.61％，喜食山羊肉的消费者所占比例为15.22％与19.29％，占比较少。

（二）冷鲜羊肉为消费者户内消费的主流产品，熟食产品购买力较弱

1. 消费者对冷鲜羊肉的购买频率较高

调查问卷中消费者对羊肉的购买率为88.05％。购买频率中，其中"月购买2到3次"的占比最高，为27.76％；其次为"年购买1到2次"与"两个月购买2到3次"，占比分别为15.55％与15.04％，对羊肉熟食的购买率为55.66％，其中以"年购买1到2次"占比最高，为13.62％，其次为"月购买2到3次"，占比为12.60％。头蹄下水等熟食产品的购买率为52.19％，以"年购买1到2次"占比最高，为15.42％。

2. 对品牌冷鲜羊肉的偏好高于其他羊肉类产品

从总体来看，对不同产品的偏好中，品牌冷鲜肉偏好最强，占总调研人数的60.67％，其次为无品牌羊肉产品，占比为26.86％；消费者对熟食偏好较弱，但对散称熟食的偏好较带包装品牌熟食强。在熟食产品购买偏好中，散称熟食与品牌熟食的购买比例分别为13.11％与10.28％。

（三）膻味重与烹饪方法掌握不到位是消费者不喜食用或购买的主要原因

1. 膻味重及对羊肉烹饪方法掌握不到位是部分消费者不喜食用的主要原因

在不喜欢食用羊肉的原因中，首要原因为"膻味重"。不喜食用羊肉的原因中，选择"膻味重"的占比为75.61％；其次为选择"吃素食"与"不会做"，分别占比为20.73％与14.63％。

从不同地区来看，在北部、中部及南部地区不喜欢食用羊肉的原因中"膻味重"占比分别为88％、73.33％及87.5％，为居于首要的原因；其次为"对羊肉的烹饪方法不了解"，在中部及南部地区分别占比为20％及37.5％，为主要原因之一，不同地区之间存在一致性。从城乡角度来看，不喜欢消费食用羊肉的原因中"膻味重"占比分别为74％与78.13％，其次为"对羊肉烹饪方法不了解",在城镇和农村中分别占比为 8％与 25％,占比也较高。

2. 价格高及对羊肉烹饪方法掌握不到位是消费者不购买的主要原因

不喜欢购买的原因中,"价格太高"的占比为 24.29％;"不会做"占比为 23.14％;"很难找到合适口味"为 15.55％;羊肉购买价格在 60～79.8 元/千克之间的消费者占总样本的比例为 41.65％;购买价格在 40～59.8 元/千克之间的占 23.14％;"不介意价格,按照市场价格购买"的占 25.32％;对于熟羊肉或羊肉制品,对产品购买价格不敏感的消费者占 36.63％。购买价格在 60～100 元/千克之间的占比为 47.49％。而现有羊肉深加工制品售价较高,是消费者不选择消费的原因之一。

以上两个原因在地区与城乡之间不购买羊肉的原因中同样占据着主要地位。在不喜欢购买羊肉的原因中,选择"价格高"的消费者在三个地区的占比分别为 27.20％、21.72％、27.50％;"对羊肉烹饪方法不了解"在三个地区占比为 16.32％、26.01％、26.67％;"对羊肉烹饪方法不了解"在城镇与农村不喜欢购买的原因中占比分别为 23.05％与 23.35％,"价格高"占比分别为 21.60％与 30.84％。

（四）居民羊肉户外消费频率高、季节差异性弱

1. 居民羊肉户外消费频率高

其中户外就餐"月 2 到 5 次"的消费者占比为 39.20％,"周 2 到 5 次"的占比为 27.12％。户外就餐的地点以品牌连锁餐饮消费的占比较高,为 59.05％,其次为普通小型餐馆,占比为 56.68％。喜欢点和羊肉相关的菜品的"非常喜欢"与"比较喜欢"占比为 46.39％。

2. 户外较户内季节差异性弱

季节差异运用标准方差值来反映。方差值越大,其季节性差异越明显。方差值计算的基础为每个季节消费人数占比。

户内与户外消费季节相比,消费者户内消费季节分布于春、夏、秋、冬四季的比例为 12.11％、17.55％、34.01％与 86.26％,户外消费四季分布的比例为:15.88％、30.56％、42.28％、85.31％;其标准方差值为 33.82％与 29.89％。可以得出户外较户内季节消费差异性小。

二、地区消费特征及行为差异性分析

（一）决策购买影响因素存在差异

1. 北部及中部地区对羊肉的偏好高于南部

具体来看,对"是否喜欢食用羊肉"的消费者中,选择"比较喜欢"与"非常喜欢"在北部、中部及南部的占比分别为 69.04％、63.66％及 59.17％,北部及中部地区消费者对羊肉的喜好高于南部。

2. 制作方法上存在着地区差异

三个地区以涮、烧烤和炖等方式为主，但地区之间存在着差异。喜欢的烹饪方式中，三个地区均以涮为主要的方式。但在烧烤和炖的方式上三个地区偏好有所差异。烧烤主要为户外消费，与气候炎热有一定的关系。从调研数据分析来看，三个地区对烧烤方式的偏好分别为 57.94%、61.01% 与 53.57%，中部地区对烧烤方式偏好较高。炖的方式在三个地区的占比分别为 39.72%、38.46% 与 44.64%，南部地区高于其他地区。三个地区在制作方法偏好上存在差异。

（二）购买产品频率及种类存在差异

1. 南部地区羊肉产品购买频率高于北部及中部地区

对于生鲜羊肉产品而言，各地区以"月购买 2 到 3 次"消费者占比最高。北、中、南部地区其占比分别为 26.78%、27.45%、30.83%。对于羊肉熟食而言，北部和南部地区以"月购买 2 到 3 次"的占比最高，其在调研样本中占比为 14.64%、15%，而中部地区以"年购买 1 到 2 次"频率为最高，占比为 14.08%。综合来看，南部地区羊肉产品购买频率最高，其次为北部与中部地区。

2. 南部地区头蹄下水等熟食购买频率高于北部及中部地区

北、中及南部地区购买率为 58.16%、48.28%、57.5%，购买率较高，但购买频率偏低，三个地区"年购买 1 到 2 次"的占比最高，分别为 17.99%、12.65%和 20%。"月购买 1 到 2 次"的占比为其次，分别为 10.46%、10.5%、13.33%。总体来看，南部地区头蹄下水等熟食购买率高于北部及中部地区。

3. 北部及中部消费者对品牌产品偏好程度高于南部

由表 8-1 可以看出，北部及中部地区对羊肉品牌产品偏好的人群分别高于散装产品偏好人群 3.76 个百分点和 2.86 个百分点。而南部地区对散装产品偏好的人群高于品牌产品偏好人群 0.83 个百分点。

表 8-1　不同地区对散装与品牌产品的喜好程度表

单位：%

喜好程度	北部地区		中部地区		南部地区	
	散装产品	品牌产品	散装产品	品牌产品	散装产品	品牌产品
非常喜欢	6.28	7.53	5.49	4.77	7.50	9.17
比较喜欢	15.48	17.99	14.80	18.38	15.00	12.50
合计	21.76	25.52	20.29	23.15	22.50	21.67

具体到不同产品，首先，中部及南部地区对品牌冷鲜肉偏好较高。中部、

南部地区对品牌冷鲜羊肉的购买偏好率为 61.67％与 61.10％，分别高于北部地区 2.26 与 1.69 个百分点；其次，北部地区消费者对无品牌冷鲜羊肉与品牌熟食偏好较高。如图 8-13 所示，北部地区对无品牌冷鲜羊肉的购买率为 28.45％，分别高于中部及南部地区 2.67 个百分点与 0.95 个百分点。北部地区品牌熟食的购买偏好率为 11.72％，高于中部与南部地区 2.65 与 0.05 个百分点。再次，南部地区对散称熟食购买偏好较高。南部地区散称熟食购买率为 15％，高于北部及中部地区 2.87 与 1.40 个百分点。

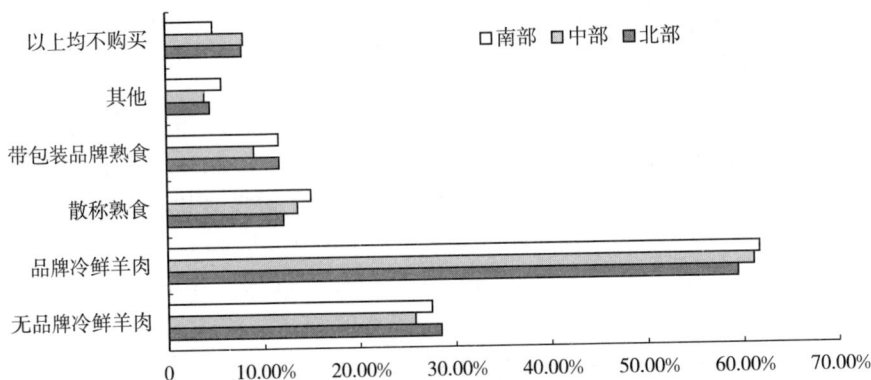

图 8-13 不同地区消费者对羊肉产品购买偏好图

（三）地区消费季节差异分析

如表 8-2 所示，与户内消费季节方差值相比，各地区户外消费季节方差值低于户内消费季节方差值，户外消费的季节性弱于户内。户外消费季节差异最不明显的为中部地区，其方差最小，其次为北部和南部地区。而户内消费季节差异性基本一致，户内消费最多的季节为冬季，其次为秋季、夏季、春季。

表 8-2 不同地区户内外消费季节方差值表

单位：％

地　　区	北部地区	中部地区	南部地区
户外消费季节差异	28.63	24.67	30.64
户内消费季节差异	31.43	31.97	32.28

三、城乡居民消费特征及行为差异性分析

（一）城镇对品牌冷鲜肉偏好高于农村，农村对无品牌羊肉的偏好高于城镇

城镇与农村对品牌冷鲜肉的偏好分别为 64.25％与 51.98％，城镇高于农村。而农村对无品牌冷鲜肉偏好程度高于城镇。从具体数据来看，农村与城镇

对无品牌羊肉产品的偏好为 30.84% 与 25.23%；而对熟食偏好程度低于城镇，农村与城镇对散称熟食的偏好程度分别为 11.43% 与 17.18%；对带包装品牌熟食的偏好程度分别为 11.45% 与 9.80%。

（二）城镇羊肉产品购买频率高于农村

从冷鲜羊肉的购买频率上，城镇调研样本中占比最高的"为月购买 2 到 3 次"，占比为 30.31%。而农村为"年购买 1 到 2 次"占比最高，为 22.91%，城镇冷鲜羊肉的购买频率高于农村。

从羊肉熟食的购买频率来看，城镇购买率为 54.63%，购买频率主要为"月购买 2 到 3 次"居多，占样本总数的 13.43%；其次为"年购买 1 到 2 次"，占比为 13.07%；农村购买率为 58.15%，购买频率主要为"年购买 1 到 2 次"，占比为 14.98%，"月购买 2 到 3 次"的占比为 10.57%，城镇熟食购买频率高于农村。

从头蹄下水等熟食的购买频率上，城镇调研样本中"年购买 1 到 2 次"的比率为 14.88%，"月购买 2 到 3 次"的比率为 11.98%。农村"年购买 1 到 2 次"的比率为 16.74%，"月购买 2 到 3 次"的占比为 8.37%。相比较而言，城镇头蹄下水等熟食的购买频率略高于农村。

（三）城镇户外就餐频率及对羊肉菜品的偏好程度高于农村

户外消费上，城镇、农村在外就餐的频率中，以"月 2 到 5 次"为最主要的频率，分别占各自样本数的 40.83% 与 35.24%，其次为"周 2 次到 5 次"，分别占比为 29.95% 与 20.26%。城镇户外就餐频率高于农村，但目前农村户外就餐频率也较以前有了很大程度的提高。在对户外消费羊肉菜品的喜好程度上，城镇高于农村。"比较喜欢"与"非常喜欢"在城镇和农村的占比总计为 49.26% 与 39.27%。

（四）农村对品牌及质量安全认知弱于城镇

农村较城镇品牌意识薄弱。农村与城镇消费者认为品牌对其购买起到"重要"与"非常重要"作用总计分别为 29.96% 与 44.83%。

城镇对羊肉质量关注程度高于农村。城镇与农村对羊肉质量关注程度为"比较关注"和"非常关注"总计为 81.13% 与 73.13%。对质量问题较担心的消费者，城镇略高于农村，城镇与农村对质量问题"非常担心"与"比较担心"的消费者占比总计为 68.06% 与 64.76%。

（五）城镇户外消费季节性高于农村，农村户内消费季节性高于城镇

城镇与农村的户外消费季节性弱于户内消费。如表 8-3 所示，城镇与农村户外消费季节标准方差为 30.69%、28.40%，明显小于户内消费季节方差 32.20% 与 34.84%。就城镇与农村户外消费来看，城镇户外消费季节标准方差大于农村，城镇户外消费季节性高于农村；城镇户内消费季节方差小于农

村，城镇户内季节性弱于农村。

表8-3 城乡消费季节差异分析表

单位：%

地 区		春季消费占比	夏季消费占比	秋季消费占比	冬季消费占比	标准方差
户外	城镇	16.26	30.28	46.75	87.20	30.69
	农村	14.84	31.22	30.22	80.22	28.40
户内	城镇	11.80	16.70	36.12	82.03	32.02
	农村	11.43	17.62	24.29	86.67	34.84

（六）农村对羊肉价格敏感性高于城镇

虽然农村的生活水平逐步提高，但当羊肉价格超过其预期购买价格时，部分农村消费者将选择替代商品。

消费者在购买羊肉熟食时，城镇消费者选择"按市场价格购买"占比最高，为39.38%，农村消费者选择"60～79.8元/千克"占比最高，为37%，其次为选择"按市场价格购买"，占调研农村消费者总数的29.96%，可以得出，在购买羊肉熟食时，城镇对羊肉熟食的价格敏感性弱于农村（图8-14）。

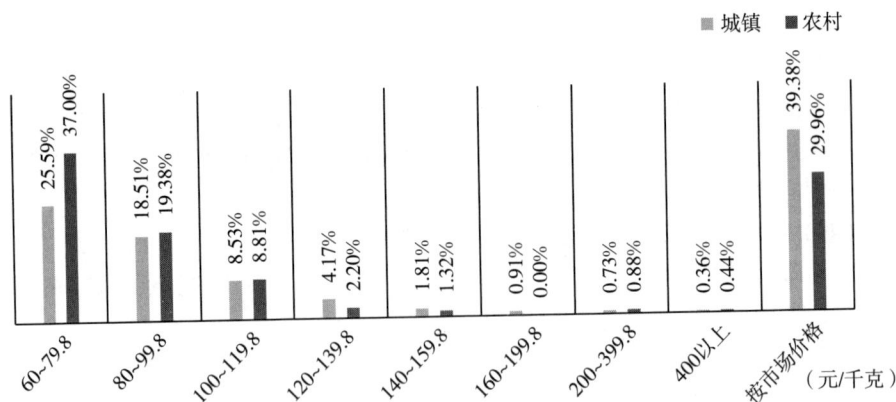

图8-14 城乡消费者购买熟食价格分布图

在消费者购买生鲜羊肉时，城镇消费者购买价格主要分布于"60～79.8元/千克"与"按市场价格购买"，占比分别为43.38%与27.22%；而农村消费者购买价格主要分布于"60～79.8元/千克"与"40～59.8元/千克"，选择"按市场价格购买"的消费者仅为20.70%。农村消费者在购买生鲜羊肉时，无论价格承受能力，还是对价格的敏感性均高于城镇消费者（图8-15）。

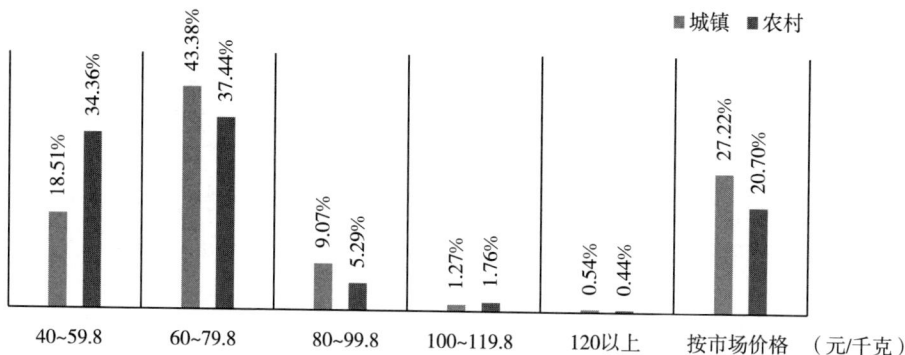

图 8-15 城乡消费者购买生鲜羊肉价格分布图

第三节 羊肉消费展望

一、户内外消费量齐升

（一）户内消费总量及人均消费量将继续增加

2017 年末全省常住总人口 7 519.52 万人，比上年末增加 49.47 万人①，人口呈现不断增加的趋势；居民品牌及安全意识逐渐增强，特别是随着 2018 年非洲猪瘟的蔓延，河北省作为猪瘟疫发生的省份，猪肉消费受到一定影响，羊肉作为安全、低脂、绿色产品，将部分替代猪肉的消费。在产品的替代上羊肉可替代性弱。调研问卷显示 50.13％的消费者认为羊肉不可替代，38.3％的人认为羊肉部分可以替代，故羊肉在河北省刚性需求大。预计 2019 年居民羊肉消费总量及人均消费量将会进一步提高。

（二）户外消费将成为拉动羊肉消费量增加的新主力

据陈琼等（2013）估计，城镇与农村羊肉户外消费量分别占其羊肉消费的 56％与 64％。随着当今社交需要的增长及居民生活节奏的加快，羊肉户外消费频率将增长。调查问卷显示，在外选择消费的原因中，社交需要占比最高，为 45.01％，其次为因为在家做羊肉太烦琐，占比为 23.44％。两种原因为在外选择消费的最主要原因。户外消费中，"比较喜欢"和"非常喜欢"点和羊肉相关的菜品的消费者占总调研人数的 46.39％。加上 90 后、00 后逐渐成为消费的主力军，其在生活习惯与消费理念的升级，更会拉动户外消费的增长。

---

① 数据来源：《河北省 2017 年国民经济和社会发展统计公报》。

二、羊肉产品仍为冷鲜羊肉为主，新产品需求也将逐渐增加

（一）品牌冷鲜羊肉需求上升，熟食需求将成为增长的新潜力

在产业升级和消费升级的背景下，高品质羊肉的消费需求会持续增加。受居民消费习惯的影响，户内羊肉消费预计仍以冷鲜羊肉为主，但随着居民收入的提高与消费结构的升级，居民对羊肉产品的消费逐渐由量转为质量并举，同时由于消费者对产品质量安全问题的重视，使得产品质量过硬的品牌产品尤受消费者喜爱。

羊肉及头蹄、羊杂熟食购买频率偏低，将成为增长的新潜力。现较为传统的羊杂汤、羊肚等产品因其营养丰富，备受消费者喜爱，但其购买频率较低。随着羊肉副食产品在制作方法上不断追求安全、健康、营养，以及商家在副食制作方法上的普及指导，迎合了消费者节假日的居家休闲需要，使得熟食半成品成为未来增长的新动力。

（二）户外消费产品趋向多元化，副产品消费逐步兴起

从食物营养的角度来看，羊肉作为一种健康、低脂、安全的食品，在户外消费中逐渐增多，户外消费传统菜品，如涮羊肉、羊肉串、羊杂汤等仍居主位，调查问卷显示，菜品的选择上涮羊肉、羊肉串、羊杂汤消费者选择消费的比例为 86.05％、66.62％、29.97％。但随着消费者对户外消费的高诉求，追求产品营养、产品新颖等特点，户外消费产品多元化特征明显。羊副产品如羊眼、羊腰在户外消费中逐渐兴起，其口味与营养逐渐被消费者接受。

第四节　对构建以消费者为导向的供给体系的几点建议

一、扩大产品宣传，普及烹饪方法

在不消费羊肉的居民中，有 75.61％的消费者因为产品的膻味而不选择消费羊肉，有 14.63％的消费者由于不掌握烹饪方法而不选择消费羊肉。针对居民的消费偏好以及消费过程中存在的问题，销售商应从产地、羊肉品质等方面严格把关，做好品牌塑造及宣传；零售商应在销售场地将制作方法做成展牌摆放或制作短片播放，使制作方法家喻户晓，将潜在购买力转换为现实购买力。

二、加快推进优质冷鲜肉的供给

在产业升级和消费升级的背景下，高品质羊肉的消费需求将会增加，供给侧改革体现在肉羊行业主要为消费者提供健康优质的羊肉产品，减少同质化低端产品供给、扩大优质化产品供给，促进羊肉产品供给体系更好地适应需求结

构变化。屠宰加工环节是供给优质冷鲜羊肉的关键环节，应加强品牌经营、冷链流通、冷鲜上市等方面的建设，深入研究冷鲜羊肉的加工及保鲜技术，推进羊肉产品分类分级，扩大冷鲜肉及精分割肉的市场份额。

三、加快开发适合消费者习惯及口味的产品

目前冷鲜羊肉仍是需求的主流，居民户内消费集中在秋冬季节，加工企业应开发适合不同季节的消费产品，使居民消费向常年化过渡。

由前面分析可知，消费者对羊肉及副产品熟食产品的购买率高，但购买频率偏低。熟食制品现在仍不被大多数消费者接受，主要原因在于饮食习惯及产品种类少等原因，熟食产品消费市场亟待开发。目前羊肉加工企业还主要以初级产品加工为主，深加工企业少，应加快羊肉深加工企业的培育与建立，以消费者为导向开发产品。对消费者的需求口味进行广泛的调研，加强熟食产品的宣传。

餐饮机构应开发新的羊肉及副食菜品，迎合现代消费者户外消费的多样化需求，减少消费疲劳；树立品牌意识，引导消费者树立健康的消费理念，以增加羊肉产品的需求量。

四、加快推进市场优质优价体系的建立

市场上由于流通体系的不健全及市场上质量评价体系的不健全，品牌意识较弱，使得优质的羊肉在价格上并未得到体现，劣币驱逐良币现象在肉羊产业尤为明显。市场优质优价体系的建立需要多个部分协同进行，但要以消费者的口味为主导方向，从口感、营养等角度确定优质的标准。完善质量安全责任追溯体系，借以迫使产业链上游环节逐步建立优质优价体系。

五、加快生产端优良品种的引进及普及

面对羊肉需求增加的趋势，我国肉羊产业面临着巨大的挑战。其一是我国作为羊肉第一进口大国，受中美贸易战的影响，羊肉进口受到了很大影响；其二是国内市场上肉羊饲养品种的混杂使得屠宰加工企业自动化程度不高，产品单一化现象严重，效率低下。河北省作为羊肉产品的主要供应地，要解决上述问题，生产端优良品种的供给是关键，因此相关部门应培育繁殖性能高、生长发育快的专门化肉羊新品种；应用品种补贴等方式加快生产端优良品种的引进及普及。

六、转变养殖饲喂结构，提高粗饲料占比

为迎合消费者对产品口味的需求，养殖环节应使肉羊的饲用粮转向以草为

主的饲喂结构，恢复其草食性动物的本源，进一步提高其肉质的绿色性、天然性；鼓励草畜紧密结合，创新从养殖端到消费终端的协作机制，从源头把控产品的品质。重点推广标准化养殖综合配套、优质饲草种植与加工、青贮饲料生产、全混合日粮饲喂、精细化分群饲养、规模化集中育肥等技术模式，在提质的同时更能增效。

第九章　中美贸易摩擦与河北省
羊产业发展专题研究

2018 年 6 月 15 日，美国政府发布了加征关税的商品清单，将对从中国进口的约 500 亿美元商品加征 25％的关税。针对美国这一违反世界贸易组织规则的做法，作为对美国贸易保护的反制措施，国务院关税税则委员会决定对原产于美国的 659 项约 500 亿美元进口商品加征 25％的关税，虽然对美加征关税的产品中尚未直接涉及羊产品，但涵盖了大豆、玉米、高粱、苜蓿等主要饲料饲草作物，对于河北省羊产业发展势必会造成一定的影响，分析中美贸易摩擦对河北省羊产业发展的影响并提出应对策略，对于实现河北省羊产业持续稳定发展具有积极作用。

第一节　我国进口美国主要饲料饲草及羊产品现状

一、我国进口美国苜蓿、大豆、羊产品现状

(一) 苜蓿进口情况

如表 9-1 所示，我国苜蓿主要进口国为美国、加拿大、西班牙、阿根廷等国。2017 年我国进口苜蓿总量 139.78 万吨，其中从美国进口占 93.5％，可见我国对美国苜蓿的进口依赖性较强。

表 9-1　中国 2017 年苜蓿进口来源国总值排位表

名次	进口来源国	进口数量（吨）	占比（％）
1	美国	1 306 924	93.50
2	加拿大	65 460	4.68
3	西班牙	25 053	1.79
4	阿根廷等	389	0.03
	总计	1 397 826	100

数据来源：中国海关总署。

(二) 大豆进口情况

如表 9-2 所示，我国大豆主要进口国为巴西、美国、阿根廷、乌拉圭、

加拿大等国，美国是我国大豆主要进口来源国之一。2017 年，我国进口大豆共计 9 552.61 万吨，其中 35.18% 来自美国，而我国大豆总产量为 1 473 万吨，进口大豆总量是我国大豆总产量的 6.49 倍。

表 9 - 2 中国 2017 年大豆进口来源国总值排位表

名次	进口来源国	进口数量（吨）	进口额（万美元）	占总进口额比重（%）
1	巴西	50 927 401.08	2 091 578.33	52.77
2	美国	32 855 582.20	1 394 534.49	35.18
3	阿根廷	6 582 028.10	268 378.07	6.77
4	乌拉圭	2 572 838.83	103 070.45	2.60
5	加拿大	2 048 422.02	88 417.05	2.23
6	俄罗斯	496 079.23	15 860.02	0.40
7	乌克兰	20 835.44	924.39	0.02
8	埃塞俄比亚	14 938.97	671.61	0.02
9	哈萨克斯坦	6 924.13	281.70	0.01
10	马拉维	510.70	22.33	0.00
	总计	95 526 053.30	3 963 770.65	100

数据来源：中国海关总署。

（三）羊产品进口情况

如表 9 - 3 所示，我国羊产品主要进口国为新西兰、澳大利亚、乌拉圭、智利等国，2017 年我国进口羊产品 24.91 万吨，从美国的进口量很少，几乎可忽略不计。

表 9 - 3 中国 2017 年羊产品进口来源国总值排位表

名次	进口来源国	进口数量（吨）	进口额（万美元）	占总进口额比重（%）
1	新西兰	142 165.82	53 952.06	61.11
2	澳大利亚	102 420.63	32 792.39	37.14
3	乌拉圭	3 151.38	1 016.93	1.15
4	智利	1 377.53	529.52	0.60
5	美国	0.60	0.64	0
	总计	249 115.96	88 291.55	100

数据来源：中国海关总署。

二、对美加征关税中影响羊产业的生产原料清单

作为对美国贸易保护的反制措施，对美国在中国有出口优势的苜蓿、大

豆、高端牛肉、乳制品是我国反击的重要领域，其中，涉及羊产业的生产原料包括苜蓿及其他植物饲料，黄大豆、其他玉米、其他高粱、酿造及蒸馏过程中的糟粕及残渣、乳清等贸易量较大（表9-4）；此次中国对美国加征关税的产品中虽然尚未直接涉及羊肉及其制品，但对饲料作物加征关税短期内也会对我国羊饲养成本和效益产生一定影响。

表9-4　中国对美国加征关税涉及羊产业生产原料的清单

税则税号	商品名称	自美进口额（万美元）
12019010	黄大豆	1 394 417
12019020	黑大豆	117
10059000	其他玉米	15 988
11022000	玉米细粉	6
10079000	其他高粱	95 626
23033000	酿造及蒸馏过程中的糟粕及残渣	6 649
12141000	紫苜蓿粗粉及团粒	与下一项合计约 42 000
12149000	芜菁甘蓝、饲料甜菜等其他植物饲料	与上一项合计约 42 000
04041000	乳清及改性乳清	24 648.6

数据来源：中国海关总署。

第二节　中美贸易摩擦对河北省羊产业发展的影响分析

一、中美贸易摩擦给河北省羊产业发展带来的机遇

（一）促进河北省羊产业结构性改革，实现产业转型升级

短期看，对从美国进口的大豆、玉米、高粱、苜蓿等加征关税，会导致饲料饲草成本上升，羊产品价格上涨，养殖效益下降。但从长期看，会自然淘汰一批技术水平低、耗能高、质量低的羊养殖户和加工企业，使一批技术水平高、耗能低、质量高、产业链发展基础较好的规模羊养殖加工企业得以存活发展，有利于推进河北省羊产业供给侧结构性改革。河北省羊产业仍处于传统畜牧业阶段，饲养水平与生产效率较低，产业化、专业化、规模化程度较弱，虽然对美加征关税尚未涉及羊产品，但发达国家的贸易保护迫使河北省要加快羊产业转型升级的步伐。同时，借此次中美贸易摩擦，迫使河北省整合优势资源，培育良种化、规模化、产业化、标准化、社会化、品牌化的羊产业发展格局。

（二）推进河北省饲料饲草产业优化调整，满足羊产业发展需求

2017 年我国进口大豆共计 9 552.61 万吨，其中 35.18％来自美国，河北省进口大豆 610.6 万吨，全国第五。我国饲料中豆粕的用量一般在 20％左右，对美国大豆征收关税，短期内会提高豆粕的价格，使羊养殖成本上升，养殖户风险增加。但从长期看，也会推进河北省大豆的恢复性种植。近年来我国饲草产业快速发展，可在一定范围内替代豆粕。2017 年我国进口苜蓿总量 139.78 万吨，其中从美国进口占 93.5％。对美国加征关税后，进口苜蓿价格升高，进口量下降，使得省内苜蓿价格竞争优势明显，有利于刺激苜蓿种植者的积极性，为河北省饲草产业发展提供了机遇。

二、中美贸易摩擦给河北省羊产业发展带来的挑战

（一）饲料饲草价格上升，养殖成本增加

我国约有 93.5％的苜蓿从美国进口。对美苜蓿加征关税，会对我国苜蓿供给产生较大影响。按照河北省苜蓿平均亩产 700 千克计算，需再种植约22.5 万亩才能抵消美国进口苜蓿的影响。因此短期内我国苜蓿将会面临较大缺口。中美贸易摩擦关税增加，导致我国进口苜蓿价格上涨 600～800 元/吨，由于大部分养殖户喂不起苜蓿，因此苜蓿价格的上涨对羊养殖成本的增加影响不大。但是，豆粕是羊养殖的主要精饲料，豆粕价格上涨引致上游饲料企业成本和养殖成本增加。我国大豆主要依赖进口，其中约有 35.18％的大豆来自美国。加征关税后，短期内替代国难以缓解因美国大豆进口减少造成的大豆供不应求的局面，将引致豆粕价格上涨，这对河北省高成本的养羊业来说收益风险加大。调研河北省某规模肉羊养殖场发现，虽然该养殖场为降低养殖成本调整了精料配方，使豆粕在育肥羊精料中占比降为 5％，但怀孕母羊前后期精料中豆粕占比分别为 10％和 11％，种公羊占比 15％，除了玉米和麸皮之外，豆粕在精料中的占比较棉粕等要高，尽管养殖户可以选择菜粕、棉粕、花生粕等代替豆粕，但是随着豆粕价格的上涨，其他替代品的出货速度加快，库存减少，随之而来的就是替代品的价格也会上涨。

（二）预期利润率下降，养殖风险加大

由于对美国大豆、苜蓿等加征关税，导致饲料饲草成本上升，虽然羊产品价格短期会上升，但生产成本的上升压缩了羊养殖规模的利润空间。河北省羊养殖以小规模散户为主，2017 年肉羊规模化养殖率是 36.07％（出栏 100 头以上），规模养殖场和龙头企业数量少，带动能力弱，使得原本利薄、抵御风险弱的散户和中小企业面临的养殖风险加大，从而导致部分散户退出。调研发现，受环保和禁牧政策影响，养羊从过去分散饲养、放牧为主向标准化、规模化、现代化舍饲养殖转变过程中，养殖成本增高，因此饲料饲草成本的上升会

增加规模舍饲养殖的成本，不利于河北省扩大羊养殖规模，短期内增加羊产品会造成供给紧张的趋势。

（三）中美贸易摩擦复杂，贸易风险不确定性加大

中美贸易摩擦情况复杂，时间上又具有不确定性，美国贸易保护也会导致其他国家跟随或对抗，尤其是我国羊产品主要进口国是新西兰、澳大利亚、乌拉圭、智利等国，这些国家一方面与美国的关系比较紧密，另一方面又对中国贸易的依赖性较强。中美贸易摩擦情况复杂，时间上又具有不确定性，多数国家在观望的同时也在伺机寻找贸易机会，多边贸易关系变得更加复杂，贸易风险的不确定性加大。尤其是秋冬季节羊肉消费增加，一旦多边贸易关系不稳，短期内不利于河北省通过进口羊肉缓解区域供需不平衡的问题。

第三节　中美贸易摩擦下河北省羊产业发展的应对策略

一、短期应对策略

短期内，为了应对饲料饲草引致的生产成本的上升以及养殖风险的加大，应从养殖环节做好应对策略。

（一）增加能繁母羊和良种羊养殖补贴的力度

加大对能繁母羊和良种羊的补贴力度，以提高羊群的繁殖力，不仅能够弥补因饲料成本上涨带来的亏损，更重要的是保证了羊的后备产能和品质。但要注意补贴范围不要集中于大型养殖场，因为河北省羊养殖以小规模散户为主，大型养殖场以育肥为主，而且大型养殖企业离开了补贴，其竞争力未必强过中小养殖户。

（二）对大豆和苜蓿种植给予补贴

由于我国大豆和苜蓿的主要进口国是美国，短期内就是调整饲料饲草的进口渠道，增加从巴西、阿根廷等南美国家的大豆、苜蓿进口，但考虑到季节性特征（巴西、阿根廷大豆4—5月份收割，美国大豆9—10月份收割），南美国家的大豆、苜蓿短期内也难以充分满足国内的需求。河北省如果及时推出大豆和苜蓿补贴措施，会刺激农民种植大豆和苜蓿的积极性，进而缓解因贸易战引起的大豆、苜蓿进口减少对河北省羊养殖的影响。

二、长期应对策略

长期来看，无论是否发生中美贸易摩擦，河北省都应进行羊产业的供给侧改革，促进羊产业的转型升级，提高羊产业竞争力，实现羊产业可持续发展。

（一）建立中小养殖户和规模化养殖场并存的养殖结构，实现产业可持续发展

与奶牛养殖不同，羊养殖出栏时间长，相应的资金回笼时间也长，所需的周转资金比养奶牛多。因养殖母羊和羔羊成本高收益低，建议河北省以散养农户养殖母羊和幼畜为主，规模化养殖场以育肥为主，有条件的养殖场鼓励自繁自育。

（二）提高养殖业的服务能力，实现产业增值增效

一是注重培养新型农牧民，引导羊养殖家庭牧场和专业合作社的发展以提高自我服务能力。二是鼓励规模化养殖企业和社会资本建立羊养殖小区以提高社会化服务能力。三是引导龙头企业延伸产业链条以提高一二三产融合能力。四是逐渐引导养殖户将放养改为圈养，可减少出栏时间进而提高经济效益。

（三）加强品牌建设，提高中高端产品供给能力

依托自然资源禀赋和种质资源优势积极申报羊品种、羊产品地理标志认证，充分挖掘地域羊文化，深度开发旅游项目，打造特色羊小镇，开展美食节，举办产品推介会，努力培育 2～3 个知名企业品牌，以满足或者弥补京津冀和雄安新区对中高端羊产品的需求。

（四）强化饲草饲料本地化技术与饲料标准研发，推进饲草饲料多元化和利用效率

一是强化饲草饲料本地化技术研发。麦秸、稻秧、土豆秧、红薯叶等经适当处理后都可以成为羊的粗饲料，河北省应加强饲料的技术研发，开发利用当地的农产品及其副产品，并加强技术推广，既有利于循环经济，又降低了饲料成本。河北省有丰富的农业资源，今后如果积极挖掘优质饲草的种植，就会弥补河北省饲草总量的不足，降低饲草饲料受国家政策、进出口贸易等因素的影响。二是强化饲料标准研发。2018 年 10 月 26 日，中国饲料工业协会发布《仔猪、生长育肥猪配合饲料》《蛋鸡、肉鸡配合饲料》两项团体标准，降低配合饲料蛋白含量，全面推行后养殖业豆粕年消耗量将降低 1 100 万吨，带动减少大豆需求 1 400 万吨，羊业也应加强饲料标准的研发，以提高蛋白饲料的利用效率，缓解豆粕需求压力。

第十章 河北省羊产业发展调研专题研究

羊肉消费在我们日常肉类消费中充当着重要的角色。近年来，羊肉消费量也呈现稳定增长趋势发展。河北省是畜牧业养殖大省，养殖区域遍布山区、丘陵和平原地区，肉羊养殖产业既是带动地区脱贫致富的优势产业，又是满足百姓向往新生活解决菜篮子的重要方式，还是农业产业升级、结构调整的特色产业，有较好的发展前景和产业优势。本部分基于河北省不同的养殖区域进行专题调研，反映不同区域的羊产业发展现状，总结了不同的养殖模式和发展特色。

第一节 石家庄市肉羊产业发展报告

一、石家庄市肉羊产业发展背景

（一）生态、区位和市场优势

石家庄地处太行山东麓，山区、丘陵和平原共存，水源和牧草丰富，气候属北温带季风气候，四季分明，温暖湿润，无霜期长达160～240天，极适合肉羊的生长和繁殖。同时依托京、津和省会城市，人口数量众多，羊肉市场潜力巨大，具有巨大的区位优势和市场优势。

（二）扩大就业和精准扶贫优势

养羊业占地面积小，投资少，见效快，门槛低，是山区精准扶贫的重要手段，在平原区实行舍饲圈养，精细化饲喂，延长产业链，可以增加农村闲散劳动力的就业选择，实现肉羊产业的健康发展，促进就业和精准扶贫，对带动农民增收和脱贫攻坚具有重要的推动作用。

目前，石家庄羊产业的优势和潜力尚未得到充分发展，根据2017年石家庄市统计年鉴，2016年石家庄羊业产值是12.46亿元，占牧业总产值（348.33亿元）的3.58%，占农林牧渔业总产值（880.97亿元）的1.41%，由此看出，肉羊产业尚是我市畜牧业中的薄弱产业，羊肉产量在肉类总产量中比重（2.86%）也相对较低，低于全国羊肉产量在肉类总产量中比重（5.44%），存在很大的发展空间，需要从多层面推进石家庄市羊产业的发展。

二、石家庄市肉羊产业发展现状

(一) 生产状况

随着人们生活水平的提高，羊肉的需求不断增加，石家庄市肉羊养殖发展很快。根据 2017 年石家庄年鉴统计，2016 年全市羊存栏 118.05 万头，出栏159.73 万头，羊肉产量 22 123.77 吨，主要分布在无极、元氏、藁城和灵寿等区县。养殖量较 2010 年增加 8~9 倍，全市 17 个县（区）均设有备案羊场，较 2010 年增加 3~4 倍。石家庄羊养殖场（户）数量和年出栏量在河北省居中，在全省 13 个市区中均位于第 7 位（图 10-1）。

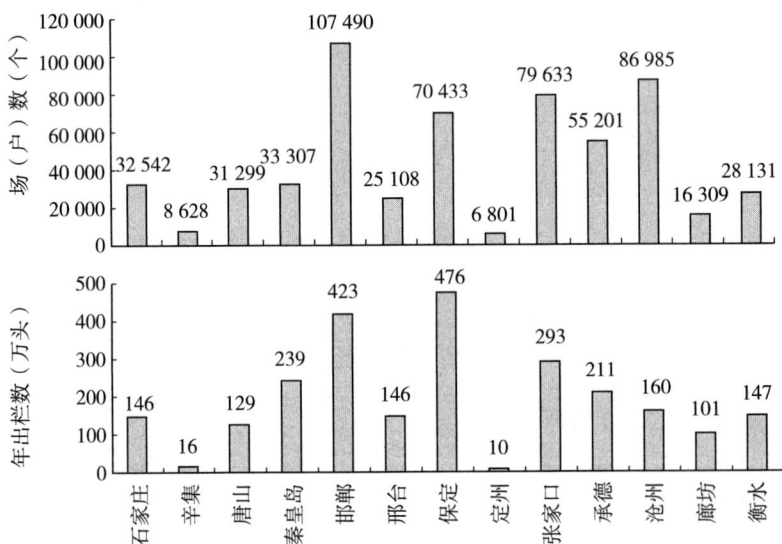

图 10-1 河北省 2017 年各市羊场（户）数量及年出栏量

数据来源：河北省畜牧兽医局。

(二) 养殖效益情况

自 2014 年以来肉羊养殖经历了 3 年多的持续亏损，但终于在 2017 年下半年随着价格止跌回升，2018 年 8 月迅猛增长，生产效益开始呈现盈利态势，目前肉羊养殖效益可观，由于供需长期失衡使得羊肉价格持续上涨。羊肉价格、肉羊出栏价格分别于 2016 年 9—11 月触底回升，2017 年秋季起回升速度加快，2018 年迅猛上涨，羊肉、活羊价格同比分别上涨 15.6%、13.5%，均处于历史高位，整体养羊效益较为可观，自繁自养绵羊羔羊按 15 千克计算，每头母羔价格大约 500~550 元，每头公羔价格大约 550~600 元，能繁母羊年头均赢利在 1 000 元左右，自繁自养绵羊头均盈利在 500 元以上，强度育肥绵羊按 15 千克羔羊经 3~4 个月育肥出栏，头均可盈利在 300 元以上，因此肉羊养殖效益较好，呈现盈利态势。

（三）发展趋势

1. 区域布局趋势

河北省肉羊养殖以前以放牧为主，多数自繁自养。由于近年连续实施的禁牧政策，河北省的养羊业重心从北部向南部转移，由半农半牧区向农区推进，形成了北繁南育的养殖模式。石家庄位于河北省农区，近年肉羊养殖逐渐由西部山区放牧为主转变为从内蒙古、张家口、东北等地引进，在平原农区舍饲育肥，农区丰富的饲料、饲草和农副产品资源，为肉羊养殖提供了便利条件。

2. 养殖结构趋势

近年来，羊肉的消费量不断增加，农区一些养鸡户和养猪户由于效益下滑，养殖鸡、猪产业逐渐转向养羊业，加之猪瘟疫情影响，市场上对羊肉的需求量增加，育肥羊市场远未满足本地市场需求，肉羊养殖趋势长期见好。根据《2017 年石家庄市关于进一步加快现代畜牧业发展的实施意见》，石家庄市畜牧业调整产业结构，将扩大肉羊养殖量，提高羊肉供给比重，以满足不同消费层次需求。受市场和政策双重驱动，石家庄市肉羊产业可充分利用本地资源条件发挥优势，降低养殖成本，促进产业发展。

三、石家庄市肉羊养殖企业调研情况

从总体调研情况来看，石家庄肉羊养殖场分布范围较广，各县市区均有饲养，养殖场规模相对较小，品种较杂，机械化程度偏低，农区以舍饲为主，山区部分山羊养殖户以放牧加补饲为主。调研对象、数量及内容详见表 10 - 1。

表 10 - 1　调研内容

调研对象	数量	调研内容
区、县农业农村局	3	备案羊场及饲养量
羊场	11	养殖品种及来源、饲料原料、疾病防控、养殖效益、技术需求等

（一）养殖分布

虽然肉羊在各县市区均有养殖，但主要以无极、灵寿、平山等县养殖为主，平山县肉羊养殖户有 74 户，存栏 1.15 万头；灵寿县 49 户，存栏 4.5 万头；无极备案羊场 4 家，存栏 1.3 万头，其次在石家庄的井陉、正定、栾城、深泽、赞皇、无极、元氏、藁城、赵县、新乐、晋州、鹿泉等均有养殖，但总体备案羊场较少，仅 88 家，未备案散户居多。

（二）养殖品种

养殖品种以小尾寒羊、杜泊及杂交羊为主（表 10 - 2）。除了以卖种为主的种羊场养殖品种较纯,其他一些自繁自养羊场都是用小尾寒羊或湖羊与国外引进品种道赛特、杜泊、萨福克等品种的杂交羊,所产羔羊有的自己留作种用,有的作为种羊卖给周围其他养殖户,有的作为育肥羊饲喂。育肥羊场养殖的羊主要来自内蒙古、吉林、张家口、承德等地。总体养殖品种较杂,一个羊场同时养殖几个品种,买到什么羊就养殖什么,没有长远的选育规划,也没有系统的选育措施,主要靠经验进行选育。

表 10-2   养殖品种

养殖品种	饲养该品种羊场数量（个）
小尾寒羊	4
杜泊羊	4
杂交羊	4
太行黑山羊	2
道赛特羊	1
萨福克羊	1
夏洛莱羊	1
湖羊	1

(三)养殖规模

石家庄市肉羊养殖规模化程度较低,种羊场规模较小,养殖种羊 500 头以上的较少,基本在几十头到 300 头之间,育肥羊场相对规模大一些,一般在 1 000 头到 5 000 头。大部分羊场没有备案,散养户居多,养殖规模为几十头到几百头。

(四)养殖设施设备

肉羊养殖主要以传统的人工饲养为主,小的散养户饲料配制及饲喂均以人工为主,规模较大的养殖场配制饲料使用了粉碎机、揉丝机、搅拌机等机械化的设备,上千头的育肥羊场采用 TMR 机加工饲料。但是饲喂羊只还是以人工饲喂为主,尚无养殖户使用机械化饲喂。养殖的棚舍以敞开式的棚舍为主,有的使用砖瓦结构,有的使用彩钢瓦建造,清粪以人工为主,极少羊场采用漏缝地板和机械化刮粪板式的清粪方式,肉羊养殖整体机械化程度较低。

(五)饲料种类

精饲料原料主要有玉米、豆粕、花生饼、麸皮等农区常见的饲料原料,粗饲料主要以花生秧、青贮玉米、酒糟、豆渣等农区能找到的农副产品为主,育肥羊主要以精料和花生秧为主,太行黑山羊的养殖主要以放牧加补饲玉米和花生秧、玉米秸秆为主。由于舍饲养殖饲料全部要花钱购买,养殖户也在不断地摸索利用当地农产品加工的下脚料来饲喂肉羊，以降低饲养成本。饲料价格见表 10 - 3。

表 10 - 3　饲料价格

饲料	价格（元/吨）
玉米	1 800～1 900
麦麸	800～1 600
豆粕	2 700～3 500
花生饼	2 900～3 600
DDGS	2 100
豆渣	250
花生秧	880～1 100
青贮	200～400
麦糠	600
柴胡秧	600
酒糟	400
棕榈粕	1 250
花生红衣	1 000
稻草	500
红薯秧	840
沧州小枣	800
预混料	4 250～5 000
精补料	2 400
羔羊开食料	2 750

（六）疾病防治

由于各县市畜牧站均发放肉羊养殖的小反刍兽疫、口蹄疫、羊痘、布病等疫苗，因此所有备案羊场都能接种这些疫苗进行预防。除此之外，还要注射羊三联四防疫苗，有的注射羊传染性胸膜肺炎疫苗，但存在的问题是缺乏系统规范的免疫程序，畜牧站什么时候发放就什么时候免疫，发放什么疫苗就注射什么疫苗，养殖户使用疫苗主要是春秋两防，没有根据抗体水平的消长规律科学进行防疫，导致羊的口蹄疫、小反刍兽疫、羊痘、乙型脑炎、布鲁氏杆菌病、支原体肺炎等疫病时有发生，若一旦暴发，将很难控制。羊场对消毒和驱虫一般都比较重视，使用药物基本一致（表 10 - 4）。

表 10 - 4 疫苗和药物

类别	项目	使用羊场数量
疫苗	口蹄疫	11
	小反刍兽疫	11
	三联四防	11
	羊痘	8
	布病	6
	传染性胸膜肺炎	3
	链球菌	1
	乙型脑炎	1
驱虫药	伊维菌素	10
	阿苯达唑	3
	阿维菌素	1
	左旋咪唑	1
	吡喹酮	1
消毒药	聚维酮碘	11
	戊二醛	1
	火碱	1

四、制约石家庄市肉羊产业发展的因素

(一) 产业层面

1. 养殖品种

肉羊生产应该从种做起,只有抓住了品种才能抓住根本,才能创造出好的产品质量,实现肉羊产业的高效益,没有良种,肉羊生产就无从谈起。石家庄市肉羊养殖品种比较复杂,只有石家庄新奥牧业有限公司一家种羊场以出售种羊为主,重视品种选育和饲养管理,其他的自繁自养的羊场虽然引进了国内外优良品种开展杂交改良,但由于没有开展系统的选育和选配,没有清晰的系谱,不同品种之间没有计划的杂交、回交,导致繁殖力下降,生产性能降低,影响了养羊的经济收益。

2. 规模化程度

目前,我市羊场规模化养殖程度较低,较大规模养殖场存栏一般在 2 000 头左右,一般养殖规模 200~300 头左右,养殖 100 头左右的农户多为散养模式。规模化程度低,不管是养殖育肥羊还是基础母羊,很难收到规模效益,同样的投入,产出要小得多,同样,没有规模化,也就很难做到标准化饲喂,造成羊只混群饲喂,没有分阶段管理,种羊和育肥羊使用同一配方,不能根据营

养需要合理配制日粮，导致优良肉羊的遗传潜能不能充分发挥，影响了肉羊的繁殖和生产。

3. 新技术应用程度

目前，漏缝地板、机械化刮粪在大规模羊场的使用较为普遍，但是我市羊场养殖规模相对较小，尚未使用机械化饲喂，有一些种羊场和育肥羊场已使用机械配制 TMR 饲料，但极少羊场采用机械化饲喂和刮粪，肉羊养殖仍属劳动密集型，肉羊养殖技术相对落后，养殖户仍然按照传统的方式饲喂，人工授精、分群饲养、早期补饲等先进的养殖技术尚未广泛使用，影响了肉羊养殖的科技贡献率。

4. 产业链条

养殖户主要以出售毛羊为主，到当地的个体屠宰户进行屠宰，或到外地进行屠宰加工，没有规模优势，也就没有话语权，养殖与屠宰脱节也进一步压缩了肉羊养殖效益。另外我市也缺少羊肉产品加工企业集群，缺乏饲料加工、绒毛加工龙头企业带动，羊肉产品只是一些初级产品，如羊肉片、胴体、羊肉串等，没有形成羊肉品牌，导致产品附加值低，抵御市场风险能力差，市场占有率不高。加工环节薄弱，缺乏精深加工，产品附加值不高，市场开发和挖掘还远远不够，其中冷冻羊肉约占95%，加工制品仅占5%左右，深加工转化率不足3%。在销售上，没有充分利用现代网络手段，周转慢，效益低。

5. 产业规范

没有形成羊肉标准化分割和分级统一的行业规范，追溯体系、卫生检疫制度不完善。羊产业相关研究如优质羊品种培育，杂交技术体系，繁育技术，规模化、标准化饲养技术等规范明显滞后。

6. 科技带动

羊场从业人员文化水平低，年龄大，接受新理念、新技术难度大。有经验的管理人才和技术人员少。很多养羊户之前从事养猪、养鸡还有其他行业，多数不懂专业，甚至有些人根本没搞过养殖，缺少科学饲养意识，导致从业者对提高科技含量、羊产品质量安全、粪污处理重视不够，措施不力，效果不佳。羊产业的科技投入少，优质品种的选育、品种杂交改良滞后，饲养管理方法不对路，没有起到科技先行之目的，影响了养羊产业化的发展。

（二）管理层面

1. 羊场规划设计

羊场规划和生产建筑不科学、不规范，场内功能分区混乱，尤其是羊场扩（改）建时，随意性较强，部分羊场的羊群结构混乱，分群不合理，造成圈舍设计不规范，如妊娠羊和空怀羊同处一栏，饲喂同一营养水平饲料，造成妊娠后期母羊的营养缺乏，引发病羔、弱羔和死羔。

2. 饲养管理

肉羊养殖缺少可参考应用的饲养管理标准和营养标准，不能对不同品种羊及其不同生理阶段做到科学饲养管理和营养调控，造成饲养管理滞后或营养供给不平衡。加上缺乏科学配方、原料品种单一、管理不配套，特别是在饲料的供给上，不能达到按需供应，只是随意添加，既不能保证营养需要，还造成饲料资源一定的浪费。不重视饲草料质量，部分原料发生霉变仍在使用。羊场多为自配饲料，购买饲料原料、浓缩饲料、添加剂预混料自行配制，不同羊场所用原料营养成分差异大，导致配合饲料营养成分存在较大差异，羊营养供给不能满足需要或营养供给过多问题凸显。

3. 粪污清理

羊舍内有害气体主要为氨气和硫化氢，由羊粪污、垫草、垫料以及饲料残渣发酵分解产生，多见于夏季、寒冷季节通风不良的密闭羊舍，以羊粪污影响最大。我市大多数羊场尤其是配套设施不完善的羊场存在羊粪污清理不及时的情况，畜禽粪便大量长期堆积产生的恶臭和有害气体大多具有强烈的刺激性和毒性，直接影响羊的健康及生产性能，间接危害人类。水源在受到长期大量的羊粪污染时，可能会造成水体中的许多病原微生物和寄生虫病的流行，给人类的健康也带来严重影响。另外羊的布病、炭疽、血吸虫病和脑棘球蚴病等人畜共患病，通过羊排泄物在一定的条件下可感染人类，对人类造成极大的危害。

4. 安全防控和疫病监测

养殖从业人员普遍缺乏生物安全意识和疫病监测与检测意识，生产区前缺乏消毒设施设备，缺乏防护服装，没有来访者进场参观制度。外购或引进的羊只未按规定检疫、隔离且免疫不到位，直接混入场内羊群。产后对羔羊和母羊消毒不彻底，造成母羊和羔羊感染疫病的几率增大，影响后期的生长及繁殖。疫病防控主要靠疫苗与药物，发病乱投医，基本上靠经验进行临床诊治，而对发病羊疾病流行情况很少进行实验室诊断。大多数羊场无主动监测意识，导致部分传染病仍然发生与流行，并且危及人类健康。此外，我市育肥羊多数来自省外，免疫与感染背景不清楚，加之长途运输应激，到场后发病情况较多，导致部分地区疫病频繁发生。

五、石家庄市肉羊产业发展建议

（一）加强良种繁育、保护、利用

重点抓好原种场、扩繁场的建设，大力普及繁殖育种新技术，推广人工授精技术，扩大优秀种公羊的利用率。地方品种具有繁殖力高，耐粗饲、抗逆性强的优点，应加强地方品种保护，特别是性能独特品种的保护力度，并牢固树立保护与利用并重的理念，进行合理区域规划布局，建立地方品种保种场，加强对小尾寒羊、太行山羊等地方品种保护。从投入上加大资助强度，建立注重基础、稳定支持、择优资助的长效投入机制，如设立种业专项。在肉羊生产过程中，要确立明确的目标，合理规划，规范管理，加强现有品种的提纯复壮，以提高个体生产性能和产品质量为主攻方向，重点选育繁殖效率高、适应性强、育肥性能好的优质个体。

（二）调控饲料营养，开发饲料资源

饲料质量的好坏直接关系到动物养殖业的发展，关系到动物产品的质量和安全。通过对羊饲料成分的检测分析，有效地指导饲料生产企业增强质量意识，让养殖户转变养殖观念，提倡科学配方，提高养殖效益。及时测定新进原料的营养成分，提高饲料配方的科学性，满足不同饲养阶段羊的营养需要。根据各生理时期的特点确定科学合理的饲养管理标准，分阶段提供必需的营养物质和管理措施，提高饲料的利用效率和养殖效益。根据不同品种羊在各生理阶段的营养需求及实际体质状况，制定并使用科学的饲料配方，确定饲喂量，保障营养均衡，减少饲料浪费。充分开发饲料资源，合理调配，科学利用，降低养殖成本，提高养殖效益。建立专门的羊饲料加工企业，建立饲料配送中心，向养殖户按订单配送，实现羊饲料的集约化、专业化生产和运输。

（三）综合防控疫病

大力加强羊流行病学、诊断技术和防控措施等方面的研究，加快羊流行病的快速检测方法研制，建立羊病综合防控技术规范，建立健全羊疫病应急防控体系和监测监管体系，遵循养重于防、防重于治、防治结合的原则，切实搞好重大疫病免疫的工作。切实增强防疫意识，对进入羊场和生产区大门口应设立消毒池及喷雾器械并设有消毒通道，外来人员必须穿戴消毒过的防护服通过消毒通道进入生产区。空羊舍引进羊前要彻底打扫卫生并消毒，并定期清扫消毒。异地收购或引进羊只必须检疫、隔离。

（四）加强冬夏羊舍环境控制

生产中应用三面封闭、南面敞开或南面设半截墙的半开放式羊舍，尤其育成舍、繁殖母羊舍和公羊舍多采用这种模式，保证夏季通风较好，冬季良好保温。羊舍也可采用卷帘舍，羊舍的两侧或单侧纵墙上安装半自动或全自动卷帘结构，冬季放下卷帘保温。设计保温性能较好的产房，根据所处区域气候条件配备保暖设施。夏季高温时应适当提高饲料营养浓度，在饲料中添加助消化、适口性好的物质，增加青绿饲料、湿拌料以增强食欲，维持采食量。适当降低饲养密度以降低舍内温度。做好羊舍隔热降温，加强羊舍周围绿化。在羊舍、运动场上方或四周用遮阳网等隔热性能好的材料加以遮盖，搭建凉棚等，减少阳光直射。有条件的密闭式羊舍可采用水帘降温，保证饮水清洁、充足，添加电解多维缓解热应激。

（五）加强粪污垫料处理

粪污垫料要及时清理，羊舍的主要清粪方式为人工清粪和机械清粪（刮板），人工清粪适用于小规模羊场，刮板清粪适用于规模化羊场。及时清理粪污可明显改善舍内环境，有效降低冬、夏季节舍内的氨气、硫化氢和甲烷等有害气体浓度。粪便的后续处理主要是通过堆肥发酵或储粪池发酵，然后直接进地施肥。

（六）加大政策扶持力度

石家庄市对肉羊发展的扶持力度与生猪、奶牛相比明显偏小。由于比较效益较低，投资肉羊生产占用资金较多、周期较长，加之用地、市场等因素，从业者生产再发展的积极性较低，产业发展后劲乏力。建议政府加大政策扶持力度，加大对市内种羊场、工程技术中心的扶持，完善设施设备。

（七）实施产业化经营，增强市场竞争力

在养殖方面，建议组建合作社抱团取暖，共同参与市场竞争，增强竞争力。在加工方面，建议屠宰加工企业要向精深方向发展，增加产品的附加值和品牌效应，以此提高加工效益。通过建立羊屠宰加工过程中标准化分割、分级、运输和贮藏管理等增加羊肉的附加值，促进产业的发展。通过注册品牌、开发特色产品、精深加工和一些预制产品可以有效地延长产业链，通过屠宰、分割、冷冻、熟食加工细分羊肉加工市场，提高品种附加值。

（八）注重市场营销

在销售上，要充分利用现代网络营销手段，并与品牌建设相结合。挖掘优良地方品种的商品属性，结合品种自身特点和地域特点开发特色羊肉熟食和纪念品等，结合旅游，以羊文化为主题，创办特色小镇或主题餐厅等，提高品种知名度，拓宽市场渠道。

第二节　秦皇岛市羊产业发展调研报告

一、秦皇岛市羊产业发展现状及特点

（一）养羊数量呈现明显增长态势

根据 2017 年统计年报，截至年底全市羊群数量同比增长，其中绵羊存出栏增长更为明显，具体数据参见表 10-5。

表 10-5　2017 年秦皇岛市羊存栏量和出栏量

单位：万头

秦皇岛市	羊存栏	羊出栏	其　　中			
			山羊存栏	山羊出栏	绵羊存栏	绵羊出栏
2017 年	120.31	243.88	48.47	81.64	71.84	162.24
同比增长	3.77%	10.36%	0.72%	2.37%	7.02%	14.88%

繁殖母羊存栏量同比增长，其中绵羊繁殖母羊存栏量增长更为明显，可以预见后续发展势头强劲，具体数据参见表 10-6。

表 10-6 2017 年秦皇岛市能繁母羊存栏量

单位：万头

秦皇岛市	能繁母羊	其 中	
		山羊能繁母羊	绵羊能繁母羊
2017 年	54.89	29.42	25.47
同比增长	3.87%	2.98%	13.09%

由此可见，秦皇岛市羊业生产渡过了 2014—2016 年低谷时期，2017 年开始呈现增长态势，预计今后一段时间发展形势将一路向好。

（二）不同品种呈现明显的区域集中分布特点

根据 2017 年统计数据，一是从全市养羊的饲养总量看，全市 84.14% 的羊饲养在青龙、卢龙、昌黎和抚宁区域。二是从山羊、绵羊不同品种的养殖数量看，全市 73.78% 的山羊饲养在长城沿线以北燕山山区的青龙县境内，而 93.12% 的绵羊饲养在卢龙、昌黎、抚宁的 205 国道以北至 102 国道以南丘陵地区。其中，从青龙县的养羊品种与数量看，山羊的年饲养量达 116.08 万头，占全县羊饲养量的 96.01%；其中绒山羊存栏 47.50 万头，占全县山羊存栏总量的 99.25%，占全市绒山羊存栏总量的 85.62%。具体数据可见表 10-7。

表 10-7 2017 年秦皇岛市羊存栏集中区域

单位：万头

市 县	羊饲养总量	其 中		
		山羊饲养量	其中：绒山羊存栏量	绵羊饲养量
秦皇岛市	388.61	157.33	55.48	231.27
青龙县	120.91	116.08	47.50	4.83
卢龙、昌黎、抚宁合计	206.06	22.47	2.69	215.37

可见，秦皇岛市绵羊主要分布在卢龙、昌黎、抚宁地区，山羊主要分布在青龙县，而青龙县山羊的主要养殖品种是绒山羊。

（三）不同品种区域优势不同，规模化养殖程度不高

一是山羊品种集中区域，重点在燕山山区的青龙县，畜牧主管部门 30 多年来依托本地资源优势和历年养羊基础，重点发展绒山羊良种繁育，围绕规模化养殖、标准化生产、产业化经营发展目标，着力打造特色优质绒山羊为核心的羊产业，全县绒山羊养殖得到了快速发展，目前已成为青龙县脱贫致富的主导产业之一。二是绵羊品种集中区域，已由原来松散型的、放牧与舍饲相结合的肉羊养殖模式，逐步转向了规模化、集约化的专业舍饲短期快速育肥方式，初步形成了以卢龙蛤泊乡、昌黎两山乡为核心的肉羊专业育肥养殖区，目前已成为当地一个优势养殖项目。三是山羊绵羊聚集区的规模化养殖程度并不高，2017 年统计年报部分数据如表 10-8 所示。

表 10-8　2017 年秦皇岛市养羊规模统计

市　县	年出栏 200～499 头		年出栏 500～999 头		年出栏 1 000～2 999 头		年出栏 3 000 头以上	
	场户数（个）	年出栏数（万头）	场户数（个）	年出栏数（万头）	场户数（个）	年出栏数（万头）	场户数（个）	年出栏数（万头）
秦皇岛市	681	226.99	529	396.73	516	725.22	7	2.58
青龙县	346	8.23	195	13.90	71	8.64	0	0
卢龙昌黎合计	173	6.85	294	22.25	428	59.76	6	2.16

据统计，全市年出栏羊 200 头以上的规模场户 1 733 个，累计年出栏羊 1 351.52 万头，规模养殖率 53.98%。其中，青龙县规模养羊以绒山羊为主，年出栏 200 头以上的规模场户达 612 个，累计年出栏羊 30.77 万头，占全县出栏总量的 45.10%，规模养殖率还很低；卢龙昌黎以绵羊养殖为主，二县合计年出栏羊 200 头以上的规模场户 901 个，累计年出栏羊 91.02 万头，规模养殖率 76.35%。而且，从年出栏羊 1 000 头以上的较大规模场看，绒山羊场少，而肉羊育肥场较多。

（四）不同品种呈现不同的养殖方式

一是绒山羊养殖，主要以青龙本地绒山羊为主，近年来大多数规模场都在努力改变饲养方式，已从过去传统落后的"放牧为主、补饲为辅"散养方式，逐渐转变为现代适用的"舍饲为主、放牧为辅"饲养方式，注重自繁自养，舍得投资改进羊舍，舍得投资加喂精料，舍得投资引进优种公羊，注重分栏饲养避免近交，注重学习接受全混日粮、羔羊补料早日断奶、人工授精等实用高效技术，注重提高羊群的产羔和产绒性能，注重提高养羊效益。二是绵羊养殖，主要品种以小尾寒羊及其杂交羊为主，近年来大多数规模场已从过去传统落后的"放养＋舍饲"副业方式，逐渐转变为现代专业的"全舍饲"专业育肥，以全进全出的方式外购架子羊专门育肥肉羊出售，舍得投资饲喂精料，不注重母羊繁殖，注重以规模养殖取得较大收益，一般年均育肥饲养 3～4 批次，年均纯收益 50～70 元/头，目前已成为卢龙、昌黎养羊区域的发展主流和亮点。

（五）羊良繁体系建设情况

目前全市有绵羊小尾寒羊市级种羊扩繁场 3 个，存栏种羊不足 1 000 头，年供种量远远不够本市羊场需要；青龙县绒山羊良种繁育体系已基本建立，其中省级种羊场 1 个、市级种公羊站 1 个、市级种羊场 20 个、标准化规模养殖场 324 个，能够满足本市及周边地区的绒山羊种羊需要。由于绒山羊养殖是青龙县的传统养殖项目，市县畜牧主管部门自 1987 年开始注重实施本地绒山羊选育，至今已有 30 多年历史，有效提高了绒山羊的整体生产性能。青龙绒山羊为绒肉兼用型羊，属混合毛被类型，外层为粗毛，毛长一般为 10～20 厘米；底层为绒毛，绒长一般为 4～9 厘米，细度 14～16 微米；繁殖母羊平均 2 年繁殖 3 胎，成年公母羊体重可达 60.0 千克和 40.0 千克，产绒量可达 1 200 克和 650 克。青龙绒山羊以体型大、羊绒细、产羔率高为特点，尤其是羊绒细度和长度具有十分优质的纺织特征，为今后绒山羊品种培育和创建品牌奠定了基础。

（六）羊肉和绒毛产品加工现状

一是目前全市有 4 个小型屠宰厂（点）在运行，以屠宰羊胴体为主，其中卢龙天元、海港区牧羊源为羊定点屠宰厂常年屠宰，开发区义合和山海关荣泰园为牛羊定点屠宰而且年屠宰量很小，总之全市羊的实际屠宰量严重不足，远远满足不了本地养羊场户卖羊的需要。二是青龙县木头凳鸿源祥羊绒交易市场 2017 年秋刚刚起步扩建，主营羊绒收购、加工及销售，目前已有加工机器设备 8 台，计划 2018 年 7 月全部竣工，计划增加设备 16 台，年设计加工能力可达 40 吨。

二、秦皇岛市羊产业发展存在的问题

（一）养羊品种单一，产业发展缺少特色品牌带动

一是山羊养殖，主要是青龙本地绒山羊，在燕山山区广泛饲养，性能优良、绒质优异，但还未培育命名为专业品种品系，缺少像"辽宁绒山羊"、"内蒙古白绒山羊"一样的品种效应，导致种用羊销售价格极低。二是专门用于育肥的肉用绵羊，养殖品种主要为小尾寒羊及其杂交羊，绝大多数规模场由东三省、内蒙古等地购入架子羊，体重 30 千克左右，育肥饲养期 70 天左右，出栏体重 50 千克左右，平均日增重 0.25 千克左右，但养羊收益却不稳定，有时甚至亏损。分析主要原因，一是规模场不注重肉用羊的繁育和改良，外地购买架子羊品种单一且品质参差不齐，特别是小尾寒羊杂交羊，经过多年杂交饲养后性能退化，急需适合当地的专门化育肥肉用羊品种。二是架子羊主要依赖从外地购买，购买价格完全受制于外地供应商，价格偏高；而出售育肥活羊又完全受制于市场商贩，价格偏低，规模场在购买销售两头受限的情况下，利润空间很小。

（二）养羊方式依然传统落后，高效养羊技术普及率低

养羊作为农村的传统养殖项目，在从农户传统、分散养殖向规模化、标准化舍饲养殖转变的过程中，虽然经过了各级畜牧部门多年的推广和培训，但与

猪鸡产业相比，政府各部门的重视、支持、培训和推广力度却相差很多，所以目前秦皇岛市羊业规模化、良种化比例依然很低。据 2017 年统计，目前还有 3.16 万户舍羊散养户（年出栏羊不足 200 头的），累计出栏羊数量占全社会羊出栏总量的 46%。这些养羊户因缺少资金和支持，羊舍简陋，饲料自配，饲养方式落后，没有抗御疫病和市场风险能力，养殖效益低。

（三）养羊规模化程度低，标准化程度更低

近年来，在国家政策引导和羊产品市场拉动下，秦皇岛市养羊规模化标准化养殖有了较快发展。据 2017 年报统计，在全市 3.33 万个养羊场户中，其中年出栏 500 头以上的规模场户 1 052 个，年出栏量占全市年出栏总量的 45.07%，与猪鸡产业相比，规模化比率低得多。而且，按照现代畜牧业要求，其中完全符合动防条件、备案标准的规模场还不足 50%，应用先进高效集成技术的难度较大，多数老场还需要规范改造。

（四）产业链条不完善，产品附加值低

全市羊产业目前还缺少肉羊屠宰分割加工、绒毛加工和羊饲料加工配送等龙头企业带动，缺乏特色优势产品的品牌效应，致使产业整体附加值偏低，养羊场户效益更低。特别突出的问题是，到目前全市还没有一家有规模、现代化的羊屠宰加工龙头企业，仅有的几个小型定点屠宰厂（点）的屠宰能力严重不足，造成本市出栏肉羊绝大多数以活羊外销为主，其中卢龙昌黎等地绵羊育肥羊大多数销往香河、大厂等地，青龙绒山羊出栏肉羊大多数靠零散方式销往迁安建昌营等地，不仅活羊销售价格严重受制于外地，而且一大部分屠宰与肉品分割加工的增值利润拱手让予外人，既增加了羊场运输成本，又减少了利益收入。

（五）政策扶持力度小，制约羊产业快速发展

虽然近年来国家和省市县各级政府加大了对养羊产业的引导和支持力度，但与猪鸡产业相比却少很多。截至目前，全市仅有青龙县 3 个养羊场得到了国家"菜篮子"畜产品扶持项目、1 个羊场得到了国家良种畜禽补助项目和 200 户省农业财政整合资金项目（每户仅补贴 4 万元）。而实施规模化标准化养殖、改扩建羊舍、购置先进设施设备、建设肉品屠宰绒毛加工企业等等，都需要大量的资金支持。各级政府为羊业提供的政策支持和资金扶持相对较少，造成投入羊业资金严重不足，制约了羊产业的转型升级和快速发展。

三、秦皇岛市羊产业未来发展方向

（一）制定养羊规模化标准化技术操作规范

针对以青龙为核心的绒山羊特色养殖和以卢龙为核心的肉羊快速育肥两方面技术工作，全面依托省羊产业技术体系创新团队的专业技术资源，充分调动市县乡各级畜牧系统专业技术人员的积极性，加强秦皇岛市试验站技术力量，积极配合首席专家和各岗位专家研究课题，分别制定出全程适用的、简化高效的标准化养殖技术规范，集成印刷标准化生产手册，通过组织科技下乡、技术培训和现场指导等多种方式，免费提供给广大养殖场户，引导和帮助广大养羊场户提高科学养羊意识，注重优选良种，注重提升养殖技术水平，逐步实现饲养标准化、饲料全价化、防疫规程化、产品优质化，全面提升全市养羊技术水平和规模化标准化程度。

（二）建立培育试验示范场，发挥典型辐射带动作用

积极发挥省羊体系创新团队秦皇岛综合试验推广站的职能作用，重点在本市绒山羊和肉用育肥羊集中区域，分步选择培育试验示范羊场，加快羊业先进科技成果的转化应用。一是组织开展试验示范规模养羊场建设，从羊场羊舍标准化设计改造、配套设施应用、制度建设及管理等多方面，示范带动更多规模养羊场户。二是有重点分步骤示范推广母羊发情调控及人工授精简化技术、全混合日粮（TMR）饲料配方、疾病综合防控等高效实用养羊技术。三是积极组织规模场户参加各类专业技术交流、培训及观摩活动，依托省羊产业技术体系创新团队首席专家和六个岗位专家团队的超强技术实力，帮助更多养羊场户切实解决生产中实际存在的各类技术难题。

（三）加快优良羊品种选育进程

一是在以青龙县为核心的绒山羊主产区，大力推广发情调控、人工授精简化技术，加快优质绒山羊的繁育生产，建立高产绒山羊核心群，加快实施适合燕山山区生长的绒山羊品种选育，力争早日培育成功高产绒细特色的绒山羊品种品牌。二是在以卢龙县为核心的肉羊育肥主产区，加强研究试验道塞特、杜泊等优良肉用羊品种的生产效果，引导本地规模场加强实施专用肉羊品种的选择和繁育，加快肉羊专业育肥场的标准化改造，推广育肥舍环境控制、全价营养饲料配制及饲喂、疫病防控等技术，引导创建优质羊肉品牌，推动发展高档羊肉生产。

（四）重点培育肉羊屠宰和羊绒加工龙头企业

一是鼓励现有屠宰加工企业开展技术升级改造，向精深加工方向发展，注重研发新产品；鼓励申报注册商标，增加产品的附加值和品牌效应，提升产品市场竞争力。二是加速引进建设一批经营规模大、资源整合能力强、市场占有率高的产品深加工企业，把养殖、加工和流通等环节有机联结起来，创建优势产品和特色品牌，构建完整高效的羊产业链条及商业营销运行体系，提高羊产品附加值。三是加强对羊产品加工企业的监管，支持企业间建立产销对接机制，支持企业建立并真正施行全程可追溯制度，严厉打击非法添加使用违禁药物行为，保障产品质量安全，真正实现产品优质优价。

（五）支持创建秦皇岛区域优势特色产品品牌

一是建议各级政府及主管部门出台相关优惠扶持政策，大力支持科研单位、产品加工企业等研究开发有优势和有特色的羊肉羊绒产品，鼓励注册商标产品，鼓励申报专利产品，帮助有技术实力的企业申报国家和省知名品牌，快速提升我市羊肉羊绒产品的市场竞争力。二是依托省羊产业技术体系创新团队的技术创新优势，市县畜牧主管部门根据秦皇岛市绒山羊和育肥肉羊的不同区域优势及特点，给予人力财力物力保障，鼓励支持全市各界企业和人士研发培育羊业特色和优势产品品牌，并通过媒体、网络、会展等多种渠道加大宣传力度，提高品牌知名度，助推羊产业增产增效和持续发展。

第三节 青龙县绒山羊产业发展调研报告

一、青龙县资源禀赋及绒山羊产业发展优势

（一）青龙县有得天独厚的绒山羊自然生长环境

青龙县位于东北、华北两大经济区的结合部，属北温带湿润大陆性季风气候，四季分明，日照充足，昼夜温差大，平均气温 8.9℃，平均降水量 715 毫米，自然环境适宜绒山羊的生长。绒山羊是青龙县一种独特的生物资源，是经过长期的自然选择和人工选育而成的目前世界上产绒量较高、绒纤维品质较好的品种。

（二）青龙县有深厚的绒山羊养殖基础

青龙县从 1987 年开始养殖绒山羊，品种以青龙本地山羊为主，经过 30 多年的不断选育提高，形成了目前产绒量高、绒纤维品质好的"燕山"绒山羊新类群，极大地提高了绒山羊养殖效益。

（三）青龙县有丰富的饲草饲料来源

青龙县有丰富的林草资源，林地面积 328 万亩，森林覆盖率 65.1%，其中可供放牧的草山草坡 170 万亩，林果栽植面积为 126 万亩，很多树木的叶子可以为绒山羊提供适口饲草。为妥善处理林牧矛盾实现养羊业和林业的协调持续健康发展，青龙县政府一方面制订了"因地制宜、划分区域、重点保护轮封轮牧"的指导方针，在植被条件较好的边远山区划定保护区与放牧区并限定放牧和禁牧季节，较好地保护了生态环境，另一方面大力推进羊只的舍饲圈养并不断改良品种提高养羊业生产水平。

二、青龙县绒山羊产业发展现状

自 2011 年河北省提出《关于加快现代畜牧业发展的意见》以来，秦皇岛市养羊业作为节粮型畜种产业得到了较快发展，青龙县作为秦皇岛市绒山羊的

主要生产区域，在养殖数量、养羊规模和山羊绒的绒毛品质方面都取得了较快发展。

（一）青龙县绒山羊养殖数量稳步增长、品质逐渐提高

青龙县 2017 年全县绒山羊饲养量 120.9 万头，羊肉产量 9 580 吨，山羊绒产量 208 吨。秦皇岛存栏数由 2012 年的 120.44 万头上涨到 2017 年的 133.97 万头，其中绒山羊存栏数从 2012 年的 43.45 万头增长到 2017 年的 50.48 万头，而青龙县的绒山羊从 2012 年的 31.57 万头增长到 2017 年的 47.50 万头，青龙县绒山羊占全市比重从 2012 年的 72.66% 提高到了 2017 年的 94.11%，青龙县绒山羊养殖在全市已经处于主导地位，如表 10-9 所示。

表 10-9　秦皇岛市和青龙县绒山羊存栏数量

单位：头，%

年份	2012	2015	2016	2017
秦皇岛市	434 480	541 951	566 729	504 766
青龙县	315 690	445 023	467 936	475 035
青龙县占全市比重	72.66	82.11	82.57	94.11

由于青龙县本地山羊绒品质好、生产细度在 16 微米以下，深受加工企业的青睐，产品供不应求，羊绒交易市场的交易价格比市场价格高出 20 元/千克，绒山羊养殖户收入显著增加。

（二）养殖方式以家庭散养为主，规模化养殖程度不高

青龙县养羊户中年出栏量在 30 头以下的家庭小养殖户为 9 136 户，2017 年绒山羊出栏总数为 22.89 万头，占总出栏量的 29.5%（表 10-10）；年出栏量在 30~99 头的养殖场（户）为 3 016 场（户），年出栏绒山羊数为 19.81 万头，占总出栏量的 25.6%；年出栏在 100 头以下的占 55.1%。规模养殖场中占比最高的为年出栏数在 500~999 头的养殖场，占总出栏量的 17.9%，还有 11.2% 的大规模养殖场。说明青龙县绒山羊虽然场户数以农民散养为主，但出栏量上散户和规模养殖场平分秋色。

表 10-10　青龙县 2017 年绒山羊规模养殖场统计表

养殖场年出栏量（万头）	1~29	30~99	100~199	200~499	500~999	1 000~2 999
场（户）数（个）	9 136	3 016	257	346	195	71
年出栏数（头）	228 865	198 124	38 125	84 268	139 012	86 415
占总出栏量的比例（%）	29.5	25.6	4.9	10.9	17.9	11.2

2014 年以来，县委县政府出台了《关于加快绒山羊产业发展意见》，大力

推动良种化、规模化、标准化的羊产业发展，大多数规模场都在努力改变饲养方式，已从过去传统落后的"放牧为主、补饲为辅"散养方式，逐渐转变为现代的"舍饲为主、放牧为辅"的饲养方式。

（三）建立了良种繁育体系

由于绒山羊养殖是青龙县的传统养殖项目，市县畜牧主管部门自 1987 年开始注重实施本地绒山羊选育，至今已有 30 多年历史，青龙县绒山羊良种繁育体系已基本建立，其中省级种羊场 1 个、市级种公羊站 1 个、市级种羊场 20 个、标准化规模养殖场 324 个，基本满足本市及周边地区的绒山羊种羊需要，形成了以青龙本地绒山羊为主的绒山羊品种，为今后绒山羊品种培育和创建品牌奠定了基础。2016 年，由河北农业大学刘月琴教授牵头组织的"燕山绒山羊"品种选育工作在青龙县顺利实施，已在 2018 年底通过验收并命名。

（四）羊肉和绒毛产品加工业刚刚起步

青龙县目前羊产业交易主要以活羊为主，主要原因是活羊屠宰和加工业刚刚起步。秦皇岛市有 4 个小型屠宰加工企业，而且年屠宰量很小。木头凳鸿源祥羊绒交易市场 2017 年秋刚刚起步扩建，主营羊绒收购、加工及销售，目前已有加工机器设备 8 台，2018 年 7 月全部竣工，增加设备 16 台，年设计加工能力可达 40 吨，目前尚不能满足青龙县年屠宰需求。

三、青龙县绒山羊产业发展存在的问题

（一）缺少自主品种，种用羊销售价格极低

虽然青龙县绒山羊已经形成了适合青龙县自然环境和气候条件变化的绒山羊品系，但还未培育命名为专业品种品系，缺少像"辽宁绒山羊""内蒙古白绒山羊"一样的品种效应，导致种用羊销售价格极低，很多绒山羊被羊贩子低价收购后被当作辽宁绒山羊高价卖出。

（二）养羊规模化程度低，标准化程度更低

如果按照养殖户数量统计，青龙县绒山羊养殖中年出栏量在 30 头以下的小养殖户占 70.16%，出栏量占了 29.54%；年出栏量在 30～99 头的中小养殖户占 23.16%，出栏量占了 25.57%，而年出栏量在 200 头以上的标准化养殖场占 4.70%，出栏量占了 39.97%。这组数据说明，规模化养殖场的生产效率要高于散养户。但是，青龙县有标准化规模羊场 324 个，饲养量还不足 20 万头，仅仅占全县饲养总量的 16.26%，规模化标准化水平的不足严重制约了绒山羊产业的整体发展。

（三）养羊方式依然传统落后，高效养羊技术普及率较低

青龙县农民虽有传统的养羊习惯，但从农户分散饲养、放牧为主向标准化、规模化舍饲养殖转变过程中出现了许多不适应。虽经县畜牧局多年培训和

推广绒山羊高效生产集成技术，但圈养户在养殖观念、疫病防治、人工输精、分群饲喂、羔羊补饲、秸秆综合利用、种草养羊及机械化自动化养殖水平等方面相对仍很低，绒山羊集成技术应用比例不足 20％，导致饲养成本加大、羊疾病发生率高、营养不良等问题延长出栏时间，降低了养殖效益。

（四）缺少屠宰加工企业和深加工企业，价值链有待延伸

青龙县绒山羊产业的收入只停留在初级阶段。首先，秦皇岛市缺少羊屠宰、分割、加工龙头企业，只有几个小型定点屠宰厂，青龙县没有规模化现代化的羊屠宰厂，只能将活羊销售到迁安市建昌营镇等外地县、市。其次，绒山羊的主要产品山羊绒未经分离，常常与剪掉的羊绒羊毛等初级产品一起销售。虽然青龙县成立了以木头凳鸿源祥有限公司为龙头的羊绒交易市场，羊绒销售价格比其他地区的羊绒价格每千克高 20 元，但是大部分交易为原绒。没有诸如内蒙古"鄂尔多斯"等自有品牌的羊绒产品，甚至初级羊绒加工的生产厂家也严重缺乏。由此可见，养羊农民增收的环节仅仅停留在养殖环节，损失了羊绒加工过程的高收益是制约青龙县农民收入增长的主要因素。

（五）饲草收割难度大，人工成本高

2017 年青龙县实施了"粮改饲"项目，但由于坡耕地占 90％以上，无法实施机械化收割，致使吨成本比外地高 100 元以上，推高了饲草成本。因此，散养户更倾向于放牧以节约成本。

（六）相关政策扶持力度不足，无法满足羊产业的快速发展

近些年随着羊价快速上涨，绒山羊养殖规模不断扩大，尽管近年来各级政府加大了对养羊产业的引导和支持力度，但规模化养殖、羊舍改扩建、设施装备构建、建设屠宰和绒毛加工企业等均需要资金支持，截至目前，全市仅有青龙县 3 个养羊场得到了国家"菜篮子"畜产品扶持项目、1 个羊场得到了国家良种畜禽补助项目和 200 户省农业财政整合资金项目。

四、青龙县绒山羊产业未来发展的对策建议

经调查，大多数农民对绒山羊养殖积极性较高，青龙县绒山羊产业发展潜力巨大。但是，受当地资源禀赋和各种因素的影响，绒山羊产业发展比较缓慢。为此，提出以下政策建议：

（一）加大品种改良力度，积极申报"燕山绒山羊"品种认证

根据 FAO 和发达国家对养殖业的科学估计，在畜牧产业发展中，品种的贡献率占 35％～60％，平均 45％，品种是实现经济效益的首要因素，因此，优良品种培育仍然是发展养羊业的重中之重。青龙县在培养绒山羊新品种方面已经做了大量工作，今后应继续推进绒山羊品种选育工作，重点抓好种公羊站、绒山羊多胎基因实验室建设和在绒山羊规模养殖场示范推广工作，积极申

报"燕山绒山羊"国家品种认证。同时应培养一支基层配种员服务于占一半比例的散养户，加快散养户品种改良进程。

（二）实施标准化和适度规模化生产

标准化养殖是青龙县绒山羊未来的发展趋势，制定相关技术规程，指导绒山羊标准化养殖，全面依托省羊产业技术体系创新团队的专业技术资源，通过组织科技下乡、技术培训和现场指导等多种方式，将标准化养殖技术传授给广大养殖主体，引导养殖场（户）实施标准化养殖，科学生产。

（三）发展羊绒加工业，提高产品附加值

发展羊绒加工业，短期来看先进行分绒处理，将羊绒从羊毛中分离出来，与国内羊绒加工企业和羊绒市场建立直销合作关系；长期来看则建立自己的加工企业，创建以"燕山绒山羊"为主的自有品牌羊绒产品，注册商标突出"燕山"或"青龙"的特征。通过创建地域品牌，提高产品附加值，增加养殖户收入。

（四）加大金融、保险支持力度，推动绒山羊产业稳步发展

除了积极争取国家扶持资金外，可以考虑以下两种方式：一是借鉴奶牛养殖小区模式，鼓励能人创建养羊小区，散养农户租赁小区的羊圈养羊，小区提供统一配种、防疫、粪污处理等散养户做不了的事情，这样既扩大了标准化规模化养羊进程，又分散了养殖资金过高的风险和生产管理的负担；建设养羊小区的政府给予一定比例的资金支持。二是借鉴山东六和的"担保鸡"、"担保猪"模式，发展青龙的"担保羊"模式，即有条件的中小型绒山羊养殖场转型升级为标准化规模化养殖场，用养殖场做抵押向银行贷款（或担保公司担保），逐步做大做强绒山羊产业。

（五）大力发展生态旅游业，为绒山羊品牌提供宣传契机

青龙县有国家湿地公园、黄金溶洞景区、桃林口水库、老岭旅游风景区、梨花节、祖山等景区或革命老区，青龙县可借此资源开辟"燕山绒山羊"文化旅游线路或者文化馆，实现羊产品的一二三产业融合，提高青龙"燕山绒山羊"的知名度，实现青龙县农民的长效精准扶贫。

第十一章 河北省绵山羊种质 资源调查报告

河北省幅员广阔、地貌复杂多样，自然气候、地理条件各异，畜牧业发展历史悠久，羊品种资源丰富。21世纪以来，受国外肉用品种引入、杂交改良、封山禁牧、舍饲圈养等因素的影响，以及人民生活水平提高，市场需求不断变化，羊遗传资源状况发生了重大变化。本报告针对河北省羊遗传资源保护、开发与利用现状，对河北省羊种质资源进行了调查工作，旨在查清河北省羊种质资源的数量、分布、特性及开发利用的最新状况，为种质资源的保护、合理开发与利用提供依据和基础资料。

第一节 河北省自然地理与气候条件概况

一、河北省地理与气候条件概况

河北省环抱首都北京，地处东经 113°27′~119°50′，北纬 36°05′~42°40′之间。地势西北高、东南低，由西北向东南倾斜。地貌复杂多样，高原、山地、丘陵、盆地、平原类型齐全，有坝上高原、燕山和太行山山地、平原三大地貌单元。坝上高原属蒙古高原一部分，地形南高北低，平均海拔 1 200~1 500米，面积 15 954 平方公里，占全省总面积的 8.5%；燕山和太行山山地，包括中山山地区、低山山地区、丘陵地区和山间盆地区 4 种地貌类型，海拔多在 2 000 米以下。山地面积 90 280 平方公里，占全省总面积的 48.1%；平原区是华北大平原的一部分，按其成因可分为山前冲积平原，中部冲积平原和滨海平原 3 种地貌类型，全区面积 81 459 平方公里，占全省总面积的 43.4%。

河北省地处中纬度欧亚大陆东岸，位于我国东部沿海，属于温带湿润半干旱大陆性季风气候，本省大部分地区四季分明，寒暑悬殊，雨量集中，干湿期明显，具有冬季寒冷干旱，雨雪稀少；春季冷暖多变，干旱多风；夏季炎热潮湿，雨量集中；秋季风和日丽，凉爽少雨的特点。省内总体气候条件较好，温度适宜，日照充沛，热量丰富，雨热同季，适合多种农作物生长和林果种植，可为畜牧业的发展提供丰富的饲草料资源。

二、河北省植被情况

河北省植物种类相当丰富，约有高等植物 2 800 种，分属于 204 科 940 属。温带区系成分占绝对优势，菊科、禾本科、豆科、蔷薇科种类最多。其次是莎草科、百合科、唇形科、伞形科、毛茛科、十字花科石竹科、壳斗科、桦木科、松科、柏科、槭树科、杨柳科植物分布比较广泛。主要植被类型包括亚高山草甸、针叶林、针阔叶混交林、阔叶林、落叶灌丛、山地干性灌草丛、草原、盐生草甸、沼泽及水生植被和栽培植被。其中阔叶林是河北省主要的森林植被类型，分布于冀东北山地、燕山、冀西太行山海拔 200～1 800 米山地。河北坝上草原是内蒙古草原的延伸部分，闪电河以西栗钙土分布广泛，发育有草原，闪电河以东，外流水系地区发育着草甸草原。其中草原由耐寒的旱生多年生草本植物为主组成的植物群落，优势种为长芒草，灌木和半灌木很多，次要的有冷蒿、白莲蒿、百里香、小檗、红花锦鸡儿、短花针茅，隐子草属等。多年生杂类草较多，主要有草木樨、黄耆、米口袋、砂珍棘豆、糙叶黄耆、茵陈蒿、苦荬菜等，在地势低洼处克氏针茅、短花针茅、大针茅、西伯利亚针茅为优势种，羊草也有一定的分布，常见赖草、冷蒿、翻白委陵菜、百里香等。草甸草原分布于围场、丰宁坝上、张北高原南部。羊草、兔毛蒿占优势，间有针茅、无芒雀麦、披碱草等，水分条件较好的地区，拂子茅占优势。

三、种植作物情况

河北省可耕地面积达 600 多万公顷，居全国第四位。农业发展历史悠久，栽培植物种类丰富，品种繁多，以温带和暖温带种类为主，是全国粮食作物较复杂的省区之一。由于各地活动积温、无霜期、降水量等生态条件不同，栽培的作物也不同。坝上以春小麦、谷子、莜麦、胡麻为主。冀东、燕山南麓平原地带，以玉米、水稻、高粱为主，兼有小麦、棉花、花生、芝麻等。冀中南为小麦、棉花主要产区。玉米、谷子、高粱、大豆等各种中温作物除坝上以外，平原和山区都可广泛种植。喜温作物水稻、棉花、花生分布于燕山以南、太行山以东的广大地区。

河北省优势农产品产业带建设步伐加快。粮食生产，初步形成以京山、京广铁路沿线为重点的优质专用小麦产业带，区域内优质专用小麦种植面积占全省优质专用小麦的 75%以上。以京山、京广铁路沿线和张承坝下地区为重点的优质玉米产业带，种植规模继续扩大，占全省玉米面积的 80%以上。以沧州、廊坊等地为重点的优质大豆面积继续扩大，对全省的大豆生产带动力增强。以张承地区为主的马铃薯产业带和以冀东卢龙、冀中永清、冀南大名为主的甘薯产业带正在加快建设。棉花生产,形成了以邯郸、邢台、沧州、衡水为重点的黑龙港流域优质棉产业带,面积占到全省棉花播种面积的79%。油料生产,以冀东、冀中和冀南为重点的优质油料产业带,成为全省油料生产的重点地区。蔬菜生产,立足当地资源,发挥比较优势突出区域特色,形成了区域化、专业化、规模化的生产格局。目前,张承地区无公害错季蔬菜、环京津地区精特蔬菜、冀南地区茄果类蔬菜、冀中地区日光温室蔬菜、沧衡地区大中棚菜、冀东地区中小棚和露地蔬菜六大特色产区均已基本形成。

河北省还有亚热带经济作物,漆树、黄连木、毛泡桐等。果树种类更为丰富,主要是温带种类,以梨、枣、苹果、葡萄、核桃、柿子、板栗、杏、桃、红果等为主,"昌黎苹果""深州蜜桃""魏县鸭梨""赵县雪花梨""沧州金丝小枣""卢龙露仁核桃""迁西猪腰板栗""宣化牛奶葡萄"等最享盛名。经济林营造有油松、落叶松、樟子松、榆、柳、刺槐、柞木、椴木等。树种较贫乏,生产量不高。本省药用植物很多,主要有党参、黄芩、远志、柴胡、桔梗、藿香、苍术、丹参、酸枣仁、苦杏仁、枸杞子等。

四、草地资源情况

河北省草地资源地处温带欧亚草原与森林过渡地带,草地植物资源丰富,草地面积大、分布广,草地畜牧业生产在当地国民经济中占有重要的地位。天然草地总面积471万公顷,占全省总面积的25.12%,其中,80.3%的草地分布在北部的承德、张家口和保定三市,是坝上地区、冀北、冀西北山地以及太行山区发展畜牧业的基地。

河北地处华北平原,地貌复杂多变,有坝上高原、山区、沿海滩涂和平原地区,气候条件优越,自然资源丰富,具有适宜不同品种资源生存的自然条件。每年生产大量的牧草、作物秸秆、食品工业下脚料和树枝、叶等,可保证土地和饲料供给。从地理位置上看,河北环京津,区位优势明显,从地理结构上看,山地和坝上高原适合放牧和半放牧养羊,平原有丰富的饲料资源,适合舍饲养羊,因此河北省具备发展羊业的优厚条件。

第二节 河北省绵、山羊种质资源情况

目前河北省养殖的主要地方绵羊品种有小尾寒羊和湖羊;地方山羊品种有太行山羊、武安山羊、承德无角山羊、河北奶山羊及燕山绒山羊等;国外引入山羊品种主要为波尔山羊,引入绵羊品种有杜泊(黑头、白头)、萨福克(白头、黑头)、无角道赛特、澳洲白、德克赛尔、德国肉用美利奴等。

一、地方品种

（一）小尾寒羊

1. 品种起源

小尾寒羊起源于古代北方蒙古羊，随北方少数民族的迁徙进入中原、黄河流域，由于气候和饲养条件的改变，以及长期选择和精心培育而成的多胎肉裘兼用型品种，被誉为"世界超级绵羊品种"。1980 年1 月，农业部批准山东济宁为我国小尾寒羊保护区，并将其列入 1989 年出版的《中国羊品种志》，2006 年列入《国家畜禽资源保护名录》。小尾寒羊主要分布在河北东南部黑龙港流域、山东西北部梁山、嘉祥、郓城等地区和河南的北部几个县。由于区域面积较大，群众喜好不同，加之山东对小尾寒羊进行严格选育，形成了河北和山东两个类群。更广泛推广的是山东小尾寒羊，腿高，个体大、公羊有螺旋形大角。河北小尾寒羊则形成腿短、躯体紧凑、大部分公羊无角群体。敦伟涛、陈晓勇等对河北小尾寒羊、山东小尾寒羊及洼地绵羊亲缘关系进行了比较，发现河北小尾寒羊与洼地绵羊遗传距离更近。

2. 分布区域及数量

小尾寒羊在河北分布较广，主要分布在与山区交界处黑龙港流域、农区、半农半牧区 140 个县，小尾寒羊及其杂种存栏在 750 万头左右。小尾寒羊集中分布在沧州、衡水以及保定和邢台临近黑龙港流域的区县，其中河北小尾寒羊约占 30%，山东小尾寒羊约占 15%，含有本地和山东小尾寒羊的约占 35%。肉

羊和小尾寒羊杂交羊约占 20%。张承地区主要是利用小尾寒羊和当地蒙古羊和河北细毛羊杂交，提高其繁殖率，大部分为小尾寒羊的杂种群，约占其总数量的 80%。

3. 体型外貌

小尾寒羊鼻梁隆起，耳大下垂；短脂尾呈圆形，尾尖上翻，尾长不超过飞节；体格高大，结构匀称，背腰平直，前躯发育良好；四肢高且强健有力。公羊有发达的螺旋形大角；母羊大都有角，形状不一。全身被毛白色、异质毛，少数个体头部有色斑。

4. 生产性能

小尾寒羊以成熟早、繁殖率高而著称。母羊 5～6 月龄发情，公羊 7～8 月龄可配种。母羊可常年发情，胎产羔率平均 261%。3 月龄公、母羔平均断奶重达 20.8 千克和 17.2 千克，成年公、母羊平均体重分别为 94.1 千克和 48.7 千克；6 月龄公羊屠宰率 47% 以上，净肉率 37% 以上。该品种适宜舍饲，是较为理想的经济杂交母本和新品种培育的优良母本素材。

（二）太行山羊

1. 品种起源

太行山羊属肉、毛、绒、皮兼用原始型地方品种，主要产于地跨晋、豫、冀三省的太行山区，故名为太行山羊。太行山羊 1989 年收录于《中国羊品种志》，2011 年通过了国家畜禽遗传资源委员会的审定（农 03 新品种证书第 9 号）。

2. 分布区域及数量

太行山羊主要分布在太行山区的 26 个县，存栏约 260 万头左右，其中阜平县等深山区以养殖太行黑山羊居多。随着封山禁牧措施加强，存栏量呈下降趋势。

3. 体型外貌

太行山羊体质结实，体格中等，绝大部分有角，角型主要有两种：直立扭转向上或呈倒"八"字形。颈短粗，胸深而宽，背腰平直，四肢强健，蹄质坚实。尾短小而上翘，紧贴于尻端。毛色主要为黑色，少数为褐、青、灰、白色，被毛由长粗毛和绒毛组成。

4. 生产性能

成年公羊毛长 15 厘米，粗毛量 400 克，产绒量 275 克；成年母羊毛长 12 厘米，粗毛量 350 克，产绒量 160 克。公、母羊一般在 7 月龄性成熟，发情季节多为秋末，产羔率为 110%～130%。羔羊初生重公羔为 1.9 千克，母羔为 1.8 千克。羔羊断奶体重公羔为 13.1 千克，母羔为 12.4 千克。成年公羊51.66 千克，母羊 44.86 千克，成年羊屠宰率 42.5%，净肉率 30.2%。具有肉质细嫩，味道鲜美，膻味轻，肉脂分布均匀，易烹调，口感好等特点。

（三）武安山羊

武安山羊作为太行山羊的一个类型，主要分布在邯郸武安市，多为散养。

1. 品种起源

武安山羊具体形成年代不详，应是由陕甘一带引入或该地区的源羊驯化而来，其性情活泼、喜登高。是经过当地农民的长期选育而逐渐形成的能够适应当地环境条件的独特肉、绒、毛、皮兼用品种。

2. 分布区域及数量

主要分布在邯郸武安市，多为散养，目前存栏约 1.8 万头。

3. 体型外貌

武安山羊毛色多数为头部黑色，全身灰白色。此外也有灰白、黑白花、纯黑等颜色。粗毛密布全身各部，毛长而密，绒毛着生于体躯各部，以胸、腹两侧较多，绒毛细而软。皮肤为白色。体质结实，体躯结构紧凑、匀称，全身肌肉丰满。头大小适中，耳小前伸，公母均有髯，大部有角，少数无角或有角基，角型复杂。颈短粗，头颈和颈肩结合良好。胸深而广，背腰结合良好，十字部高而宽广。四肢健壮，蹄质结实，多为黑色。尾短小上翘。

4. 生产性能

粗毛产量成年公羊 400 克，母羊 350 克，产绒量公羊 256 克，母羊 150 克。羔羊初生重公羔为 1.96 千克，母羔为 1.83 千克；羔奶断奶体重（3 月龄）公羔为 13 千克，母羔为 12 千克。成年公羊 45 千克，母羊 37 千克。8 月龄公羔屠宰率 42.3%，净肉率 32.1%；成年母羊屠宰率 45.4%，净肉率 34.2%。性成熟年龄公羊为 6～7 个月龄，母羊为 7～8 个月龄；初配年龄公羊为 12 个月龄，母羊为 18 个月龄，一般利用年限母羊 6～7 岁，公羊 5 岁半。发情季节在秋末（主要集中在 11 月份），发情周期 16～21 天，怀孕期 147～156 天，平均 153 天；产羔率 120%～140%，羔羊成活率 97.9%。

（四）承德无角山羊

1. 品种起源

承德无角山羊是产于河北省承德市的地方山羊良种，因产地属燕山山脉的冀北山区，故又名燕山无角山羊，俗称"秃羊"。无角山羊主产区分布在承德市的滦平、平泉和宽城等地，由于具有体大健壮、毛长绒厚，肉用性能好，且性情温驯，合群性强，易于管理，对树木损害较轻等优点，深受农牧民喜爱，得以保留繁衍。20 世纪 50 年代，滦平等地的农民开始对其实行分群管理，随着数量的增加，设立了专门的无角山羊繁育场，并向本县及邻县输送种羊。1980 年河北农业大学与承德地区科委联合对承德无角山羊进行选育，于 1985 年 9 月通过了品种鉴定。该品种属于肉、皮、绒兼用型品种，2004 年被中国畜禽品种审定委员会认定为国内山羊品种的优良基因，编入中国种畜禽育种成果大全。

2. 分布区域及数量

21 世纪初，由于实行封山禁牧，数量锐减，2005 年的饲养量近 2 万头；目前承德无角山羊存栏不足 1 000 头，主要分布在承德的宽城、滦平、平泉、丰宁和兴隆等县。除种群规模继续缩小外，还出现了近亲繁殖，混群放养，杂交普遍等问题。为保护承德无角山羊的优良基因，承德市科技局立项了《承德无角山羊保种培育与养羊新技术集成与示范》，在宽城、滦平两县建立了承德无角山羊保种场，对承德无角山羊进行保种培育、开展纯种繁育工作。

3. 体貌特征

承德无角山羊头部短宽，头顶平宽，大小适中，无角，有角基，额部有卷毛，耳略向前上方，颌下有长髯。颈长短适中，公羊颈部粗而较短，母羊颈细略长。胸宽深，前胸突出，腰背平直，体形整体呈长方形，体躯略呈圆桶状。四肢强健端正，蹄质坚实，肢间距离大。尾短而上翘。骨骼较粗壮、肌肉中等发达。被毛以黑色为主，毛长短适中，有底绒，肤色以白色为主。

4. 生产性能

（1）肉用性能。6 月龄体重公羊为 24.30±10.80 千克，母羊为 21.50±3.40 千克；周岁公羊为 30.30±6.28 千克，周岁母羊为 25.10±11.73 千克；成年种公羊为 54.50±12.30 千克，成年母羊为 41.50±12.30 千克。成年公羊宰前活体重 43.64 千克，胴体重 18.78 千克，内脏脂肪重 0.67 千克，屠宰率 43.03%，净肉重 12.99 千克，净肉率 29.77%。羊肉细嫩，脂肪分布均匀，膻味小，板皮品质好。

（2）繁殖性能。承德无角山羊性成熟年龄公羊为 6～8 月龄，母羊为 5～7 月龄。初配年龄公羊为 16 月龄，母羊为 10～12 月龄，一般利用年限为 7 年。配种方式主要为本交。母羊兼有季节性及多次发情特点，比较集中的发情季节为 5 月份和 9 月份。发情周期 15～17 天，发情持续期为 1～3 天，怀孕期 145 天，一般年产一胎，产羔率 130% 左右。羔羊初生重公羔为 2.61 千克，母羔为 2.13 千克；羔羊 4 月龄断奶体重公羊为 17.7 千克，母羊为 15.67 千克；哺乳期日增重公羔为 124 克，母羔为 111 克。羔羊成活率 95%。

（3）产毛（绒）性能。成年公羊产毛量平均为 518 克，成年母羊为 251 克，毛长平均 1.21 厘米；产绒量公羊为 240 克，母羊为 114 克。

（五）河北奶山羊

1. 品种起源

1910 年前后随着基督教的传入，美国人将奶山羊带到昌黎和北戴河。最初在昌黎广济医院饲养，多是"吐根堡"奶山羊，数量为 30～50 头；1921 年后美、英、德等国教会相继引入萨能奶山羊，1931 年传入民间。1927 年定县成立了"中华平民教育促进会（简称平教会）定县分会"，于 1929 年开办了一所农场，曾引入瑞士"萨能"奶山羊 10 多头，其中有公有母，1935 年左右，平教会曾将农场繁殖的"萨能"羔羊交给农民饲养，和本地山羊级进杂交，到 1950 年前后，山羊基本实现白色化，原杂色土种羊已较少见。

20 世纪 50 年代以后，奶山羊得到了大力发展，高峰时全省奶山羊达到 41 万多头，仅唐山地区就有 23 万多头。特别是唐山市 1984 年立项、1986 年省科委立项《唐山奶山羊选育》课题，对河北奶山羊进行了系统选育，到 1992 年对河北奶山羊进行鉴定，形成了河北奶山羊品种。

2. 分布区域及数量

目前，河北奶山羊零散分布在唐山的乐亭、丰南、滦县、滦南、丰润、迁西等地，特别是沿海养殖狐貂貉县区，用于幼崽的哺乳。据估算 2017 年底存栏量约 2 万头左右。

3. 外貌特征

河北奶山羊被毛全白色、短粗、稀疏少绒毛，皮肤粉色。体格高大，体质结实，结构匀称，体形清秀，接近楔形。头长额宽，鼻直嘴齐，眼大有神、眼球突出呈橙黄色，耳薄长，多数无角，部分有倒"八"字形角。公、母羊一般都有髯。颈部细、长度适中，头颈肩结合良好，绝大部分颈下有两个肉垂（俗称铃铛）。胸宽深，背腰平直，尻斜，腹大不垂。乳房发达，乳静脉粗大、弯曲明显。四肢强健，蹄质坚硬、多为蜡黄色。尾短而上翘。骨骼清秀，肌肉发育适中。

4. 生产性能

（1）产乳性能。泌乳期一般为 7～9 个月，长的可达 10 个月，各胎次母羊平均泌乳期 213.31 天，产奶量 519.4 千克，日平均产奶量 2.40 千克，乳脂率 4.25%。

（2）产肉性能。羔羊初生重公羔 2.88 千克，母羔 2.56 千克；羔羊断奶体重（2 月龄断奶）公羔为 12.55 千克，母羔为 11.35 千克；哺乳期日增重公羔 158.5 克，母羔 142.6 克；成年公羊体重 60 千克，母羊 45 千克。成年母羊宰前活重 45.0 千克，胴体重 20.0 千克，屠宰率 4.4%，净肉重 14.9 千克，净肉率 33.14%。

（3）繁殖性能。性成熟年龄公、母羊均为 4～6 月龄；初配年龄公羊 8 月龄，母羊 6～9 月龄，一般利用年限 5～7 年。配种方式为本交或人工授精。常年发情，但 8～10 月份为发情旺季，发情周期 18～21 天，持续期 1～2 天。怀孕期 150 天左右，产羔率 180％～210％，羔羊成活率 98％。

（六）湖羊

1. 品种起源

湖羊源于蒙古羊，已有 1 000 多年的历史。早在晋朝《尔雅》上就有"吴羊"的记载。南宋迁都临安（今杭州）后，黄河流域的蒙古羊随居民大量南移而被携至江南太湖流域一带。据宋《读志旧编》记载："安吉、长兴接近江东，多畜白羊，按本草以青色为胜，次乌羊，今乡间有无角斑黑而高大者湖羊。"《湖录本草纲目》记载："羊生江南者为吴羊，吴羊无卷尾，大无角，岁二，八月剪毛以为毡，畜之者多食以青草，枯则始以干桑叶，谓桑叶羊，北人珍焉！其羔儿皮均可以为裘。"所描述的吴羊与现在湖羊在饲养、外貌及用途上均相似。当地方言中"吴"、"胡"、"湖"同音，故吴羊、胡羊即为湖羊。蒙古羊南移到江南后，因缺乏放牧地和多雨等因素的影响，由放牧转入舍饲，终年饲养在阴暗的圈内，局促于一隅，缺乏运动和光照，经人们长期驯养和选育，逐渐适应了江南的气候条件。原以青色及乌羊为多，后因群众喜好白色及制裘的需要，逐从斑黑无角而高大的后裔中选留纯白的无角羊种，形成了如今的湖羊。

2. 数量及分布

近年来，北方逐步禁牧，退耕还林，肉羊舍饲发展迅速，湖羊因耐粗饲、生长发育快、繁殖力高、母性好，适宜全舍饲而深受喜爱。南羊北引，全国掀起了湖羊热。河北省在 2013 年前后开始引入该品种。目前全省存栏约 1.3 万头，主要分布在邢台、衡水、张家口及承德等地，主要用作杂交育种及经济杂交的母本。

3. 外貌特征

湖羊全身被毛为白色，体格中等。头狭长而清秀，鼻骨隆起，公、母羊均无角，眼大凸出，多数耳大下垂。颈细长，体躯长，胸较狭窄，背腰平直，腹微下垂，四肢偏细而高。母羊尻部略高于鬐甲，乳房发达。公羊体型较大，前躯发达，胸宽深，胸毛粗长。属短脂尾，尾呈扁圆形，尾尖上翘。被毛异质，呈毛丛结构，腹毛稀而粗短，颈部及四肢无绒毛。

4. 生产性能

（1）皮用性能。湖羊羔皮具有皮板轻柔、毛色洁白、花纹呈波浪状，花案清晰、紧贴皮板、扑散、有丝样光泽、光润美观等特点，享有"软宝石"之称。湖羊 2～4 月龄时剥取的幼龄羊皮板称袍羔皮，又称"浙江羔皮"，毛股洁白如丝，光泽丰润，花纹松散，皮板轻薄，保暖性能良好，是良好的制裘原料。10 月龄以上的大湖羊的皮板为大湖羊皮，也称"老羊板"，花纹松散，皮板壮实，既可制裘，更是制革的上等原料，以质轻、柔软、光泽好而闻名。

（2）肉用性能。羔羊生长发育快，3 月龄断奶体重公羔 25 千克以上，母羔 22 千克以上。6 月龄羔羊可达成年羊体重的 70% 以上，周岁时可以达成年体重的 90% 以上。成年羊体重公羊 65 千克以上，母羊 40 千克以上。8～10 月龄公羊宰前重 45 千克，屠宰率 53.5%，净肉率 42.7%。

（3）产毛性能。湖羊每年剪毛两次，剪毛量公羊 1.65 千克、母羊 1.16 千克。其羊毛属异质毛，毛被纤维类型重量百分比中无髓毛占 78.49%，其余为有髓毛与死毛。

（4）繁殖性能。湖羊性成熟早，公羊为 5～6 月龄，母羊为 4～5 月龄；初配年龄公羊为 8～10 月龄，母羊为 6～8 月龄。四季发情，以 4～6 月份和 9～11 月份发情较多；发情周期 17 天；妊娠期 146.5 天；一般每胎产羔 2 头以上，多的可达 6～8 头，经产母羊平均产羔率 277.4%，一般两年产 3 胎。羔羊初生重公羔 3.1 千克，母羔 2.9 千克；羔羊断奶成活率 96.9%。

（七）燕山绒山羊

1. 品种来源及形成历史

燕山绒山羊（Yanshan Cashmere Goat），曾用名青龙绒山羊，属绒肉兼用型。中心产区是青龙满族自治县，主要分布在河北境内的燕山山脉沿线山区及周边地区。青龙绒山羊养殖可追溯到 300 多年以前的清康熙年间。1979 年前，青龙满族自治县羊的品种主要是本地山羊和本地绵羊。1982 年由于羊绒市场走俏，县畜牧局开始对山羊进行优种选育，产绒量有较大幅度提升，颇受群众青睐，称之为青龙绒山羊。2000 年，畜牧局建立大型绒山羊纯种繁育场，市县畜牧局开始开展燕山绒山羊新类群选育工作。目前建有育种核心群 6 个，存栏种公羊 269 头，存栏能繁母羊 5 260 头。

2. 外貌特征

理想型燕山绒山羊被毛白色，外层为粗毛，粗毛分长毛型和短毛型两种类型，底层为绒毛。面部清秀，眼大有神，两耳向两侧伸展，有额毛和下颌须。角中等长度，渐向后斜上方弯曲。体质结实，结构匀称，颈宽厚，颈肩结合良好。胸

深且宽，背腰平直，后躯肌肉丰满，四肢粗壮，姿势端正，尾小上翘。

3. 数量及分布

经过十多年的选育，目前，河北省燕山山区存栏绒山羊 138.71 万头。建立绒山羊种羊场 22 个，其中秦皇岛市青龙县建立绒山羊种羊场 21 个，承德市宽城县 1 个。

4. 生产性能

(1) 产绒性能。混合被毛类型，外层为粗毛，毛长一般为 10～20 厘米，底层为绒毛，绒长一般为 4～9 厘米，细度 14～16 微米。种公羊平均产绒量已达 1.5 千克，绒长 9.5 厘米，细度 15.33 微米，平均体重 75 千克。成年母羊产绒量 0.75 千克，绒长 8.3 厘米，细度 15.32 微米，平均体重 45 千克。

(2) 产肉性能。绒山羊公羊育肥一般 8～10 月龄出栏，体重平均 40 千克左右，屠宰率平均在 48%～50%。

(3) 繁殖性能。燕山绒山羊母羊一般在 5～6 月龄，公羊一般在 6～7 月龄性成熟，配种月龄一般母羊 12 月龄，公羊 18 月龄，良好饲养条件下母羊 10 月龄配种，公羊 15 月龄配种。产羔率在 121% 左右。母羊发情周期 20 天，发情持续期 2 天。

燕山绒山羊是河北燕山地区的农民通过长期的生产实践培育成的一个地方优良品种。其遗传性能稳定、产绒性能好，肉质优、抗病力和适应性强。今后工作重点是扩大核心群规模，加强选育，在保持产绒量的基础上提高绒毛质量，培育出更加适应消费者需求的燕山绒山羊新品系。

二、国外引入肉用品种

自 20 世纪 90 年代以来，河北省先后从国外或其他省、市引入了一些肉羊品种，如萨福克、杜泊、无角道赛特、德克赛尔、夏洛莱、澳洲白、波尔山羊等。

(一) 萨福克

1. 品种起源

原产于英国英格兰东南的萨福克、诺福克、剑桥和艾塞克斯等地。以南丘羊为父本，当地体大、瘦肉率高的黑脸有角诺福克羊为母本杂交培育而成，是 19 世纪初培育出来的品种。在英国、美国被用作终端杂交的主要公羊。

2. 外貌特征

分黑头和白头两种，体格较大，头短而宽，公、母羊均无角，颈粗

短，胸宽深，背腰平直，后躯发育丰满。黑头萨福克羊头、耳及四肢为黑色，被毛含有有色纤维，四肢粗壮结实。

3. 生产性能

成年公羊体重 100～110 千克，成年母羊 60～70 千克。早熟、生长发育快，产肉性能好，产羔率 141.7%～157.7%，3 月龄羔羊胴体重达 17 千克，肉嫩脂少。剪毛量 3～4 千克，毛长 7～8 厘米，毛细 56～58 支，净毛率 60%，是生产大胴体和优质羔羊肉的理想品种。

4. 品种分布及数量

目前存栏较多的地区主要为石家庄新奥牧业和承德宽城立东。

5. 品种利用

该品种为世界上大型肉羊品种之一，肉用体型突出，繁殖率、产肉率、日增重高，适宜作为肉羊生产的终端父本。实践证明该品种与小尾寒羊等地方品种进行杂交，可提高杂交后代羔羊的生长发育速度和产肉能力，可以作为父本与本地母羊杂交，进行商品羊生产。

（二）杜泊

1. 品种起源

原产于南非，由有角陶赛特和黑头波斯羊杂交培育而成，属于粗毛羊，也是唯一的粗毛羊肉用绵羊。

2. 外貌特征

有黑头和白头两种，大部分无角，被毛白色，季节性脱毛，短瘦尾。体形大，外观圆筒形，胸深宽，后躯丰满，四肢粗壮结实。

3. 生产性能

产肉性能　在放牧条件下，6 月龄体重可达 60 千克以上，舍饲肥育条件下，6 月龄体重可达 70 千克左右。肥羔屠宰率 55%，净肉率 46%。胴体瘦肉率高，肉质细多汁膻味轻、口感好，特别适于肥羔生产。板皮质量好，皮张柔软，伸张性好，皱褶少且不易老化。

繁殖性能　公羊 5～6 月龄、母羊 5 月龄性成熟，公羊 10～12 月龄、母羊 8～10 月龄初配。母羊四季发情，发情周期 17 天（14～19 天），发情持续期 29～32 小时，妊娠期 148.6 天。母羊初产产羔率 132%，第二胎 167%，第三胎 220%。在良好的饲养管理条件下，可两年产 3 胎。

4. 品种分布及数量

该品种在衡水、保定、邢台、承德等地均有分布。

5. 品种利用

我国自 2001 年开始引入该品种，杜泊羊食性广、耐粗饲、抗病力较强，能广泛适应多种气候条件和生态环境，并能随气候变化自动脱毛。具有典型的肉用体型，肉用品质好。与我国各地绵羊杂交，一代杂种增重速度快、产肉性明显提高，可作为生产优质肥羔的终端父本和培育肉羊新品种的育种素材。在我国和河北省利用均取得了较好的效果。由于该品种为粗毛肉羊，因此与地方品种杂交利用时，杂交后代皮张质量不会下降。

（三）无角道赛特

1. 品种起源

无角道赛特原产于大洋洲的澳大利亚和新西兰，以雷兰羊和有角陶塞特羊为母本，考力代羊为父本，然后再用有角陶塞特公羊回交，选择所生无角后代培育而成。

2. 外貌特征

公、母羊均无角，全身被毛白色。颈粗短，胸宽深，背腰平直，躯体呈圆桶状，四肢粗短。后躯丰满，面部、四肢及蹄白色。

3. 生产性能

成年公羊体重 90～100 千克，成年母羊 55～65 千克。剪毛量 2～3 千克，毛长 7.5～10 厘米，毛细 48～58 支，净毛率 60%～65%。生长发育快、胴体品质好、产肉性能高，4 月龄羔羊胴体重公羔 22 千克、母羔 19.7 千克，屠宰率 50% 以上。母羊常年发情、繁殖率高，产羔率 130% 左右。

4. 品种分布及数量

目前，衡水志豪畜牧科技有限公司存栏该品种较多。

5. 品种利用

我国 2001 年开始引入该品种，该品种肉羊与我国各地绵羊杂交改良效果明显。该品种具有生长发育快、体型大、肉用性能好、常年发情、适应性强等特点，适于规模化、集约化养殖。

（四）德克赛尔

1. 品种起源

德克塞尔羊原产于荷兰德克塞尔岛沿岸，最初本地德克塞尔羊属短脂尾羊，在18世纪中叶引入林肯羊、来斯特羊进行杂交，19世纪初育成德克塞尔肉羊品种。

2. 外貌特征

德克塞尔羊光脸，光腿，腿短，宽脸，黑鼻，短耳，部分羊耳部有黑斑，体型较宽，毛被白色。颈中等长，鬐甲宽平，胸宽，背腰平直而宽，肌肉丰满，后驱发育良好。

3. 生产性能

成年公羊体重100~120千克，母羊70~80千克，产毛量3.5~5.5千克，细度46~56支。母羊性成熟大约7个月，繁殖季节接近5个月，产羔率高，初产母羊产羔率130%。母性强，泌乳性能好，羔羊生长发育快，双羔羊日增重达250克，断奶重（12周龄）平均25千克，24周龄屠宰体重平均为44千克。适合作为父本进行杂交生产肉羊。

4. 品种分布及数量

目前该品种在河北省仅有零星分布。

5. 品种利用

目前特克赛尔羊在养羊业发达国家已经成为生产肥羔的首选终端父本。20世纪60年代我国曾从法国引进过此羊，1995年后又多次引进，杂交改良效果较好。特克赛尔羊生长速度快、适应性强、耐粗饲、抗病力强、耐寒，可作为经济杂交生产优质肥羔以及培育肉羊新品种的父本。

（五）夏洛莱

1. 品种起源

原产于法国中部的夏洛来丘陵和谷地。以英国来斯特羊、南丘羊为父本，当地的细毛羊为母本杂交育成。

2. 外貌特征

公、母羊均无角，颈短粗，体型大，胸宽深，背腰长平，后躯发

育好，肌肉丰满。被毛白色，头无毛或有少量粗毛，四肢下部无细毛。皮肤呈粉红或灰色。

3. 生产性能

体重成年公羊 110～140 千克，母羊 80～100 千克；周岁公羊 70～90 千克，母羊 50～70 千克；4 月龄育肥羔羊 35～45 千克。毛长 7 厘米，毛细 50～60 支。屠宰率 50%。4～6 月龄羔羊胴体重 20～23 千克，胴体质量好，瘦肉多，脂肪少，产羔率在 180% 以上。

4. 品种分布及数量

我国在 20 世纪 80 年代末和 90 年代初，河北引入该品种，并通过扶贫开发项目推广该品种。目前在河北省仅有零星分布。

5. 品种利用

夏洛莱羊引入我国后，除进行自群繁育外，主要用于杂交改良，效果较好。夏洛来羊具有早熟、生长发育快、泌乳能力好、体重大、胴体瘦肉率高、肥育性能好等特点，肉质深红、质地坚硬、脂肪少、瘦肉多，是用于经济杂交生产肥羔的理想父本。

（六）澳洲白

1. 品种起源

"澳洲白"是澳大利亚第一个利用现代基因测定手段培育的品种。该品种集成了白杜泊绵羊、万瑞绵羊、无角道赛特绵羊和特克赛尔绵羊等品种基因，通过对多个品种羊特定肌肉生长基因标记和抗寄生虫基因标记的选择，培育而成的专门用于与杜泊绵羊配套的、粗毛型的中、大型肉羊品种。2009 年 10 月在澳大利亚注册。

2. 外貌特征

被毛白色，在耳朵和鼻偶见小黑点，季节性换毛，头部和腿被毛短。头部呈三角形状，宽度适中。鼻梁宽大，略微隆起。颈长短适中，体躯深呈长筒形、腰背平直，公母均无角。耳朵中等大小，半下垂。公羊头部刚健，雄性特征明显；母羊头部略窄，清秀。

3. 生产性能

体型大、生长快、成熟早、全年发情，有很好的自动换毛能力。生长速度快、体型结构好：3 月龄平均活重公羔 35 千克，母羔 33 千克；6 月龄胴体可达 26 千克，优质肉比例高，眼肌面积大。肉品质量好：大理石纹，多汁、适合国内外中高端羊肉产品烹饪。性成熟早，繁殖能力强，7 月龄可配种，四季发情。

4. 品种分布及数量

经过农业部组织相关专家进行论证，奥群公司与澳大利亚澳洲白绵羊育种者协会签订了中国独家引进澳洲白绵羊的协议，并于 2010 年申报国家"948"项目，2011 年、2012 年通过"948"项目引进该品种。目前在河北省有少量分布。

5. 品种利用

该品种适用于中国不同地区，是不同杂交组合中的关键品种。在湖羊、寒羊等多胎品种的杂交组合中，用作终端父本（第二父本），可以产出理想的商品羔羊肉。

（七）波尔山羊

1. 品种起源

原产于非洲，在品种形成过程中至少吸收了南非、埃及、欧洲、印度等地的 5 个山羊品种基因，在南非，波尔山羊分布在 4 个省，大致分为 5 个类型，即普通波尔山羊、长毛波尔山羊、无角波尔山羊、土种波尔山羊和改良的波尔山羊。引入我国的为改良的波尔山羊。

2. 外貌特征

波尔山羊具有强健的头，眼睛清秀，罗马鼻，头颈部及前肢比较发达，背部结实宽厚，腿臀部丰满，四肢结实有力。毛色为白色，头、耳、颈部颜色浅红至褐色，但不超过肩部，双侧眼睑有色。

3. 生产性能

波尔山羊体格大，生长发育快，成年公羊体重 90～135 千克，成年母羊 60～90 千克。羔羊初生重 3～4 千克，断奶体重 27～30 千克，周岁内日增重平均为 190 克左右，断奶前日增重一般为 200 克以上，6 月龄体重 40 千克左右。肉用性能好，8～10 月龄屠宰率为 48%，周岁时达 50%。繁殖性能较好，母羊 5～6 月龄性成熟，初配年龄为 8 月龄，发情周期 18～21 天，发情持续期 38 小时，妊娠期 148 天，产羔率 193%～220%。

4. 品种分布及数量

目前，该品种在河北省山区和衡水等平原地区分布较多，多是波尔山羊杂交羊。

5. 品种利用

由于波尔山羊体质强壮，四肢发达，善于长距离采食，可以采食灌木枝叶，适合于灌木林及山区放牧，在没有灌木林的草场放牧以及舍饲表现很好，对热带、亚热带及温带气候都有较强的适应能力。波尔山羊作为最好的肉用山羊品种引入我国后，与各地山羊进行了大量杂交试验，目前很多地方均有波尔山羊的杂交后代，大大提高了本地山羊的生长速度、产肉率，其杂交后代育肥效果较好。各地大量的杂交试验结果一致表明，波尔山羊进行二元杂交时，不管是与土种羊杂交，还是与肉用羊杂交，或是与奶山羊杂交，杂交效果非常显著。杂交后不论是在放牧、舍饲、粗放、放牧加补饲的饲养条件下均表现出明显的杂交优势。

第三节　绵山羊品种资源利用现状

地方品种是祖先留下的极其宝贵的财富，也是天然的畜禽品种遗传资源"基因库"。优良的地方品种是在极为复杂的生态条件和社会经济条件下逐渐形成的，具有不同的遗传特性和生产性能，多具有对周围环境适应性强、耐粗放管理、抗病性强、繁殖力高、肉质好等优点。调研发现，受杂交改良和市场需求等的影响，大尾寒羊、河北细毛羊消失殆尽，承德无角山羊的分布范围缩小、数量下降、出现了血缘不足等问题，亟待保护。太行山羊等地方品种由放牧转为舍饲后，由于管理粗放、饲料营养不合理、效益急剧下降，加之缺少必要的选育，生产性能出现了退化，急需加强肉用性能的选育。河北奶山羊多被波尔山羊杂交，数量有所减少，后续发展动力不足。

近年来河北省养羊业发展迅猛，大量引入了国外优良肉用羊品种进行杂交改良地方品种羊，使小尾寒羊的生产性能得到显著提高，但是由于各地无计划的乱交滥配，结果导致河北省的小尾寒羊品种数量锐减，生产性能急剧下降、血统严重不纯、亟待提纯复壮。

一、地方品种利用现状和建议

（一）地方品种利用现状

1. 纯繁选育薄弱导致生产性能下降

早期统计数字显示，小尾寒羊的产羔率可高达 260%。当前，规模化养殖已经成趋势，而在规模化舍饲养殖情况下，由于管理粗放、饲料营养不合理、缺乏必要的选育等因素，造成初配年龄推迟、产羔间隔增大、繁殖力降低，严重影响了母羊的繁殖效率。目前，规模产羔率多在 180% 左右。此外，小尾寒羊不乏产 3 羔及以上个体，但养殖生产过程中，由于管理比较粗放，分群不合理或营养水平过低，不能满足多羔母羊妊娠和哺乳需要，使怀 3 羔及以上的妊娠母羊极易出现妊娠后期流产、产后瘫痪、产死羔等问题，而且羔羊初生重小、体质差，母羊奶水不足，哺喂不当，易发羔羊痢疾，导致成活率低，造成经济损失。同期发情、人工授精技术是提高母羊繁殖效率和种公羊利用率的重要手段。

长期以来以山地放牧为主，养殖模式粗放，缺乏合理选育，导致太行山羊存在体型小，肉用性能差，绒、毛产量低、品质差等问题。近年来，由于封山禁牧，部分养殖户退出，养殖数量大大降低。传统放牧情况下，发情季节为秋末，多集中在 11 月的 30 天内，一年一胎，产羔率 110%。目前舍饲条件下，春季也可自然发情，但由于饲养、管理不得当，易造成双羔母羊流产和死羔，繁殖率仍较低。饲养管理粗放，加上缺乏选育，性能有所退化，在利用上，应以特色品种养殖为主，提高其经济效益。

2. 杂交改良过度导致血统不纯，亟待提纯复壮

小尾寒羊以高繁殖力著称，且耐粗饲，抗逆性强而深受欢迎，适宜舍饲，是不可多得的经济杂交母本。调研发现，在小尾寒羊杂交优势利用方面只是利用从国外引进的肉羊品种与其杂交，没有明确利用方案，缺乏合理长远规划，缺少成熟的肉羊生产模式，部分地区存在混乱杂交问题。杂交改良能提高肉用性能广大养殖者被认可，但级进杂交、见母羊就留种的养殖观念普遍存在。随着级进代数增加，繁殖率、适用性、增重速度和饲料报酬都不尽人意。在前些年的小尾寒羊热时，部分地区甚至存在拿小尾寒羊去改良一些当地品种的情况，如张承地区用小尾寒羊改良当地蒙古羊和河北细毛羊，出现例如大量杂交个体，造成羊群的质量下降。

（二）建议与对策

1. 加强本品种选育，提升种羊质量

加强选育工作，做好现有种羊场的提纯复壮工作，开展性能测定，做好选种选配，选育高繁品系，提高优良种羊的质量，提升种羊场向社会提供优良种羊的能力。通过加强种公羊的管理，改善精液品质、改进精液稀释液、规范化和标准化输精操作等措施提高种羊质量和利用率。

此外，小尾寒羊生长发育快、体格大，但肉用体型欠佳，肉色多偏白，在对小尾寒羊进行选育和利用时，除关注高繁殖力外，还需关注和加强产肉性能和肉品质性能的选育。

太行山羊属肉、绒兼用的地方良种，应合理规划，加强选育。本品种选育应提高其肉用性能和繁殖率。建议当年育肥出栏，加快周转，提高出栏率和肉品质。在条件许可的情况下，可采用半舍饲半放牧的养殖方式，以提高养殖效益。

承德无角山羊具有独特遗传特性，具有较强的适应性、抗病力和放牧性。但由于育成地区的自然条件和粗放的饲养管理，其生长发育和生产性能没能得到充分发挥。选育上应以本品种选育为主，在加强选育的同时，改善营养和饲养管理条件，提高其肉用性能，使其向肉、皮兼用方向发展。此外，要根据无角山羊的品质特性，开展特异品质资源开发利用研究，如申请地理标志产品认证，提高其产品附加值，以用促保，使这一优良品种资源得到更好的利用。

2. 实行精细化管理，供给精准合理的营养

一个优良品种性能的发挥，良好的外部环境必不可少。母羊妊娠期的营养水平，除影响羔羊的初生重外，还会影响其成年、甚至终生生产性能的发挥。规模化养殖繁育小尾寒羊时，合理的分群分阶段，精准合理的营养供给营养，精细化管理是盈利的关键，三者缺一不可。规模养殖情况下，饲养管理不当，导致怀孕后期营养不良流产、死胎，产后瘫痪等多发，多羔羊体质差、成活率普遍较低。要合理分群，实行阶段化精细化饲养，按需供给，加强管理，提高断奶羔羊成活率，提高繁殖效率。

3. 开展经济杂交利用研究，确定适用不同地区的肉羊生产模式

以产羔率高的小尾寒羊为母本、以生长速度快的杜泊、道赛特、萨福克、澳洲白等肉用品种羊为父本，利用地方品种繁殖性能高、适应性好，国外引入肉用品种生长快、饲料报酬高、肉用性能好的优点，开展经济杂交，用杂交优势生产肥羔。要充分利用小尾寒羊的高繁殖力和肉用品种的肉用性能，利用其杂交后代生长速度快、饲料报酬高、屠宰率高等优点进行羊肉生产，可开展两元、三元、甚至四元杂交利用。在肉羊生产过程中，要确立明确的目标，合理规划，筛选适合当地的优化杂交组，规范杂交优势利用，并以此为基础建立完整的肉羊生产繁殖体系。做好开展性能测定，做好亲本选优提纯，搞好配合力测定，研发配套技术，创造适宜的饲养管理条件，充分发挥杂种优势，生产肉质高档羊肉，增加产品附加值，提升养羊效益，促进产业发展。在杂种优势利用过程中，要防止级进代数过度增加，影响生产性能。

4. 完善产业链条，形成特色品牌，拓宽市场渠道

太行山羊、武安山羊、承德无角山羊黑色系的山羊相对绵羊品种体型小，繁殖率低，多为散养。规模化舍饲，草料人工成本增加，加上繁殖力低，养殖科技水平差，技术含量低，很难盈利。三个品种主要以活羊或屠宰褪毛后带皮销往福建、广州、香港等南方省市，用作祭祀，尤其以纯黑色最受欢迎。少量销往唐县，屠宰。

由于黑山羊主产区，产品单一，产业链不健全，缺少销售及屠宰加工利用龙头企业的带动，不利于产业的发展。

地方品种是长期适应了当地环境存留下来的宝贵资源，具有良好的市场前景和发展潜力，是食品消费转型升级和多元化需求的必然选择。肉羊遗传资源保护与利用的关键是要加快发展特色产品，进一步提高羊产品的附加值，充分利用优良资源，提高羊产品核心竞争力。地方品种再利用上，除加强选育，提高品种的性能外，还需进一步完善产业链。通过注册品牌，开发特色产品，通过屠宰、分割、冷冻、熟食加工提高品种附加值。在产品开发方面可结合品种自身特点，开发特色产品；可以利用部分人群认为黑色健康、喜食黑色的习惯，结合地域特点，开发特色羊肉熟食和纪念品等。结合旅游，做好羊文化，通过创办羊文化特色小镇、主题餐厅等，提高品种知名度，实现以用促保。

二、引入品种利用现状和建议

（一）引入品种利用现状

1. 品种规模数量小，供种能力有限

上述品种有的是直接从国外引入，有的品种是从其他地区引入，进而在河北省存留下来，由于这些肉羊市场价格较高，而且繁殖率较低，多数均为季节性繁殖，导致供种能力有限，很多农户买不起，数量始终停留在几百头到几千头，目前这些肉羊品种数量也未形成稳定供种格局，多数存在于规模种羊繁育场。

2. 品种特性差，品种优势难以发挥

引进的肉羊品种并不像在国外饲养生产性能高，原因主要是与气候条件、饲草资源和饲养水平有关，品种优势并未发挥出来。在山区和半山区放牧条件下，青绿饲料多一些，而在农区舍饲条件下，受青绿多汁饲料资源限制，这些肉羊在种羊场未能更好发挥品种特性。

（二）建议与对策

加强品种选育是维持品种规模、提升品种性能的必要工作，如果不进行选育，品种特性将会减弱，因此需要不断提纯、优化品种特性。自从20世纪90年代，我国引入了大量肉用品种，但引入后由于没有长期规划和有效指导，引入的品种大多是与本地品种杂交，缺少必要的选育。出现引入品种数量减少和性能下降，进入引入—衰退—再次引入的怪圈。

利用引进肉绵羊如杜泊、萨福克、无角道赛特、澳洲白、德克赛尔等作为父本与小尾寒羊、湖羊进行杂交，充分利用杂交优势，开展经济杂交，进行商品羊生产是目前加快提高肉羊生产能力最直接最有效办法。

从长远角度看，充分利用地方品种资源繁殖力高、耐粗饲、抗逆性好，国外肉用品种产肉力高，肉品质好的优点，将两者结合起来，以小尾寒羊或湖羊为母本，与引进肉用绵羊品种杂交，培育适合我国地域特点、气候条件、饲草

资源、饲养方式等国情的肉用绵羊新品种，是解决我国地方品种产肉力低、肉质差的好办法，也是提高我国肉羊良种化程度的有效途径。

第四节 河北种羊场情况

一、省市级种羊场及供种力情况

据河北省主要畜牧统计数字，2016 年省级种羊场存栏种羊 7 000 头。市级种羊场存栏种羊 3 万头，受市场因素影响，养羊业不景气，很多羊场亏损严重，破产倒闭。目前河北省种羊场数量明显减少，供种能力下降。

调研发现种羊场数量减少原因有三：①羊价过低，部分羊场经营不当，亏损严重，被迫（停产）倒闭；②由于机构改革，大多数地市种畜禽生产经营许可证的审批及下发改由审理局管理，畜牧部门只具有监管权，未能及时换证，个别县市审批局甚至存在不知如何办理的情况；③种羊业不景气，未能实现优质优价，个别养殖场不愿办证。

二、种羊场管理现状

作为农区养羊大省，河北省种羊需求越来越旺盛，生产合格种羊已成为河北省养羊发展的必然需求。虽为养羊大省，但河北省种羊场建设相对落后，种羊场管理技术有待进一步规范。调研发现，部分种羊场管理不规范，生产性能测定记录不全，系谱资料不全，缺少种羊等级划分标准；缺乏明确的选育目标和方案，选育措施不全，做不到真正意义上的选种选配；部分羊场还存在品种混乱，杂交乱配现象。另外，由于缺乏相关技术规范和相应生产记录，没能真正实行阶段化饲养，未形成规范的选留种、后备羊培育体系。由于缺乏必要的品种选育，所生产的羊多达不到种羊条件，有的甚至将杂交羊作为种羊饲养、销售。

三、建议及对策

种羊场的管理技术是省级种羊场提供优良品种的重要技术保证，对于提高区域良种化程度尤为重要。目前，我国虽有种羊场验收标准（不是真正意义上的标准），但由于线条较粗，尚无详细的种羊场管理技术规范标准或规范性文件，很难达到种羊场管理技术要求。为充分满足良种供应能力，急需制定并出台种羊场管理规范，加强监管，保证监管到位。种羊场是为全省提供种羊的生产单位，规范种羊场管理技术有助于建立河北省种羊生产标准化体系和规范种羊场的管理，同时也有助于提高种羊生产性能及其供种能力，对提高河北省养羊产业整体水平具有重要意义。

第五节　河北绵山羊种业发展存在问题及建议

一、河北绵山羊种业发展存在的问题

河北省是养羊大省，新中国成立以来，河北省养羊生产和育种工作取得了一定的成绩，特别是改革开放 40 年来，随着农业产业结构的战略调整和农村经济的全面发展，河北省养羊业发生了巨变，养羊业已成为发展农村经济的一个重要支柱产业。河北省绵、山羊种质资源丰富，但是在种羊的生产与培育方面与其他省份相比，还存在着很大的差距。

（一）品种生产水平低

突出表现为优良肉用种羊数量少，质量差。河北省地方品种多具有耐粗饲、抗逆性强、繁殖力高等优点，但肉用性能较差。尽管从 20 世纪 90 年代开始，先后直接从国外或外省引入了多个国外肉用品种，而引入品种数量少，且受"炒种"影响，未能发挥其应有效果。目前，河北省饲养的羊主要是本地品种以及杂交改良的杂种羊，生产性能较低，主要表现在生长发育速度慢、饲料报酬低等方面。现存省、市级种公羊场的存栏及出栏量小，远远满足不了羊产业发展的需要。

（二）良种羊纯度和质量下降

20 世纪 90 年代开始，直接从国外或从其他地区先后引入了波尔山羊、无角道赛特、萨福克、杜泊、德克赛尔、澳洲白等肉用品种，受"炒种"的影响，经济利益的驱使，致使部分羊场在繁育过程中不经选择和淘汰，只重数量不重质量，种羊鉴定不到位，监管不到位，全部作为种羊用，有的甚至把杂种羊当种羊出售，严重降低了进入市场种羊的质量。杂种羊遗传性能不稳定，用于改良本地羊的杂交优势也不高，导致后代生产性能下降，改良效果不佳，进而也影响了进口羊声誉。此外，部分养羊场（户）盲目引种，由于没有系统的技术指导，缺乏必要的选育，导致引入品种退化、性能下降。对于引入的优良品种，没能确立科学的杂交组合，形成了乱交乱配的局面，致使优质羊的利用效果难以显现。

（三）良种繁育体系不健全

目前现有省、市级种羊场存栏种羊数量，远远适应不了河北省肉羊产业发展的需求。羊良种繁育体系建设有待完善，良种推广和利用效率有待加强。目前，河北省大多数规模种羊场饲养管理较粗放、没能做到真正意义上的选种选配，致使品种退化，而且多采用本交方式进行繁育，严重影响了优良种公羊的利用率。少数羊场，开展人工授精，但由于从业人员技术水平低、操作不规范等问题，导致受胎率过低。部分羊场生产方向不明确，技术水平低，多品种混养，选种和繁育手段落后，规模化、产业化的种羊生产体系尚未建立，也影响了科研成果和实用技术的应用。因此，推进种羊生产体系建设，改善羊群质量、加强科学管理及提高羊生产性能势在必行。

（四）新品种培育工作滞后

在羊新品种培育方面和其他省份相比，还有一定差距。从长远角度看，应培育专门化的新品种（系）。河北省地域辽阔，各地自然气候条件差别很大，应根据不同品种对生态经济条件的要求，根据市场的需要和发展趋势，将生态经济条件、市场需要与品种的生物学特性有机结合起来，培育适合各地生态系统、自然资源、气候条件的品种。肉羊品种是影响增产增效、制约产业发展的关键因素。加快推进河北省肉羊种业科技创新，加快培育形成适合农区地域特点的肉用性能和繁殖性能兼顾的独特的肉用绵羊新品种，将为促进肉羊产业健康持续发展，调节人们膳食结构、提高人民生活水平发挥重要作用。近年来，我国先后培育出了巴美肉羊、鲁西黑头杜泊羊和乾华肉羊等新品种。近十几年来，河北省新品种培育方面也做了大量工作，选育出了寒泊、道寒、燕山绒山羊等种群，尚未完成新品种审定。例如，河北省畜牧兽医研究所和河北农业大学，自 2006 年来以国内高繁殖率的小尾寒羊地方品种为母本与国外引进的杜泊肉用品种为父本进行杂交育种，将骨形态发生蛋白受体基因（BMPR-IB）作为多胎标记基因，以杜寒二代公羊与杜寒一代母羊为横交模式，对横交后代利用多胎基因标记选种、选配形成了"寒泊羊"核心群，已经完成了为期三年的中试推广，但群体规模还有待扩大，尚未完成审定，有待政府、畜牧相关部门的密切关注和大力扶持。

（五）地方品种的保护力度不够

20 世纪 90 年代以来，先后引入了波尔山羊和无角陶赛特、萨福克、德克赛尔、杜泊、澳洲白等肉用品种，形成了一轮炒种热，引发了大范围的地方品种与引入品种杂交改良，致使地方品种纯种羊数量锐减。目前多数地区养殖的小尾寒羊多为山东小尾寒羊与当地品种的杂交后代，绒山羊主要是辽宁绒山羊与本地山羊的杂交改良后代，很多地方山羊品种均有波尔山羊血液。受国际上羊由毛用向毛肉兼用和肉用转变、国内封山禁牧、舍饲养殖的影响，也是影响地方品种的数量大大减少重要原因。此外由于缺少必要的选育和保护，导致地方品种性能有所退化，数量越来越少，甚至消失殆尽，例如大尾寒羊、河北细毛羊。以张家口地区为例，2017 年底全区存栏羊约 350 万头，大部分为本地羊或小尾寒羊与其他品种杂交。许多地方引进波尔、国外肉用绵羊或者小尾寒羊改良本地绒、毛用羊，该措施在一定程度上适应市场需求，提高了肉用性能。但对一些地方品种造成了极大的冲击，导致品种混杂。目前，小尾寒羊是省内分布最广泛的羊类品种，但很大一部分为小尾寒羊的杂交种；此外，河北奶山羊被波尔改良，河北细毛羊被肉用品种改良，封山禁牧舍饲圈养等导致承德无角山羊、武安山羊数量急剧下降，亟待保护。如果盲目追求经济效益，而忽视对本地优良品种资源的保护和利用，导致一些地方优良品种数量减少，品种遗传的多样性趋于单一，造成地方优良遗传资源的损失，不利于未来养羊业的发展。

二、发展建议

（一）加强管理，明确种羊生产准入制度，提高种羊质量

制定种羊场管理规范，加强种羊场管理，严格种羊准入制度。河北省对种羊场的成立门槛不高，在达到审批条件后，个别种羊场不按照饲喂标准或者降低饲喂水平，导致种羊膘情差、生长发育不良。个别地方种羊管理不到位，劣质羊当作种用流入市场，造成种羊生产、市场混乱及种羊品质严重退化。制定不同品种的绵、山羊品种标准。不断提升种羊场从业人员素质，严格品种鉴定和分级标准，加强选种选配，按照品种要求进行选择和淘汰，生产优良合格种羊，杜绝以次充好。完善和加强管理品种登记、品种鉴定、性能测定等制度，保证羊品种质量标准的执行，使其成为品种利用、品种保护和新品种培育的重要制度保障。建立完善公正权威的监督体系，确保优良种羊种用价值的发挥。

（二）有计划地引种和利用，加强对地方品种的保护

要有计划地引进优良品种和进行杂交改良。品种引入时，除考虑生态环境适应性。引入后，注重选育，以保持品种应有特性，以防品种退化。在利用时，应权衡利弊，不要盲目杂交改良，树立保护与利用并重的理念。要注意加强地方良种的保护，以免地方品种遗传资源的丢失；建立保种场和地方良种的优秀基因库，加强地方品种开发利用研究，加快特色产品开发，提高品种知名度，以用促保。

（三）推广繁殖育种新技术，加大良种利用率

在种羊的推广上应大力普及繁殖育种新技术，推广人工授精技术，扩大优秀种公羊的利用率，同时配合饲养管理、饲草料配合、疾病防控等技术推广，使优良种羊充分发挥其生产性能，使河北省肉羊产业走上良性的发展道路。

（四）加强体系建设，完善良种繁育体系

良种繁育体系是推广和普及良种的重要载体，在实现良种化的进程中起着十分重要的作用。应重点抓好原种场、扩繁场的建设，推广人工授精技术和网点建设。以改良站为依托，提供各种育种技术信息，推广人工授精等各项应用技术，提升肉羊生产科技水平，加快肉羊遗传改良的进程，提高良种利用率。大力推广优秀种公羊的使用面，同时要与肉羊生产基地结合，真正做到有试

点、有示范、有推广面，点面结合的肉羊生产基地。地方优良品种具有抗逆性强、繁殖力高、耐粗饲等优良特性，可以立足当地现有品种，在做好地方品种保种工作的基础上，建地方良种利用繁育体系。同时注重繁育技术与相对应技术设施的提高，重点加强肉羊综合配套技术的推广与应用，提高良种的自主供应能力。

（五）加强种羊推广，开展经济杂交利用

种羊场要加大对外宣传的力度，使养殖场户充分认识到优良品种羊的性能。充分利用现代互联网技术对种羊信息进行宣传和推广，建立各级的良种推广服务网。缺乏专门化品种一直是制约肉羊产业发展的关键因素，尽管近些年从国外引入了大量肉羊品种，但存在繁殖率低的问题，杂交利用体系不健全，没有形成因地制宜的杂交利用模式。在绵羊生产中，可利用无角陶赛特、杜泊、萨福克、特克塞尔、夏洛来等肉用羊品种与当地绵羊进行两元、甚至多元经济杂交，提高后代产肉量；在山羊生产中，利用波尔山羊与本地山羊杂交，提高其产肉性能。利用杂种羊生长发育快、饲养期短、饲料转化效率高的特点，降低饲养成本；利用杂交羊肉质好的特点，生产高档羊肉，提高产品附加值，提升养羊效益。积极推广当年羔羊短期育肥技术，按照饲养标准配置日粮，要改进饲养及育肥方法，充分利用农作物秸秆、干草及农副产品，以较短的育肥期和适当的投入获得较高的经济效益。

（六）加大资金投入，培育新品种和保护地方品种

政府在畜禽新品种培育方面和地方品种保护方面的支持和资金投入和其他省份相比，还有一定差距，尤其是对羊新品种培育和地方品种保护有待加强。重视种业工作，从投入方面加大支持力度，在国家层面和省级建立注重基础、稳定支持、择优资助的长效投入机制，如设立种业专项。动物育种相对于作物育种，生产周期较长，转化慢，需要大量的投入。科研单位牵头，企业参与的合作育种的模式，极不稳定，很多企业承担不起育种所需的财力，这也限制了企业等社会力量参与育种工作，因此，需要从投入上加大资助强度。近年来，引进了很多外来品种，由于缺乏统一的规划和指导，盲目地开展地方品种与引入品种杂交改良，有些地方优秀品种面临数量锐减，甚至消失的危险，一味地杂交乱配将会导致优秀独特种质资源丢失，因此，应加强地方品种保护，特别是性能独特的品种的保护力度，并牢固树立保护与利用并重的理念。

第六节　河北省羊品种利用及区域规划建议

河北省羊品种资源丰富，既有各具特色的地方品种，又有从外国引进的优良肉用品种。地方品种具有繁殖力高，耐粗饲、抗逆性强的优点，引入的国外

肉用品种经过十几年的饲养，已经基本适应了河北省特有的气候环境条件，在河北省宝贵的羊品种资源中占据了不可或缺的地位。要充分利用现有品种的优点和特色，结合不同区域地理特点、饲草料资源及区位优势，树立明确的目标，进行合理区域规划布局，使其更好地服务于河北省养羊业的发展。

从整个肉羊生产阶段和链条来看，建议加强政策引导，分阶段和区域进行肉羊产业规划，实施阶段性和区域化生产，加快形成布局合理、特色鲜明的产业带。

一、坝上地区

包括张家口的张北、康保、尚义、沽源以及承德地区的丰宁和围场，系半农半牧县，与其他地区相比，气候寒冷，农副产品相对缺乏。当前主要品种为小尾寒羊及其杂交羊，今后发展方向为本地羊繁育和利用杜泊、德美、无角陶赛特为父本，开展简单杂交商品羊生产为主，作为农区育肥羊的繁育基地。建议适当利用草场，放牧或季节性放牧养殖，实行自繁自养。严格管理，制定适宜的载畜量，以草定畜，合理利用草场，实现草原肉羊生产可持续良性循环。

二、山区

包括太行山、燕山山脉区，该地区草山草坡较多，道路崎岖不平，饲养品种太行山区主要以太行山羊为主，燕山山区以绒山羊为主，承德无角山羊以生产特色羊肉为主。选育目标，太行山羊以提高产肉性能和产羔率为主；绒山羊在发展羊绒的同时兼顾山羊肉的生产，要注重高产绒量和绒细度的选育；要注重承德无角山羊优良基因的保护。

三、农牧交错带

在太行山和燕山山前农牧交错带可以利用山区和草场放牧，也可利用农区的粗饲料资源进行舍饲。品种以地方绵山羊小尾寒羊、太行山羊为主，根据地方具体自然资源禀赋，在自繁自养的基础上，可与引入品种杜泊、萨福克、无角陶赛特、波尔山羊开展经济杂交优势利用，提高羊肉生产。结合产业结构调整和粮改饲，实行种养结合。小规模农户可采取半放牧半舍饲方式。

四、平原农区

平原地区是河北省粮食主产区，农副产品及食品工业附产品丰富，现主要品种是河北小尾寒羊及其杂交羊，是发展舍饲肉羊规模生产和羔羊育肥的重要基地。要充分利用该地区丰富的粗饲料资源，进行经济杂交，利用杂种优势进行全舍饲商品羊快速育肥生产。品种选择上应以产羔率高的小尾寒羊、湖羊品种为母本、以生长速度快的杜泊、道赛特等肉用品种羊为父本，利用杂交优势生产肥羔。目前，在东南部平原农区，由于规模舍饲自繁自养场成本高，盈利空间小，逐渐形成了异地羔羊快速育肥的新模式，从一定程度上保障了羊肉市场供应，也带动了农民养羊积极性，促进了商品羊生产，如河北省唐县和秦皇岛昌黎、卢龙等县，逐渐形成了以肉羊专业育肥、屠宰加工分工明确、产业化程度较高的商品肉羊生产模式。

通过实施分阶段和分区域生产，可实现利润合理分配、生产有序布局、产业分工明确，一定程度上避免草场过度放牧，农区缺羊，实现均衡生产，提高规模舍饲效益。

第十二章 河北省羊环境控制及装备、疫病调查与分析

第一节 河北省羊环境控制及装备调查与分析

一、河北省羊环境控制及装备发展现状

(一)羊场平面规划

近年来，在国家政策扶持带动下，羊标准化生产发展较快，尤其是肉羊。但是，羊标准化规模养殖场建设中，羊舍设计和建筑五花八门，有些设计和建造不科学、不规范，场内功能分区混乱，尤其是羊场扩(改)建时，随意性较大，羊场防疫难、管理不便的现象普遍存在，往往导致羊群处于不良生长环境中，影响了羊群的生长和繁殖。此次调研的河北省规模化羊场很清楚地看到，场内总平面规划随意性较强，粪污处理区和生产区界限不明显，甚至未配建专门的粪污存贮场地和处理设施，粪污随意堆积在舍旁或舍内角落，有的羊场净污不分、雨污不分，存在交叉。另外，有些羊场的羊群结构比较混乱，分群欠合理，例如，妊娠羊和空怀羊同处一舍，为了减少饲养员工作量，两种不同生长阶段的羊群采用相同营养水平的饲料混群饲喂，这很容易造成妊娠后期母羊的营养缺乏，造成妊娠后期瘫痪、产后奶水不足、病羔、弱羔和死羔的现象频频发生。值得注意的是，分娩舍(产房)是规模化羊场生产区非常重要的一个组成部分，通过与养殖场座谈交流以及羊场的实地考察，羊场内单独设产房的并不多见，经常是在繁殖母羊舍内单独设产栏，简单、成本低，但环境难以控制，该类产栏的设计只适用于小规模羊场，大规模羊场应考虑单独设计产房，因为羔羊对环境要求较高，尤其是寒冷的冬季，舍内温度需要 8℃以上，而山区或冀北高原冬季夜间温度可降至−30℃，甚至更低，所以需要保温性能良好的产房。可根据当地气候条件适当配备保暖设施，如地暖、红外线等设施。加强舍内保温的同时适量通风，以保证合理的通风换气量，既要避免舍内的潮湿、污浊，又要保障空气新鲜、温暖。当然，舍内良好环境的控制不仅取决于好的羊舍设计及配套设施，更要注重饲养管理。设计科学的羊场规划分区合理，场区绿化率不低于 20%。羊群结构合理，各类羊舍(哺乳舍、育成舍、育肥羊、繁育羊、公羊等)的设计除了考虑各羊群之间的功能关系，还要考虑

防疫、通风和日照等因素。另外，各类羊舍设计的容量既要考虑全年均衡生产，又要考虑存栏数量的稳定性，以及市场行情波动对羊业的冲击。

（二）羊舍设计及设施

1. 羊舍建筑形式

相比猪鸡奶牛圈舍，羊舍建筑较为简单，尤其是育肥羊为主的羊场对羊舍建筑的重视程度不够。近几年，政府对牛羊等草食畜扶持力度逐步加大，以及规模化、集约化、标准化认识程度不断提高，散养模式逐渐向圈养舍饲模式转化，圈舍的建筑模式、建筑材料以及建筑结构直接影响舍内环境。最简易、成本较低的羊舍为仅设屋顶的完全开放舍，夏天通风效果好，但河北省冬季寒冷不易保温，可以在羊舍的两侧纵墙上安装半自动或自动卷帘结构，冬季启动卷帘以加强舍内的保温性能，如邢台润涛农林开发有限公司和衡水志豪畜牧科技有限公司的羊舍均采用卷帘模式（图 12-1）。屋顶的建筑材料对舍内环境影

邢台润涛羊场-卷帘舍

宽城立东羊场-半开放舍

青龙绒山羊种羊场-卷帘舍（绒山羊）

武邑志豪-卷帘舍（小尾寒羊）

阜平肉羊场-半开放舍（太行黑山羊）

宽城立东羊场-有窗密闭舍（绒山羊）

图 12-1　羊舍建筑形式

响较大，可采用成本较低的双彩钢复合板或其他保温隔热材料，考虑到采光效果和冬季增温效果可在屋顶设置部分阳光板。另外，三面有墙、南面开敞的半开放舍羊场目前应用最多，保育舍、繁育母羊舍和公羊舍多采用这种模式，该类舍冬季具有一定的御寒效果，但难以达到理想的环境条件，可以考虑冬季覆膜形成暖棚效应以提高保温效果，如承德市宽城县立东养殖有限公司的羊舍。

2. 外围护结构

羊舍外围护结构包括地面、屋顶、墙体等。常言道："泥猪净羊"，羊喜干净，尤其怕潮，所以地面的结构对于羊群是非常重要的。目前地面结构主要有两种，即漏缝地面和实体地面。前者节省劳动力，舍内环境相对较好，适用于规模化养殖场，后者劳动强度较大，适于养殖户。羊舍及运动场的地面材料是保持舍内良好环境非常重要的环节，目前地面存在的主要问题是潮湿和变形。砖地面，较多应用，保温性能好，但易潮，易变形，每天清粪，增加劳动强度，宜立砖堆砌；土地面，属于暖地面，可半年清粪；混凝土地面，属于冷地面，不宜采用。漏缝地板材料目前应用较多的有竹片、木条、塑料以及混凝土等，前者居多，但由于竹片宽度、缝隙大小、漏缝地板做法的差异往往导致养殖效果差异较大，板条变形的现状非常严重（图 12-2）。地面潮湿的原因，一是地面材料和结构不合理；二是羊床（地面）坡度不合理或者地势较低；三是管理不到位。

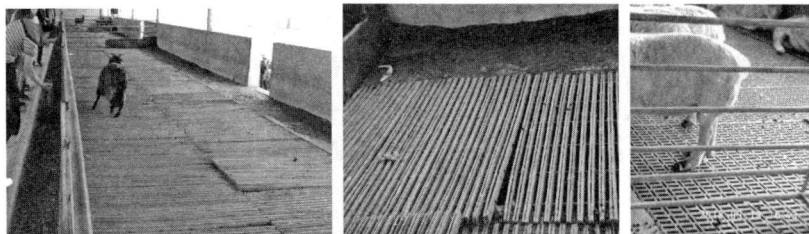

阜平肉羊场-竹片漏缝地板，变形　　　　　　天津奥群羊场-塑料漏缝地板

武邑志豪羊场-产房地面，潮湿　　　饶阳唯尊羊场-产房地面，潮湿　　　武邑志豪羊场-地面，潮湿

图 12-2　羊舍地面（羊床）

墙体结构和材料对舍内环境的影响也不可小觑，常见的墙体材料是砖墙，不管是开放舍半开放舍还是有窗舍，常常采用二四墙，既能承重，又起到保温

隔热作用。也有采用花墙结构，省墙材，冬季可封闭保暖，夏季通过砖与砖之间的空隙自然通风，该种结构的保温防暑效果次于卷帘舍。本次调研的邢台润涛农林开发有限公司的一些羊舍墙体采用花砖结构（图 12 - 3）。

图 12 - 3　花砖结构的墙体-邢台润涛羊场

3. 饲喂、饮水和清粪设施

羊的采食量和饮水量直接影响羊群的生长性能，这不仅取决于饲料和饮水的质量，还取决于饲喂设施和饮水设施的合理性。从调研的羊场可以看出，由于羊圈养历史比较短，饲喂、饮水、清粪等设施相对落后。目前，羊圈养饲喂设施多为高槽饲喂（图 12 - 4），其他反刍家畜（奶牛和肉牛）多年前就已经从高槽饲喂转化为低槽饲喂，便于机械化作业，既节省建设成本，又节省人力。饮水设施是羊群必备的设施，目前多为普通水槽（图 12 - 5），甚至是水盆，清洗相对麻烦，卫生也很难保障。自动饮水设施（如水碗）既可保证水的清洁卫生，又可保证充足的饮水，避免冬季饮用冰渣水。有条件的羊场饮水设施可选用自动控温饮水设施，可减少肠胃疾病的发生。

羊舍清粪设施目前有两种模式，即，人工清粪和机械清粪（刮板）。人工清粪适用于小规模羊场（户），刮板清粪适于规模化羊场，可节省劳力。但刮板清粪时应考虑羊舍平面尺寸，以达到利益最大化，不能盲目选择刮板清粪，一般畜舍长度超过 80 米时机械的使用效率较低。蔡丽媛等（2015）研究指出，漏缝地板—刮板系统可有效降低冬夏两季舍内有害气体（氨气、二氧化碳和甲烷）含量。需要注意的是，因为刮板清粪需配备漏缝地板，冬季冷风和贼风容易通过漏缝吹入舍内，导致腹泻的发生，甚至母羊出现关节炎、产后瘫痪等疾病。所以，安装刮板时应考虑养殖场所在区域的风向和风速，且舍外进风处应采取适当封闭措施，防止冷风窜入舍内（图 12 - 6）。

阜平肉羊场-高槽　　　邢台润涛羊场-高槽　　　武邑志豪羊场-高槽　　　青龙绒山羊场-高槽

邢台润涛羊场-高槽　　　青龙芳华羊场-高槽，　　宽城立东羊场-　　　宽城立东羊场-草料
　　　　　　　　　　　槽底应弧形，不留死角　　高槽　　　　　　　　架，冬季移至舍内

天津奥群羊场-低槽　　　奶牛场早已实现低槽饲喂　　规模化肉牛场也已低槽饲喂

图 12-4　羊舍饲喂设施

阜平肉羊场　　　　　邢台润涛羊场-自动饮水器　　　　邢台润涛羊场

| 衡水志豪羊场 | 青龙绒山羊场 | 衡水志豪羊场 |

图 12-5 羊场饮水设施

邢台润涛羊场，漏缝地板　　　　　邢台润涛羊场，漏缝地板，人工清粪，
面积太大，风大　　　　　　　舍外粪室处设下拉挡板冬季可封闭

青龙绒山羊场，刮板清粪　　　　　阜平肉羊场，舍外刮板处进风

图 12-6 羊场清粪设施

（三）舍内环境控制

1. 热、冷应激

在炎热的气候条件下，当环境有效温度超过羊的等热区上限温度或下限时，羊就会出现热、冷应激。由热应激引发的不良影响广泛存在，不仅影响羊的生产性能和繁殖性能，而且导致羊体温升高、免疫力减弱以及肉品质下降等。大量研究表明，热应激时，羊的体温和呼吸频率会增加。正常气候条件

下，山羊的直肠温度变化范围为 38.3～39℃，热应激时山羊会出现较高的直肠温度，高达 40℃ 或更高。已有研究指出，直肠温度升高 1℃ 或者不足 1℃ 时，羊的生产性会受到影响。除了体温变化，呼吸频率的变化也是评价动物耐热程度的一项重要指标。王宝理等（1991）指出，热应激可使羊的呼吸频率高达 300～400 次/分钟，而低温休息时仅为 10～30 次/分钟（绵羊为 12～20 次/分钟，山羊为 10～30 次/分钟）。羊的采食量、饮水量和饮水频率等也会受到高温环境的影响，表现为采食量下降，饮水量和饮水频率增加。Mendes 等（1976）研究指出，气温从 22～25℃ 增至 32～35℃ 时，绵羊干物质（DM 基础）采食量从 66.3 克/千克降至 59.9 克/千克，饮水量从 2.13 千克/千克（DM 基础）增至 4.04 千克/千克（DM 基础）。早期研究（Salama 等，2014）认为，热应激期间采食量的减少不是由于采食频率的减少（热中性和热应激山羊平均每天均有 41 次进食），而是由于每次采食时间减少引起的，热应激条件下，每次采食时间减少了 40%。另外，热应激也影响羊的反刍行为（包括站立反刍和躺卧反刍），反刍时间随气温和湿度的增加而降低。当气温从 20℃ 提高到 40℃ 时，山羊咀嚼次数从 90 次/分钟 降到 73 次/分钟（王哲奇等，2017）。另外，高温条件下，羊会寻找遮阴处，并改变站立或躺卧姿势以减少热辐射的影响，所以高温的夏季需要考虑给羊群提供防暑降温的设施。

从河北省羊舍建筑及环境配套设施看，夏季没有降温设施，仅仅依靠羊舍外围护结构的隔热效果或者简易凉棚的防暑效果，羊的热应激比较明显，表现为羊羔生长较慢或生长停滞，尤其是高温高湿环境容易导致羔羊腹泻、中暑甚至死亡。当然，羊的品种不同，其耐热效果也不同，山羊相对绵羊较为耐热，因为山羊本身的水分保持能力较强，其代谢体重小，基础代谢较低，呼吸频率较快，皮肤温度较高，更易于散热。如果夏季没有适当的防暑设施，其健康和生长繁殖仍然会存在较大的风险。针对河北省羊的主导品种，目前尚缺乏可评价羊耐热程度的指标，而且已有的研究基本是建立在气温单项指标评价热应激效果的基础上，考虑到羊怕潮的生理特点，将气温和相对湿度结合起来评价热应激程度的指标会更有效。目前，评价奶牛和肉牛热应激程度的指标早已被人们所认可，尤其是温湿指数（THI），当 THI 高于 72 时，牛开始遭受热应激，当环境温度达到 25℃ 时，需要开启风机。欧洲常常将 THI 界定于 69，69 以下时，牛较为舒适。关于羊耐热程度的评价国内研究较少，这也是我们环境控制岗位下一步需要开展的工作。

羊较其他畜禽更耐低温，国内外关于羊冷应激的研究较少，但实践证明，在寒冷的冬季，羊羔生长速度减慢甚至体重减轻，羔羊腹泻也常常发生在冬季，冬季羔羊成活率相对降低。针对河北省山羊和绵羊的主导品种，目前缺乏羊群生产性能受到影响的环境指标（如温度）或者综合指标的阈值。

2. 过渡应激

除了热、冷应激对羊群生长和繁殖产生一定的影响外，过渡应激也是影响羊群生长繁殖的重要因素，主要包括放牧散养向舍饲圈养的过渡应激、断奶应激以及转群应激等。生存环境、饲料类型、养殖密度等的突然变化均会对羊群产生应激反应，导致生长不良，重者死亡，调研发现尤其是外购羔羊应激严重。在放牧向舍饲转化过程中，如何调整饲养密度、尽可能降低环境应激这个问题值得我们思考，也需要我们开展系列试验来解决这个目前乃至将来必须解决的问题。生存环境的变化不仅需要从饲料上过渡，还要重视心理上的适应。饲料上的过渡容易实现，约 7～10 天的过渡期，让肠胃有一个逐渐适应的过程，而心理上的适应如何解决值得深思。自然环境和圈舍环境属于完全不同的两种环境，很难如饲料过渡那样容易适应，鸡舍、奶牛舍播放音乐的实践发现，播放音乐的鸡群噪音明显低于未播放音乐的鸡舍，鸡和奶牛的生产性能也有所提高。这给我们带来一个启发，是否可采取播放音乐或其他措施可降低放牧向圈舍过渡时应激反应，需要我们进一步去验证。

（四）粪污处理

目前羊舍清粪方式有水冲和干清两种模式，水冲清粪较为费水，且增加粪污的后续处理费用；干清一般采用人工清粪或者机械清粪，人工清粪劳动量较大，规模化羊场不宜采用；刮板清粪为机械化清粪，大多为粪便与尿液混合，通过刮板或输送带将粪尿运送到羊舍一端后运走。机械清粪方法其最大缺点是用电量较大，拖拉刮板所用的绳索容易被磨损，使用平均寿命不超过两年，并且由于机械部件不易调节，使得机械刮板清粪方法在国内的使用和推广受到了限制，目前河北省羊舍采用刮板清粪的比例很低。粪污的后续处理一直以来都是一件很棘手的事情，近几年国家对畜禽粪污治理力度逐年加大，粪污的处理和利用正在如火如荼进行中。根据《河北省畜禽养殖废弃物资源化利用工作方案》〔2017〕119 号文件精神，在落实《国务院办公厅关于加快推进畜禽养殖废弃物资源化利用的意见》〔2017〕48 号文件基础上，结合河北实际，畜禽粪污将在六个方面创新工作举措。一是开展环境承载能力评估。按照粪肥养分综合平衡要求，开展环境承载能力的评估；二是推进肥料化利用。支持大中型畜禽规模养殖场和有机肥专业化、社会化服务组织加工生产有机肥，支持中小型畜禽养殖场采取堆沤发酵方式就近就地还田，支持在田间地头配套建设管网和储粪（液）池等方式，解决粪肥还田"最后一公里"；三是促进能源化利用。支持大型畜禽养殖场建设池容 1 000 立方米以上沼气工程，盘活现有闲置大型沼气和生物天然气设施；四是推行养殖密集区治理。在畜禽养殖密集区推行"养治分离、专业生产、市场运作"的第三方治理模式，建立粪便污水分户贮存、统一收集、集中处理的市场化运行机制；五是推广资源化利用模式。结合河北实际，总结推广"气热电肥联产联供资源化利用、种养结合园区内自循环、第三方综合治理、肥料化利用、区域化集中处理、中小型养殖场堆积发酵就近还田利用"六种粪污资源化利用模式；六是建立生态循环体系。构建"小、中、大"三个循环体系，即种养结合主体双向小循环，产业融合、种养平衡、农牧结合的区域多向中循环，县域生态农牧业立体大循环。相对猪、鸡、牛粪，因为羊粪水分含量低、尿液也较少污染相对较轻，但不代表可以不处理，尤其是唐县作为肉羊养殖密集区，污染已经非常严重，已严重影响当地环境和居民生产、生活。干清模式收集的粪便含水量较低，粪便的营养成分损失相对较少，肥料价值高，更适合进行高温堆肥，也可生产适用于花卉和蔬菜大棚的高值化肥料，或作为菌菇生长的基质，以增加粪肥的附加值。河北省主导的粪污资源化利用模式之一——种养结合生态循环体系在规模化羊场可以尝试应用。如衡水武邑志豪科技有限公司（2012 建场），目前场内羊存栏约 3 000 头，育肥羊 1 000 头。该场自建有机肥加工车间，采用槽式发酵模式，消化羊场粪便，生产的肥料用于种植苜蓿和葡萄、映霜红蜜桃等果蔬，增加粪肥的附加值，开启粪污资源化利用循环经济发展的新模式（图 12-7）。

槽式发酵

牧　草　　　　　　　　　　葡萄+蜜桃

图 12-7　粪污资源化利用循环经济发展模式案例—衡水武邑志豪科技有限公司

二、河北省羊环境调控的发展思路及途径

（一）减缓环境应激的技术研发

在舍饲条件下，除了营养因素外，温热环境因素已成为影响羔羊生长的主

要因素。环境应激（冷、热和过渡应激）严重影响羊的健康、生长和繁殖。通过生命体征的关键参数变化探寻影响羊群生长的环境参数阈值，是目前亟待解决的问题。为了能更好地应对冷、热环境对羊群的负面影响，探索有效代表冷、热应激反应的综合指标也将是一项重要的任务。另外，在放牧散养向舍饲圈养转变的当前趋势下，推进减少过渡应激的技术研究将是羊产业发展的一项重要举措。

（二）推进标准化、规模化羊舍的区域化设计及配套设施的研发

针对目前羊场设计不规范现状以及河北省地理环境、气候条件的区域性差异，借鉴猪、鸡和牛舍设计的先进理念，因地制宜的设计符合区域特点、不同规模的标准化羊舍，规范各类羊群结构的设计参数，新建、改建或扩建羊场有据可依，结束目前的羊舍规划混乱的现状，真正实现适度规模经营，实行资金、技术、资源、劳动力和市场的最佳组合，充分发挥规模化养羊优势，使效益最大化。另外，考虑县市居民的养殖习惯和对羊肉的消费情况，统筹规划整个区域的羊产业结构，优化"产加销"链条。

设施化的推进不仅适用于猪、鸡和牛的产业，更适于发展相对落后的羊产业。饲养规范化的颁布必将依赖于饲喂、饮水和清粪等设施的配套，缓解冷、热应激的技术推广也必联系着降温保暖设施的配套，而且设施设备的投入必须与养殖品种、规模及生产阶段相适应，尽量一次性投资建设自动化水平较高的设备，减少日常饲养过程中劳动力的持续投入，降低运行成本。另外，为了羊产业的快速发展，羊肉、羊毛、羊皮等畜产品更好地满足消费者要求，加大、加快科技含量较高、应用便捷、效益更高的实用、适用设备研究势在必行。需要注意的是，羊业设施化并不是追求高大上的饲养设施，而是真正应用于生产实践的接地气的设施设备。

（三）加强粪污的资源化利用

虽然羊粪对环境污染相对较小，但仍需资源化合理利用。不能套用猪鸡粪污处理模式，必须根据羊粪的特点尽可能地将其高值化，增加其附加值。堆肥发酵后还田是最简单的羊粪利用方法，小规模的养殖场（户）可采用此模式。发酵产品深加工可作为花肥和有机果蔬肥料，也是一种不错的选择。但是，有机肥加工厂的生产能力与厂房面积必须与当地畜牧场粪污的排放程度相协调，避免出现厂房闲置或粪便堆积滞留的现象。而且要妥善计划好有机肥加工产品的销售和当地消纳水平。统筹考虑种养结合、农牧结合的生态循环体系的建立，探索和推广实用、先进、循环生产工艺和工程，发展低碳经济，促进清洁养殖，推动羊产业向资源节约型、环境友好型方向发展。当然，不管何种处理方式，均要争取政府政策支持。

第二节 河北省羊群疫病调查与分析

一、2018 年河北省羊群主要疫病流行病学调查

2018 年,调查的羊群以布鲁氏菌病(简称"布病")、羊口疮、羊传染性胸膜肺炎、伪狂犬病、流产、母羊瘫痪、腹泻、尿结石 8 种疾病比较常见。口蹄疫、小反刍兽疫免疫密度维持在较高水平,免疫效果较为理想,全省全年无重大疫病发生与流行。与 2017 年同期相比,病毒性疫病总体稳中有降,细菌性疫病流行强度呈缓慢上升态势。母羊流产与瘫痪在种羊场呈上升态势,尿结石在专业育肥场仍较为常见。疫病主要发生于河北省养殖较为密集的地区,流行情况与国内农区山东、河南等省份情况较为一致。

(一)河北省部分地区羊场布鲁氏菌病血清流行病学调查

为了了解河北省布病流行情况,2018 年 4—5 月份本项目组对河北省 10 个养羊场进行现场调查,并收集了 316 份羊血清进行了血清学检测。通过调查显示,10 个养殖场均未接种过布病疫苗,其布病个体阳性率 17.4%,绵羊与山羊布病个体阳性率差异不显著。其中,不同性别羊的感染率也不同,135 份公羊血清中有 18 份阳性,阳性率 13.3%;181 份母羊血清中有 37 份阳性,阳性率 20.4%。不同阶段羊的感染率也不同,86 份羔羊血清中有 9 份阳性,阳性率 10.5%;111 份育成羊血清中有 16 份阳性,阳性率 14.4%;119 份种羊血清中有 30 份阳性,阳性率 25.2%。调查结果表明,河北省羊群中仍有布病的感染和流行,其中母羊的感染率略高于公羊,种羊感染率高于羔羊、育成羊。

(二)河北省部分地区羊场 O 型口蹄疫疫苗免疫效果监测

为了评估河北省羊场 O 型口蹄疫疫苗免疫效果,本实验室采用口蹄疫病毒 O 型液相阻断 ELISA 抗体检测试剂盒对河北省 5 个地市 11 个免疫羊场 359 份血清进行了检测,共检出 331 份阳性样品,抗体阳性率为 92.2%。其中共采集山羊血 170 份,阳性血清 160 份,抗体阳性率 94.1%;采集绵羊血 189 份,阳性血清 171 份,抗体阳性率 90.5%。绵羊与山羊 O 型口蹄疫疫苗免疫抗体阳性率差异不显著。结果表明,河北省羊场 O 型口蹄疫抗体阳性率较高,免疫效果较好。

(三)河北省部分地区羊场口蹄疫 3ABC 抗体监测

为初步了解河北省部分地区羊口蹄疫非结构蛋白 3ABC 抗体的水平,本研究应用口蹄疫 3ABC 单抗阻断 ELISA 试剂盒对河北省 11 个规模化羊场 354 份血清进行了检测并统计。结果显示,河北省羊场口蹄疫 3ABC 抗体平均阳性率为 9.6%;从不同饲养阶段分析,种羊的抗体阳性率明显偏高,为 16.82%,羔羊、育成羊分别为 6.53%、10.75%;从不同性别分析,母羊阳性率偏高,

为 11.7%，公羊为 8.33%；从不同品种分析，绵羊阳性率高于山羊，分别为 12.75%、4.67%。表明，河北省部门地区可能存在口蹄疫自然感染羊只。

（四）河北省部分地区羊场小反刍兽疫疫苗免疫效果监测

为探明河北省羊场小反刍兽疫疫苗免疫的效果，抽检了河北省 11 个免疫羊场 354 份羊血清，用小反刍兽疫竞争 ELISA 抗体检测试剂盒进行了检测，共检出阳性样品 308 份，抗体阳性率为 87%。其中采集山羊血 172 份，阳性 148 份，阳性率 86%；采集绵羊羊血 182 份，阳性 160 份，阳性率 88%，绵羊与山羊小反刍兽疫抗体阳性率差异不显著。结果表明，河北省羊场小反刍兽疫抗体平均阳性率基本上能达到国家规定大于 70% 的要求，但个别养殖场抗体水平偏低，存在小反刍兽疫病毒感染的风险。

（五）河北省部分地区羊场伪狂犬病 gE 抗体血清学调查

为了了解河北省羊场伪狂犬病毒野毒感染情况，本实验室采用伪狂犬病毒 gE 抗体 ELISA 检测试剂盒对河北省 5 个地市 11 个未免疫羊场 359 份血清进行了检测，未检出伪狂犬病毒 gE 抗体阳性样本，阳性率为 0%。结果表明，河北省部分地区羊场不存在伪狂犬病毒野毒感染。

二、河北省羊群疫病防控存在问题

（一）疾病流行种类多，危害增加

伴随羊群饲养模式由放牧改舍饲与半舍饲，饲养密度增加以及羊群调运频繁，目前羊群流行的疾病种类增加。包括小反刍兽疫、口蹄疫、布病、传染性胸膜肺炎、伪狂犬、附红细胞体、无浆体病、副流感等传染性疾病，另外尿结石、白肌病黄疸等营养代谢病在育肥羊群也时有发生；羔羊不明原因拉稀、母羊流产瘫痪等也危害较大。部分羊场因为疾病问题处于亏损或微利状态。

（二）羊场生物安全防控意识淡薄

生物安全涵盖建筑性生物安全措施，即物理性屏障，包括羊场选址、布局、设施等。也涵盖观念性生物安全措施，即制度与计划，包括限制人员、全进全出、病死羊处理、消毒程序等。调查发现羊场从业人员普遍缺乏生物安全意识，简单地认为疫病防控主要靠疫苗与药物，缺乏生物安全防控意识。

（三）疫病监测与检测不到位

羊场缺乏疫病监测与检测意识，发病乱投医，基本上靠经验进行临床诊治，而对发病羊疾病流行情况很少进行实验室诊断。大多数羊场更无主动监测意识，导致一些传染病在部分羊场仍然有发生与流行。

（四）活羊跨区调运仍然是疫病发生的导火索

目前河北省唐县、卢龙等地已形成专业羊只育肥，育肥羊大多数来自省外，免疫与感染背景不清楚，加之长途运输，到场后发病情况较多。

三、河北省羊群疫病防控对策

（一）加强生物安全防控

主管部门应加强宣传教育与技术培训，引导羊场逐渐树立生物安全防控意识；鼓励养羊企业自繁自养，尽量减少活羊跨区调运；政府部门应加强检疫，严查非法调运，逐渐改"调羊"为"调肉"；羊场应建立各种规章制度，严格控制"人"、"物"进出。

（二）开展免疫防控

养殖场可根据本场实际情况，制定科学合理免疫程序，积极开展疫苗免疫，同时定期进行抗体检测。河北省羊产业技术体系疫病防控岗制定了"羊场免疫程序"（表 12-1），供参考。

表 12-1　羊场免疫程序（参考）

种类	疫　苗	免疫时间	免疫方法
羔羊	破伤风类毒素	出生后 24 小时内	肌肉注射
	羊传染性脓疱皮炎羊口疮活疫苗	7～10 日龄	口腔下唇黏膜划痕
	羊支原体肺炎灭活疫苗	15～20 日龄	皮下注射
	羊梭菌病多联灭活疫苗（三联四防）	15～20 日龄首免，首免 2 周后二免	肌肉或皮下注射
	小反刍兽疫活疫苗	30～35 日龄	颈部皮下注射
	山羊痘活疫苗	30～35 日龄	尾根内侧皮内注射
	口蹄疫灭活疫苗	2～3 月龄首免（断奶后），首免 2 周后二免	肌肉注射
母羊	口蹄疫灭活疫苗	春秋各免一次	肌肉注射
	山羊痘活疫苗	每年 3—4 月份	尾根内侧皮内注射
	羊梭菌病多联灭活疫苗（三联四防）	产前 30～45 天	肌肉或皮下注射
	破伤风类毒素	产后 24 小时内	肌肉注射
	羊支原体肺炎灭活疫苗	产后 15～20 天	皮下注射
种公羊	口蹄疫灭活疫苗	春秋各免一次	肌肉注射
	羊梭菌病多联灭活疫苗（三联四防）	春秋各免一次	肌肉或皮下注射
	羊支原体肺炎灭活疫苗	春秋各免一次	皮下注射
	山羊痘活疫苗	每年 3—4 月份	尾根内侧皮内注射

注：①按说明书剂量使用，并到有资质的经营部门采购。

②口蹄疫与小反刍兽疫为国家强制免疫病种，其他疫苗羊场可根据实际情况选择免疫。

③小反刍兽疫疫苗可在春秋季节对接种时间临近三年的羊再次免疫。

（三）药物保健

选用抗生素、中药等在疾病易发季节或易发羊群提早投药预防保健，减少疾病发生与流行。选用药物要遵守国家有关法律法规，禁止使用违禁药物，要严格遵守药物休药期。

（四）加强疫病监测与防控技术研究

羊病研究相对猪鸡等畜禽品种研究人员与经费较少，可落地的研究成果较少，国家要加强羊病研究支持力度，鼓励中青年科学家投身羊疫病监测与防控技术研究，提升我国羊病防控技术水平。

另外为了便于养殖户掌握疫病防控技术，疫病防控岗位特编写"羊疫病防控歌谣"如下：

羊病防控易或难，科学防控是关键。

若要明确因何缘，实验诊断方可断。

有的放矢措施准，科学防控挽狂澜。

生物安全放首位，做好定可绝隐患。

免疫不是治疗药，预防是本不能变。

抗体水平定期检，及时补救更安全。

引种检疫来把关，进场隔离莫小看。

减少应激必当先，自繁自养方长远。

提高机体抗病力，内因强大邪不犯。

千方百计灭疫源，切断途径亦点赞。

易感羊群不再有，定能杜绝病传染。

疫病不过纸老虎，综合防控效果赞。

第十三章 河北省羊产业相关 政策专题研究

第一节 国外羊产业发展的相关政策

一、美国羊产业发展的相关政策

美国不仅是全球农业现代化程度最高的国家，也是全球最大的农产品出口国。美国农业的发达不仅与其雄厚的资本、富饶的农业资源有关，同时与不断与时俱进的农业支持政策密不可分。美国农业支持政策主要侧重于粮食产业，对于畜牧业相对较少。且受乌拉圭回合谈判和多哈回合谈判影响，美国畜牧业尤其是羊产业支持政策中几乎无黄箱政策，仅有部分绿箱政策。在政策支持主体上，虽然美国州政府和地方政府均拥有独立的财政预算权，但联邦政府一直是羊产业投资和政策补贴的主体。

（一）基础投入政策

美国政府在羊产业的基础性投入方面主要包括对草场等自然资源的保护、养殖科技服务的支持等。新农业法中加大了对土地的保护补贴，如出台新的草地保护计划、加强对湿地的保护、增加对农地保护的资助、扩大对环境质量激励计划的资助等。其中包括加大对养殖主体的资助力度，保留政府承担75％的环境保护费用分摊支付，但如果养殖主体资源有限或是刚起步则最高可允许90％的费用分摊率。私人牧场可以享受到政府提供的环境保护、改善的技术和教育援助。另外还出台了草地储备计划，通过长期合同或地投权等不同形式帮助土地所有者恢复草地，保护天然草地。美国政府非常重视促进羊产业的产、学、研紧密结合，由联邦政府出资50％，州政府出资25％，县级政府出资25％，提供农业技术教育和技术推广服务的经费支持。在美国建立了以州立农业大学为核心的、三位一体的农业教育、科研和推广体系，该体系为美国农业生产发展和实现现代化做出了重大贡献。此外，美国政府为了提高新进养殖主体和产业雇工等弱势群体的生存竞争能力，还在教育和推广服务中给予了特殊的关注。例如其中一项促进农牧场主发展计划主要致力于对新进养殖主体和农业雇工提供各种援助，为经营不足10年的养殖主体进行培训和教育。为技能拓展和技术援助服务的机构提供经费支持，此类经费中25％为服务机构提供配套资金，25％的资金优先用于资源匮乏的新进养殖主体和希望进入该产业的农业雇工。

（二）收入支持政策

美国对羊产业等畜牧业提供了大量的收入支持政策，主要包括补偿项目以及援助项目等。其中补偿项目最初始于 2002 年，面向羊产业中所有生产者，是由农场服务局执行的一项紧急倡议，旨在对那些由自然灾害导致羊肉及羊毛产品损失的合法生产者的一种直接补偿。这项法案对羊产业中所有产品生产者可提供直接支付。援助项目则只针对羊养殖主体，是指为因自然灾害或病虫害等造成损失的养殖者提供补偿的措施。能获得准许的城市必须是在由于干旱、高温、疾病、虫害、洪水、火灾、飓风、地震、严重暴风雪或其他灾害等，使城市的 40％或以上牧场遭受至少连续 3 个月的灾害损失，饲养羊超过 3 个月的生产者可获得最大比例为直接经济损失 80％的补偿，且用于该项目的总资金没有设置上限。

（三）出口促销政策

美国羊肉产品国际市场竞争力强。与其先进产业生产力有关，同时也与美国大力推动农产品出口是分不开的。其羊产业产品的出口计划，更多是包含在整体农产品出口促进计划中，主要包括市场准入计划、外国市场发展计划、新兴市场计划等。其中最主要的是"市场准入计划"，该计划主要目标是鼓励发展、保持和扩张美国农产品市场，刺激和增加小公司出口的兴趣，打开新的市场，抵消不公平的海外竞争以及增加美国农产品的商业销售。其中，该项目对资助的产品有明确的规定，资助产品中就包括了羊肉产品。从 2002 年开始农场安全和农村发展法加大了对"市场准入计划"的资助力度。此后计划的资金逐渐增长。其他的外国市场发展（合作者）计划、新兴市场计划、质量样品计划中也都有涉及羊肉产品的项目。

此外，在其"奶制品出口激励计划"中也涉及羊产业产品——羊乳酪、羊奶粉等的出口鼓励政策。在国际市场中，由于目前其他国家的补贴政策而使美国奶制品缺乏竞争力，为解决这一问题。每个出口商通过向美国农业部递交申请书要求获得补贴，农业部将现金支付给出口商，使他们可以以低于成本的价格出售一定量的奶制品。但出口商的最高的销售数量需根据美国农业部批准的资金数量而定。

（四）金融服务政策

除了上述政策之外，美国政府还运用金融手段对羊产业提供可持续性发展支持，如提供相关免息或低息贷款，设置保险补助和灾害救助基金，成立畜产品信贷公司提供相关信贷和补贴发放服务等。财政和金融手段的灵活并用，有效地减少了自然和市场风险，稳定了农牧场主的收入。

二、欧盟羊产业发展的相关政策

(一) 基础投入政策

出于对环境保护的考虑，欧盟鼓励降低单位面积的载畜量，对养殖场实行粗放化经营补贴，以补偿养殖场因粗放化经营导致的经济损失。但是养殖主体要获得粗放化经营补贴，必须满足一定的条件和遵循严格的程序。比如申请粗放化经营的养殖地至少 50% 是草场牧地，允许在放牧期间与其他动物混用，但其他动物（如马、猪、鹿等）专用的饲料地不能计入申请粗放化经营补贴的饲料地面积，并且种植饲料粮的面积不能作为申请粗放化经营补贴的饲料面积。此外，科技、技术推广也是欧盟支持畜牧业的重点方面。

(二) 收入支持政策

从 1962 年到 20 世纪 80 年代末，欧盟一直通过干预价格政策，使其农产品一直处于高于世界市场价格的支持政策。干预价格实质是一种支持价格或保护价格，是指农民出售农产品时的最低限价，也是政府所允许的欧共体内部市场价格波动的下限。从 20 世纪 80 年代起，欧共体（欧盟前身）国家出现农产品过剩问题现象，欧共体对共同农业政策进行了调整，分阶段大幅度降低农产品的干预价格，使其内部市场价格更接近世界市场价格。这其中就包括对畜牧业产品的干预价格调整。对于支持价格降低造成的养殖主体收入损失，用直接收入补贴的方式弥补，但在羊产业中该项补贴项目仅有母羊补贴。养殖主体可以在一定的总金额范围内得到补充款项作为欧盟各成员国之间的补贴平衡。欧盟各国不同年份的补充款项总额是不一样的，根据牲畜数量或长年绿地面积来分配。

(三) 出口促销政策

欧盟在对外方面也出台了很多政策，促使欧盟的农产品出口。其中涉及羊产业产品的政策主要包括：①推进公共关系建立，宣传、推介欧盟高质量的、营养及安全的并且符合环保要求和动物福利的产品，为出口企业打开"第三国"市场建立公共关系。②参加重要的国际商务展览及其他活动，尤其要根据欧盟会展标准，促进产品规范化宣传。③开展商业宣传活动，特别是要对欧盟建立的产品原产地标识、产品地理标识、传统产品特性保证标识和有机农业体系进行宣传。④对新市场进行调研，进一步拓展扩大已有的市场。⑤开展欧盟高层贸易访问。欧盟高层官员亲自参加大型国际展览会，开拓新市场。⑥对贸易促进及信息服务措施经验的评估报告进行研究。在上述措施中，第五、六项活动欧盟将提供全部资金支持，其他措施费用由欧盟负担 50%，申请者负担 30%，申请者所在成员国负担 20%。

三、澳大利亚羊产业发展的相关政策

无论从"黄箱"政策还是"绿箱"政策来看,澳大利亚在羊产业补贴政策方面,投入资金多、范围广、力度大是其主要的特点。从 20 世纪 70 年代起,澳大利亚一直对肉羊采取最低收购价格政策。另外,澳大利亚长期向消费者征税,以建立羊产业基金来补贴出口商。作为世界肉羊产业大国,面对多方面因素引致的肉羊产量下滑的严峻现实,政府的补贴政策成为羊产业良性发展的重要推手。

(一)基础投入政策

澳大利亚在促进羊产业发展中对土地生产要素采取十分宽松的政策,当地政府拥有绝大多数土地,一般以相当长的时间为期限,将土地租给牧民,并提供房屋、供水系统等。澳大利亚羊产业的发展拥有较雄厚的科研支撑力量。其科研服务以及应用推广体系很完善,主要由联邦科学与产业研究院、联邦及各州农林渔业部的研究和推广机构和高等院校组成。其中主要从事畜牧业基础性理论研究的联邦科学与产业研究院的研究经费 2/3 来自联邦政府,1/3 来自国内外用户。政府设立了技术成果基金,对研发出先进机器或配套设施给予高额奖励。以新南威尔士的农业科研所的年度经费为例,政府拨款额占 60%,向出口商或企业收取出口商品检疫费占 30%,另有部分来自基金会的资助。在科研推广服务中,许多科研单位与多数牧场主建立契约关系,提供草场检测、草畜改良等服务,由科研所定期进行检测,提出发展的措施建议。在生产过程中,还有一些畜牧业组织或者动物福利机构会在技术、经验方面提供帮助,有助于提升澳大利亚畜产品在国际市场的竞争力。此外,为推动产业发展,降低产业生产成本,政府为羊产业等畜牧业配套建设了完善的物流体系。

(二)收入支持政策与出口促销政策

20 世纪 80 年代后,澳大利亚政府逐渐认识到,由于本国地广人稀,超过 70%的农产品出口,因此农业发展受市场影响远大于资源影响。实行补贴政策往往会掩盖国际市场价格信号,阻碍农业产业发展,资源配置不合理,且常使农民曲解补贴的用途,补贴成为其生产决策依据而非市场标准。在乌拉圭回合农业协定签订后,农业经营主体必须更直接地根据国际市场需求组织生产。在此背景下,澳大利亚政府迅速做出调整,逐步减少农业补贴。同时解除对金融市场的管制,农业经营主体可以按照市场利率得到投资资金。从 1995 年起政府对羊肉、羊毛、羊奶制品等产品的补贴全部取消。对羊产业产品出口企业也没有直接补贴。以立法形式保证了土地开发保护和水资源保护的资金支持。通过放宽政府审批标准吸引外国资金投入。

(三)金融服务政策

20 世纪 90 年代,澳大利亚政府为执行加强对金融业监管政策积极推进金融体制改革，最终形成了以澳大利亚储备银行（RBA）、澳大利亚审慎监管局（APRA）、澳大利亚证券和投资委员会（A-SIC）3家机构为主体的全国金融监管体系。在此之下商业银行、投资银行、房产金融机构和保险公司等私营公司为畜牧业生产的各环节提供各种形式金融服务。其中以澳大利亚国民银行为代表的商业银行是畜牧业金融服务的主要主体，其业务包括了为畜牧业客户提供存款、贷款、交易、托管、资产融资、理财规划及商务服务等全面的金融服务。投资银行主要业务包括为大型企业的并购、重组、上市、提供咨询和投融资服务。房产金融机构则主要是为养殖户购买、租赁土地提供融资服务。在保险方面，与美国等国家以政府为主导的政策性农业保险模式不同，澳大利亚采用政策优惠的保险模式。该模式由相互竞争的互助保险社和商业性保险公司承办保险，政府不直接参与保险业务经营，但对保险企业给予税收等优惠政策，即所谓"民办公助"模式。此外，虽然政府并不直接参与保险业务，但对行业进行严格监督，保险人、经纪人和代理人需按照行业标准经营。

通过对美国、欧盟、澳大利亚及其他国家肉羊产业政策或畜牧业政策进行梳理，可以发现：当前大多数国家羊产业政策以基础性投入的"绿箱"政策为主，在发达国家中目前几乎没有保护性补"黄箱"政策。这主要是因为各国一方面将羊产业产品置于市场配置框架内，要保证其经济属性，而"黄箱"政策会使产出结构和产品市场造成直接明显的扭曲性影响，不利于其产业的资源配置水平和经济质量。同时也会造成产业主体扭曲政策目的或篡改政策资金使用方向。另外，各国羊产业产品在对接国际市场竞争中，本国的"黄箱"政策往往会掩盖国际市场价格信号，从而降低本国肉羊产业的国际市场竞争力。此外，在WTO成员中，乌拉圭回合谈判之后，发达国家根据谈判的相关规定进一步限制了"黄箱"政策的出台。而在"绿箱"政策中，多数国家主要将政策重点集中在环境保护和产业技术升级方面。例如在针对养殖、屠宰中产生的病死畜和废弃物的无害化处理以及对土地草场的保护等环境保护政策；对产、学、研结合落实的保障和农业技术教育、推广服务等推动产业技术升级的政策。

第二节 河北省羊产业发展的政策分析

河北省肉羊产业政策构成主要包括国家出台的肉羊良种补贴等"黄箱"政策和肉羊标准化规模养殖场支持资金、重大动物疫病强制免疫补助、质量安全及管理追溯系统开发、畜牧业技术培训与科技示范、农业保险保费补贴等"绿箱"政策并在此基础上根据河北省肉羊产业发展现状及环境保护要求、产业发展、市场、疫病监测等政策环境制定相应的地方性政策。此外在产业扶贫、资产收益扶贫等精准扶贫手段的顶层设计与要求下，在部分河北省扶贫政策中也涉及肉羊产业发展的内容。

一、河北省环境保护方面相关政策

党的十九大中提出了"实行最严格的生态环境保护制度"和"加快生态文明体制改革，建设美丽中国"的全面要求。羊产业因其产业生产的特殊性，对环境造成的污染相对较大，主要表现在对水质、土壤、草地、大气等方面。因此，党的十九大之后面临更加严格环境保护要求，政府对各产业必然会出台相应配套的中、微观的具体政策。羊产业对自然环境存在较大负外部效应，会面临更为严格的环保规制。行政主管部门为履行其环境保护职能必然要打破监管困境和加大治理力度。如何应对更为严格的环保要求，将河北省羊产业发展控制在环保红线之上是河北省羊产业发展必须要考虑的关键问题。

河北省羊产业发展在环境保护方面的政策主要集中在禁牧政策和粪污治理政策两个方面。2003 年河北省根据《中华人民共和国草原法》的有关规定，并结合本省实际情况，出台了《关于家畜禁止放牧实行圈养的暂行规定》。2005 年河北省人民政府办公厅又下发了《关于进一步加强禁牧工作的通知》。河北省各地方也先后制定了本地禁牧政策，例如 2019 年河北省第十三届人民代表大会常务委员会第十次会议审查了丰宁满族自治县人民代表大会常务委员会报请批准的《丰宁满族自治县封育禁牧条例》。在粪污治理方面，目前河北省羊产业粪污治理的相关政策体系主要包括国家相关政策以及在此基础上结合地方实际情况制定的配套设施与明细等。国家层面的相关政策主要有《环境保护法》、《环境保护税法》、《水污染防治法》、《水污染防治行动计划》、《土壤污染防治行动计划》、《环境影响评价法》、《固体污染环境防治法》等，这些政策法规在粪污治理、污水处理、环保设施建设、粪污转化利用等方面做了明确的规定。此外原农业部颁发了具有实施强制性的实施标准《畜禽规模养殖场粪污资源化利用设施建设规范》（试行）（农办 2018 - 2 号）。在上述国家政策框架内河北省出台了相应的省级政策，例如《河北省水污染防治工作方案》要求"到 2016 年底前，依法关闭或搬迁禁养区内畜禽养殖场和养殖专业户；到 2019 年底前，全省所有规模养殖场全部配套建设粪便污水贮存、处理、利用设施，逾期完不成的一律予以取缔"。《河北省"净土行动"土壤污染防治工作方案》要求"开展饲料添加剂和兽药使用专项整治，规范兽药、饲料添加剂生产、销售和使用，防止有害物质通过畜禽废弃物进入农田；在部分生猪大县开展种养业有机结合、循环发展试点，集成推广畜禽养殖清洁化生产技术和生态养殖模式。"《关于强力推进大气污染综合治理的意见》要求"开展畜禽养殖场（区）氨污染治理试点，支持沼气生物天然气利用示范工程建设，推进畜禽粪污等废弃物资源化利用，加快实现规模化畜禽养殖场（区）粪污处理设施全覆盖。《河北省 2017 年大气污染综合治理攻坚行动方案》要求"大力推进畜禽养殖废弃物处理和资源化利用，年底前规模化畜禽养殖场（小区）配套建设粪污处理设施比例达到 80％以上"等。

二、河北省羊产业生产方面相关政策

河北省羊产业生产中存在的几个关键问题包括：第一，自主培育品种缺乏。河北省尚未培育出一个公认的专门化肉羊品种，目前希望通过国外引进的肉羊品种（萨福克、道赛特、杜泊等）与本地羊杂交拟培育地方性肉羊品种，但大多只是处在杂交改良阶段，利用率还有待加强。虽然选育出了寒泊、道寒、燕山绒山羊等种群，但尚未完成新品种审定。第二，规模化水平较低。河北省羊产业养殖规模化水平较低主要表现在两个方面：一是河北省养羊业仍以中小规模羊场为主，整体上规模化养殖场数量比重低。二是多数养殖场设施条件简陋，机械化生产程度低，标准化智能化养殖技术水平不高，规模化生产水平低。第三，深加工技术水平低。河北省羊肉加工主要停留在粗加工阶段，产品加工深度不够，产品附加值不高。产业链条短，产品种类较少，极少有成规模成体系的深加工，所生产的多数羊肉卷、羊肉串、羊排等没有品牌概念，市场辨识度低。

在产业生产方面的相关政策主要有 2009 年今年国家首次将良种补贴范围增加到肉羊，河北省作为优势产区之一，被农业部列为首批试点省份，全省共计补贴种公羊 0.7 万头，每头补贴 800 元/头。2010 年全省有 21 家标准化养羊示范场均获得了 50 万元财政支持。2010 年河北省畜牧兽医局发布了《关于推进畜禽养殖标准化示范场建设的实施意见》。2014 年河北省下达了《全省牛羊肉发展规划》，加大对牛羊肉生产的扶持力度。羊的良种补贴、标准化示范场建设、"菜篮子"工程、农业综合开发、草原生态保护补助奖励机制等相关政策的实施，推动羊产业的发展。例如，2012 年河北省分别对年出栏肉羊200～1 500 头（含 1 500 头）、1 500～3 000 头的商品羊场补助 25 万元、30 万元，共有 47 个养殖企业得到支持。2013 年"菜篮子"项目对近百个肉羊养殖场补贴 2 200 万元。但是近年来国家取消了对养羊业的良种补贴、标准化示范场等扶持政策。在产品加工方面，2016 年农业部发布了《全国农产品加工业与农村一二三产业融合发展规划（2016—2020 年）》对河北省羊产业产品加工起到了规划指导作用。

三、河北省羊产业市场发展方面相关政策

河北省羊产业发展现阶段面临的市场环境因素主要包括：第一，羊肉消费

量增长趋势明显。2000 年以来，河北省农村人均羊肉购买量十几年间年均增长 11.49%，城镇户外羊肉消费量逐年增长，户内户外羊肉消费量增长趋势明显。2018 年 1—4 月份，羊肉交易量较 2017 年同期增加 25%。但是羊存栏量低且处在缓慢恢复中，出栏量和羊肉产量增速缓慢，造成河北省羊产品供需偏紧。第二，饲草饲料成本上涨。我国饲草饲料成本较高，目前我国从美国进口苜蓿占 93.5%，进口大豆占 35.18%，中美贸易摩擦对美苜蓿、大豆等饲草饲料作物加征进口关税可能会使得一段时期饲草饲料价格上涨，羊饲养成本上升。第三，受非洲猪瘟疫情影响，羊肉价格上涨。一方面，非洲猪瘟疫情导致国内生猪存栏量大幅度下降，猪肉价格上涨，使得一部分消费者由消费猪肉转向消费牛羊肉或鸡肉；另一方面，在非洲猪瘟疫病没有根除前，消费者对猪肉及猪肉产品的食品安全存在一定担忧，继而转向选择牛羊肉等替代品。第四，羊产业开始兼具产业扶贫功能。在产业扶贫的现实要求与羊产业的产业属性下，羊产业开始成为农村产业扶贫的重要载体。

涉及河北省羊产业市场发展方面的政策主要有《中共河北省委办公厅 河北省人民政府办公厅关于加快现代农业园区发展的意见》、《关于坚持农业农村优先发展扎实推进乡村振兴战略实施的意见》。2017 年农业部发布了《粮改饲工作实施方案》，主要是采取以养带种方式推动种植结构调整，促进青贮玉米、苜蓿豆类等饲料作物种植。河北省作为实施区域之一，制定了省级实施方案，明确支持对象、补助环节和实施程序等。此外，河北省农业农村厅开展了农业创新驿站建设工作，以及地方性的产业扶贫政策，如保定市出台《关于打造太行山农业创新驿站的实施意见》等。

四、羊产业疫病防控方面政策

目前，河北省肉羊养殖疫病控制最主要手段是疫苗免疫，日常主要措施是消毒。取得了一定效果，但仍存在部分问题，主要包括：①疾病流行种类多，危害增加。目前流行的疾病包括小反刍兽疫、口蹄疫、布病、传染性胸膜肺炎、伪狂犬、附红细胞体、无浆体病、副流感、尿结石、羔羊不明原因拉稀、母羊流产瘫痪等。②羊场生物安全防控意识淡薄。调查发现羊场从业人员普遍缺乏生物安全意识，简单地认为疫病防控主要靠疫苗与药物，缺乏生物安全防控意识。③疫病监测与检测不到位。羊场缺乏疫病监测与检测意识，发病乱投医，基本上靠经验进行临床诊治，而对发病羊疾病流行情况很少进行实验室诊断。④活羊跨区调运仍然是疫病发生的导火索。河北省唐县、卢龙等地已形成专业羊只育肥，育肥羊大多数来自省外，免疫与感染背景不清楚，加之长途运输，到场后发病情况较多。⑤羊场缺少专职兽医人员，或是因为兽医人员业务素质不高而无法满足实际生产。

河北省所执行的涉及羊产业疫病防控方面的政策主要是国家层面的一些法律、法规、条例等，如《中华人民共和国动物防疫法》、《中华人民共和国兽药管理条例》、《重大动物疫情应急条例》、《动物防疫等补助经费管理办法》、《农业部畜牧业监测预警专家组管理暂行办法》、《动物疫情监测与防治经费项目资金管理办法》、《口蹄疫、高致病性禽流感疫苗生产企业设置规划》等，以及在此基础上的根据河北省实际情况或疫病疫情形势制定实施的一些具体细则。对于基层兽医人员的选拔、管理、培训等则主要是依据《中华人民共和国动物防疫法》、《执业兽医管理办法》、《执业兽医资格考试管理办法》等法律规章。

第三节　国外羊产业政策对河北省羊产业政策的启示

根据国外羊产业发展政策的共性启示来看，河北省的羊产业要想优化产业发展，增强产业竞争力、提高市场占有率和经济贡献率以及增加产业附加功能等，首先是需要将羊产业发展置于市场经济框架内，尽可能减少受到黄箱政策的直接经济影响，政府应该结合河北省羊产业发展政策环境出台多项绿箱政策，具体包括以下几个方面：

一、严格把控环保要求

在国家环保新要求、经济新常态环境、供给侧结构性改革等一系列宏观条件下，贯彻执行国家相关政策，严格管控肉羊产业准入机制，坚决守住环保红线。对于不达环保要求尤其是粪污处理不达标的、粗放型生产的生产主体实行严格的行政管理规制，提高行政处罚力度，或迫使其推出产业或引导其改变产业生产模式以达到要求。同时细化环境保护任务与方法，根据河北省不同地区的自然环境、社会环境、经济环境等在国家、省环境保护政策要求框架内具体依据各地区条件因地制宜不同的环保任务与方法。

二、加快自主品种选育

羊产业发展的核心要素之一就是是否有能够适应本土自然条件生长的良种羊，当前河北省尚未培育出一个公认的专门化肉羊品种，目前只是利用从国外引进的肉羊品种与本地羊杂交，且大多只是处在杂交改良阶段，这也是当前河北省羊产业发展亟待关注与解决的问题。河北省应当加快自主选育品种工作，在地方品种特异遗传资源（如抗逆、肉品质）的挖掘和开发利用的基础上通过杂交、选育等工程，提高品种的生产效能和稳定性与适应性。根据河北省羊品种实际情况，组建肉羊基础群，选择合适的选配计划及淘汰方法，借助分子标记通过逐级提纯方式进行提纯复壮工作。利用现代繁殖技术加速肉羊优质种群扩繁，培育优质、高产、抗逆品系。

三、完善良种繁育机制

在完成地方良种培育的基础上形成良种繁育机制，具体包括：良种繁育结构、品种保护体系、技术推广体系、良种繁育补贴等。首先，建立层次分明的"原种场—扩繁场—商品场—繁殖基地"的繁育结构，形成宝塔式生产链。省重点支持原种场建设，市支持扩繁场建设，县区建立良种商品场，乡镇建立繁殖基地。其次，建立品种保护体系，包括制定和推行品种评定技术标准、高产优质育种核心群选育技术、提高母羊繁殖力综合技术、羔羊的护理与培育技术、良种良法饲养管理技术、地方品种优良种质特性的挖掘与开发利用等。再次，建立技术推广体系，形成"省—市—县（区）—乡镇"为主线的技术推广体系，以科技推广项目为载体，通过"合作、共建、联动"等方式，与养殖场、加工企业、养殖园区等加强联合，充分利用高新生物技术，通过举办各种类型的技术培训或专家咨询活动，广泛利用网络、报刊、广播、电视、宣传册、阅报栏和明白纸等途径，向广大养羊场户传授现代规模养羊饲养管理技术，提高种畜质量，提升科技含量。最后，加大对能繁母羊和良种羊的补贴力度，以提高羊群的繁殖力，不仅能够弥补因饲料成本上涨带来的亏损，更重要的是保证了羊的后备产能和品质。

四、推动散户养殖转型升级

从市场环境来看，规模化养殖市场风险对抗力高于传统散户养殖；从技术层面来看，规模化养殖技术应用水平高于传统散户养殖；从政策效能来看，规模化养殖政策效能高于传统散户养殖。而目前河北省养殖规模现状也是规模化养殖逐渐增多，散户养殖逐渐减少。但河北省仍以散户养殖为主，散户养殖主体大量退出产业，可能会导致河北省羊产业市场出现"供不应求"现象。因此，如何合理推动传统散户养殖模式转型升级是政府应提前考虑的问题。具体有以下建议：第一，提高养殖业的服务能力。一是注重培养新型农牧民，引导羊养殖家庭牧场和专业合作社的发展以提高自我服务能力。二是鼓励规模化养殖企业和社会资本建立羊养殖小区以提高社会化服务能力。三是引导龙头企业延伸产业链条以提高一二三产融合能力。第二，培育龙头组织，发挥对农户的示范带动作用。大力培育羊生产新型经营主体和新型农牧民，引导羊养殖家庭牧场、养殖小区和专业合作社的发展和龙头企业延伸产业链条，发挥龙头组织对农户养殖的示范带动作用，完善新型经营主体与中小养殖户的利益联结机制，提高农户的组织化程度，规避经营风险。

五、推进标准化产品生产

从政策上宣传肉羊标准化规模养殖的意义和技术要领，从技术上研究建立适应不同区域特点的集营养饲料、饲养管理、畜舍设计、设施设备、疫病防控于一体的标准化生产技术规程。着重规范地方特色羊肉加工及品质评价，建立地方品种特色羊肉加工及品质评价技术体系，包括肉羊屠宰加工规范化工艺技术、冷鲜羊肉产品加工工艺技术、肉羊屠宰加工副产物的综合利用技术、羊肉质量控制技术规范等。建立健全肉羊产品检测和质量安全评估体系，形成肉羊产、加、储、销产业链，打造具有河北特色的肉羊产品品牌，提高产品附加价值，提升产业竞争力。

六、建立高效饲料生产体系

开展羊饲草饲料资源开发与利用研究，以青贮饲料及非常规饲料为突破口，建立适合河北省养羊生产实际的饲料高效加工利用技术体系，包括全株玉米青贮及利用技术、发酵或颗粒全混合日粮（TMR）调制及评价技术、糟渣类饲料贮藏及利用技术、肉羊专用添加剂预混料配制技术等。制定不同生理期小尾寒羊在农区和坝上地区、太行山羊、承德无角山羊、绒山羊在山区的饲养管理规程和 TMR 配方，促进羊产业科学健康发展。同时在饲料高效生产体系建立前期，河北省适当辅以饲料购买补贴，尤其是大豆、苜蓿等饲料。中美贸易摩擦对美大豆和苜蓿加征进口关税会使饲料饲草成本上升，在一定程度上影响羊养殖业发展。及时推出大豆和苜蓿补贴措施，会刺激农民种植大豆和苜蓿的积极性，进而缓解因贸易摩擦引起的大豆、苜蓿进口减少对河北省羊养殖的影响。

七、健全疫病防控体系

首先要建立健全以检测预防为先导的羊疫病应急防控体系和监测监管体系，尤其是针对区域性流行疫病，加强肉羊疫病防治体系研究，构建重大疫病生物安全体系，遵循养重于防、防重于治、防治结合的原则，切实做好食物安全和重大疫病免疫的工作。在此基础上加强羊流行病学、诊断技术和防控措施等方面的研究，研发适合河北省生产实际的羊病综合防控技术规范，防控羊疫病的传播与蔓延。同时完善规模化羊场环境控制工艺流程。建立规模化羊场环境控制工艺参数体系，包括羊场饲养管理工艺技术、饲养密度及光照控制技术、粪污及病死羊无害化处理技术、种养结合粪污循环利用技术等。根据羊的不同品种、不同生长阶段设计合理的羊舍及配套设施，合理调控舍内环境，减少疫病的发生。对于活羊跨区调运这一疫病导火索需要进行相应的治理措施，目前国家已经对活猪跨区调运实施相应管控措施，之后可能对于羊等其他畜类也会出台相应管控措施。河北省应做好前期应对准备，一方面是为了提前做好国家政策影响下的省内羊流量的变化，另一方面是通过调整活羊跨区运输政策以提高疫病管控效能。最后，应提高相关从业人员的意识与业务水平，引导鼓励大学生等专业技术人才对口从业。

参 考 文 献

曹兵海，张越杰，李俊雅，等.2017年肉牛产业发展情况、未来发展趋势及建议［J］. 中国畜牧杂志，2018，54（3）：138-144.

陈晨. 近年来我国牛羊肉价格上涨的原因分析——基于产业链视角［J］. 中国畜牧杂志，2014，50（22）：25-28，34.

戴炜，胡浩，虞祎. 我国肉鸡市场价格周期性波动分析［J］. 农业技术经济，2014（5）：12-20.

董鹏馥，李清如，崔兴岩. 我国牛肉价格走势及其原因分析［J］. 价格理论与实践，2014（1）：87-88，96.

冯明. 猪肉价格波动的非对称性及其对CPI的影响［J］. 统计研究，2013，30（8）：63-68.

何盛明. 财经大辞典：上卷［M］. 北京：中国财经出版社，1990.

何忠伟，等. 中国肉牛肉羊生产保障机制及扶持政策研究［M］. 北京：中国农业出版社，2014.

李国祥.2003年以来中国农产品价格上涨分析［J］. 中国农村经济，2011（2）：11-21.

李建军. 基于农业产业链的农产品品牌建设模式研究［J］. 上海对外经贸大学学报，2015，22（5）：14-23.

李小宁，杨少飞. 发展农区现代肉羊产业的思考［J］. 畜牧兽医杂志，2015，34（1）：39-40.

罗超平，王钊，翟琼. 蔬菜价格波动及其内生因素——基于PVAR模型的实证分析［J］. 农业技术经济，2013（2）：22-30.

马友强，袁伟红. 我国牛羊肉市场价格变动的规律性研究——基于北京168个月价格监测数据的对比分析［J］. 价格理论与实践，2014（2）：87-88.

欧阳小迅，黄福华. 我国农产品流通效率的度量及其决定因素：2000—2009［J］. 农业技术经济，2011（2）：76-84.

石自忠，王明利，胡向东. 经济政策不确定性与中国畜产品价格波动［J］. 中国农村经济，2016（8）：42-55.

宋长鸣，徐娟，章胜勇. 蔬菜价格波动和纵向传导机制研究——基于VAR和VECH模型的分析［J］. 农业技术经济，2013（2）：10-21.

田露，王军，张越杰. 中国牛肉市场价格动态变化及其关联效应分析［J］. 农业经济问题，2012，33（12）：79-83.

王明利，刘玉凤，吕官旺，等. 我国羊肉价格波动的周期测定及政策启示［J］. 中国农业科技导报，2016，18（2）：182-191.

王明利，石自忠．我国牛肉价格的趋势周期分解与冲击效应测定［J］．农业技术经济，2013（11）：15-23.

王秀东，刘斌，闫琰．基于 ARCH 模型的我国大豆期货价格波动分析［J］．农业技术经济，2013（12）：73-79.

于牧雁．美国农产品贸易政策对中国的影响与启示［J］．农业经济，2018（2）：101-103.

于少东．北京市猪肉价格波动周期分析［J］．农业经济问题，2012，33（2）：75-78.

张广胜，等．农业政策学［M］．北京：高等教育出版社，2016.

钟甫宁．农业政策学［M］．北京：中国农业出版社，2011.

Daekyung Lee，Seong-Gyu Yang，Kibum Kim et al. Product flow and price change in an agricultural distribution network［J］．Physica A：Statistical Mechanics and its Applications，2018（2）：490.

Robert J. Myers. On the costs of food price fluctuations in low-income countries［J］．Food Policy，2006，31（4）：20.

图书在版编目（CIP）数据

2018 年河北省羊产业发展报告 / 赵慧峰等著 . —北京：中国农业出版社，2019.12
ISBN 978-7-109-26072-6

Ⅰ. ①2… Ⅱ. ①赵… Ⅲ. ①羊－畜牧业－产业发展－研究报告－河北－2018 Ⅳ. ①F326.372.2

中国版本图书馆 CIP 数据核字（2019）第 246854 号

中国农业出版社出版

地址：北京市朝阳区麦子店街 18 号楼
邮编：100125
责任编辑：闫保荣　文字编辑：张楚翘
版式设计：王　晨　责任校对：周丽芳
印刷：北京中兴印刷有限公司
版次：2019 年 12 月第 1 版
印次：2019 年 12 月北京第 1 次印刷
发行：新华书店北京发行所
开本：700mm×1000mm　1/16
印张：16.75
字数：324 千字
定价：60.00 元